科学出版社"十四五"普通高等教育研究生规划教材

空气动力学设计基础

孙　刚　唐智礼　李正强　编著

科学出版社
北　京

内 容 简 介

空气动力学设计是航空宇航科学与技术等专业的研究生核心课程。本书包括空气动力学设计基础理论和现代飞机/航空发动机气动设计案例两大部分，重点培养学生解决空气动力学设计问题的创新能力。全书共 6 章，分别为绪论，几何建模，流动分析与优化目标，设计理论、方法与策略，现代飞机气动设计案例，以及航空发动机设计案例。

本书主要面向航空宇航科学与技术、飞行器设计、工程力学、流体力学等专业的研究生，也可作为相近专业学生和技术人员的参考书。

图书在版编目（CIP）数据

空气动力学设计基础 / 孙刚，唐智礼，李正强编著. —北京：科学出版社，2024.3
ISBN 978-7-03-077492-7

Ⅰ．①空… Ⅱ．①孙… ②唐… ③李… Ⅲ．①航天学–空气动力学 Ⅳ．①V411

中国国家版本馆 CIP 数据核字（2024）第 011489 号

责任编辑：赵敬伟　孔晓慧 / 责任校对：彭珍珍
责任印制：张　伟 / 封面设计：无极书装

科学出版社 出版
北京东黄城根北街 16 号
邮政编码：100717
http://www.sciencep.com
北京中科印刷有限公司印刷
科学出版社发行　各地新华书店经销

*

2024 年 3 月第 一 版　开本：720×1000　1/16
2024 年 3 月第一次印刷　印张：17 1/4
字数：347 000
定价：149.00 元
（如有印装质量问题，我社负责调换）

序

　　空气动力学设计是现代飞机与航空发动机研制的关键因素，对航空工程领域的应用具有重要意义。本书是作者在空气动力学、设计空气动力学和飞行器总体设计课程的讲稿基础上编撰而成的。教材编写时充分考虑了飞行器设计专业教学需求，注重将理论教学与实践教学工作进行结合，引导学生利用所学知识解决实际设计案例。同时结合目前气动设计领域的最新进展，紧跟航空产业技术发展前沿，在注重基础的前提下，着重培养学生的自主创新能力。

　　本书分空气动力学设计基础和现代飞机/航空发动机气动设计案例两大部分。空气动力学设计基础部分按照气动设计的基本流程逐一介绍几何建模方法、流动分析与优化目标以及优化理论、方法与策略。现代飞机气动设计案例部分不仅阐述了翼型、超临界机翼、机翼-吊挂-短舱一体化以及翼身融合体的设计方法，还关注分布式推进飞行器和乘波体的相关概念与设计方法介绍。航空发动机气动设计案例部分介绍了短舱、风扇、压气机和短舱-风扇跨部件内外流一体化气动分析方法等。读者在掌握了上述空气动力学设计基础知识后，结合航空领域的气动设计案例实践，进一步加深对气动设计基础理论的理解。

　　本书可作为空气动力学、流体力学、飞行器设计与工程和航空宇航科学与技术等专业的研究生、科研人员和工程技术人员的参考教材。本书是作者多年第一线教学经验总结的结晶，深信读者研读之后，定能获益良多，故本人欣然为之作序，并愿意将本书郑重推荐给广大读者。

中国工程院院士 吴光辉

2023 年 6 月于上海

前　　言

空气动力学设计是航空宇航科学与技术等专业的研究生核心课程，是继空气动力学、飞行器总体设计、工程流体力学等课程之后的一门专业基础课程。其总体定位是：通过讲授空气动力学设计的基础知识与基本流程，辅以一定的设计案例，重点培养学生解决空气动力学设计问题的创新能力。本教材根据作者开设的设计空气动力学课程大纲编写，分为空气动力学设计基础和空气动力学设计案例两大部分，重点介绍了空气动力学设计的三大基础知识——参数化建模方法、流动机理分析和现代优化设计理论与方法，以及现代飞机和航空发动机的设计案例，主要面向航空宇航科学与技术、飞行器设计、工程力学、流体力学等专业的研究生，也可作为相近专业学生和技术人员的参考书。

本教材是在作者二十余年的设计经验和课程讲授基础上编撰而成。在编写教材前，作者对已出版的空气动力学设计相关的教材进行了调研。目前，在空气动力学理论方面和飞行器总体设计方面均已有大量优秀的著作。例如，吴望一编著的《流体力学》、陈懋章编著的《粘性流体动力学基础》以及美国马里兰大学安德森著的《空气动力学基础》等，均详细讲解了基础空气动力学和流体力学的理论推导部分；方宝瑞主编的《飞机气动布局设计》、朱自强、吴宗成主编的《现代飞机设计空气动力学》等，详细介绍了飞机总体设计的设计原理和设计经验；江永泉著的《大型运输飞机设计与分析》、黄伟等著的《组合动力飞行器多学科设计优化方法》等，涉及参数化方法、计算流体力学(CFD)理论和优化设计等方面，但主要针对运输机或组合动力飞行器进行分析。在此基础上，作者结合设计经验和授课经验，撰写了本教材。编写本教材时，作者充分考虑了各部分知识的重要性、必要性和完整性，且充分考虑了各章节和案例之间的逻辑关系，增强了本教材的综合性和灵活性。本教材对所涉及的基本知识点都有较详细的解释，且注重理论教学和实践教学的融合，通过辅以设计实例和习题，力求强化学生解决实际问题的能力。并且，本教材充分考虑了学科专业和行业内先进的核心理论和成果，结合专业新技术新进展，紧跟产业发展前沿，反映空气动力学设计国内外的科学研究和教学研究的先进成果，具有先进性和前沿性。本教材建议学时数为32~48学时，其中，空气动力学设计基础部分应做较详细的讲解，空气动力学设计案例部分可作为扩展知识供学生自学。

本教材第1章为绪论，简要介绍了空气动力学设计的发展历程、空气动力学设计的四要素，以及飞机气动设计和航空发动机气动设计在飞机设计中的地位和设计要求。绪论部分的任务是：使学生对空气动力学设计拥有初步的概念和认识，并事实上给出全书的主要脉络，使学生在后续的学习过程中能做到条理清晰为后续的学习打下基础。

第 2～4 章为空气动力学设计基础部分，分别介绍了参数化建模方法、流动分析与优化目标、优化设计方法三部分空气动力学基础知识。第 2 章，即参数化建模方法部分，详细介绍了诸如非均匀有理 B 样条(NURBS)曲线/曲面、CST 方法、Hicks-Henne 方法、PARSEC 方法、自由曲面变形(FFD)方法等传统的二维或三维参数化建模方法，并介绍了参数化建模方法的最新进展，包括 CST 参数化方法的改进、FFD 参数化方法的改进等。第 3 章，即流动分析与优化目标部分，详细介绍了网格生成技术、数值模拟方法、复杂流动机理分析和流动现象的实验验证。网格生成技术和数值模拟方法是 CFD 的计算机/数学基础，是现代空气动力学设计的重要工具，而复杂流动机理分析和流动现象的实验验证则是 CFD 的力学基础知识。只有掌握了流动机理分析，学生才能对优化目标的选择有更深刻的认识。第 4 章，即优化设计方法部分，详细介绍了优化设计理论基础、正设计方法、反设计方法、先进的人工智能方法和设计策略，并给出了优化设计的实现过程案例。第 4 章从优化设计的四要素入手，在优化设计的数学模型的基础上，对优化设计方法和代理模型进行了详细介绍，并辅以大量设计案例。在优化方法部分，既有经典的梯度下降法、牛顿法等，也有诸如遗传算法等先进的人工智能方法，且对气动反设计作了介绍。在代理模型部分，既有经典的 Kriging 模型等，也有近年来兴起的神经网络模型。4.5 节对设计策略作了详细介绍，旨在使得学生建立使用策略的方式辅助设计的概念。

第 5 章和第 6 章为空气动力学设计案例部分。该部分的部分设计案例来源于复旦大学航空航天系孙刚教授课题组、南京航空航天大学航空学院唐智礼教授课题组和上海飞机设计研究院李正强研究员技术团队的工作内容，具有先进性和前沿性。第 5 章从翼型、超临界机翼、机翼-吊挂-短舱一体化、翼身融合体、分布式推进飞行器、乘波体六个方面介绍了详细的设计案例。第 6 章从短舱、风扇、压气机和短舱-风扇跨部件内外流一体化四个方面对设计案例进行了详细的介绍。通过理论教学和实践教学的融合，强化学生对空气动力学设计的理解，增强学生解决实际问题的能力。

三个参与单位所有参与编撰的博士生、硕士生和技术人员为本书的写作花费了大量的时间和精力，在此表示感谢。

由于水平有限，不当之处在所难免，恳请读者批评指正。

孙　刚　唐智礼　李正强
2023 年 5 月

目　　录

第1章 绪 论

空气动力学研究基本手段有三种：理论分析、数值计算、风洞试验。这些研究手段相辅相成、互为验证，共同推进空气动力学的发展与进步。在相关气动数据的基础上进行外形设计的空气动力学设计方法在航空航天、汽车、船舶等许多领域得到广泛应用与发展。在航空领域中，空气动力学是飞行器设计的基础。随着计算机技术以及计算流体力学(computational fluid dynamics, CFD)的发展，空气动力学优化设计方法展现出其对于外形设计发展的重要推动作用。一方面，相较于传统设计方法，气动优化设计方法可以获得性能更好的气动外形，提高飞行器设计水平，同时也使得飞行器设计过程缩短、效率提高。另一方面，随着飞行器性能要求的增加，飞行器外形设计面临的矛盾增多，利用气动优化设计方法有助于在这种复杂条件下得到良好的设计结果。

本质上讲，气动优化设计是利用最优化方法对设计对象进行的气动外形设计。本书将以此为纲，在第 2～4 章分别介绍空气动力学设计的三个基本内容：几何建模、机理分析与优化方法，并在第 5、6 章给出气动设计案例以帮助读者理解。

1.1 空气动力学设计的发展

1.1.1 数值模拟

数值模拟是空气动力学设计的重要工具，在气动设计领域占据着举足轻重的地位。与风洞试验相比，数值模拟方法在一些复杂条件下具有成本低、周期短、使用场景灵活等优点，发挥着重要作用，它推动着气动设计领域的发展。

CFD 依赖于计算机技术与流体力学理论，通过数值方法求解流体运动控制方程从而进行流体运动的数值仿真。CFD 方法中应用较为广泛的有有限差分法、有限元法、边界元法、有限体积法和有限分析法。计算技术的迅速发展使得 CFD 在气动设计中发挥着越来越大的作用，但同时复杂的气动外形与环境条件也对 CFD 方法提出了越来越高的要求。一方面，计算中可能出现计算成本高、运算周期长等问题。另一方面，现有模拟方法的复杂流场计算能力不足。例如，湍流模型一般被认为是 CFD 中最大的误差源，湍流模型对 CFD 计算精度的影响很大，是制约 CFD 发展与应用的一大难点。针对这些问题，主要有如下几种解决方案：

(1) 开发快速 CFD 计算方法代替精确 CFD 计算，减小优化设计中的工作量；

(2) 使用合适的代理模型(surrogate model)，降低计算成本，在保证计算可靠性的同时尽可能减少设计时间；

(3) 开发高精度湍流模型和高阶算法，以求进一步提高算法的精度。

如何解决上述两方面问题是 CFD 发展的基本方向，除此之外，在其应用过程中，多学科耦合将成为 CFD 发展的新阶段。只有与多学科分析良好衔接，CFD 方法才能发挥好其在气动设计中的重要作用。

1.1.2 气动设计的新要求

随着时代的发展，复杂设计条件和多样设计需求对气动外形设计提出了新的要求。面对这些挑战，也出现了适应现代气动设计的新手段。

1. 系统工程

系统工程最早是一种"将用户要求转化成一个系统的多学科方法"。系统作为一个有机整体，由各个互相作用、互相联系的部件组成。系统工程基于此，将问题转化为以系统为研究对象，应用多学科方法与理论达到系统整体最优的目的。

工程应用中，气动设计往往需要其他部门相结合完成最终设计内容，需要面向多种复杂工况，完成高性能、高可靠性的设计要求。开展跨系统、跨学科的综合技术研究是必然趋势。系统工程能够从系统层面着手，兼顾设计成本与项目效果，满足用户需求。

2. 构型管理

构型管理是为了协调产品自身特性与产品需求、设计和制造信息而建立的一个管理过程。构型管理能够有效管理和控制产品的设计制造全过程，反映客户对产品各种需求的结构表示。构型管理起源于 20 世纪 50 年代，为了提升复杂的武器装备的研制能力，美国军方意识到工程更改管控等一系列活动的重要性，逐渐提出了构型管理的概念，并建立了构型管理标准[1]。美国汽车工程师学会(Society of Automotive Engineers, SAE)于 2019 年颁布了构型管理标准 EIA—649C，其中对构型管理的定义是：构型管理是一种技术和管理过程，应用适当的过程、资源和控制，以保持产品构型信息和产品之间的一致性[2]。

3. 多学科设计优化

多学科设计优化(multidisciplinary design optimization, MDO)是一种从系统整

体角度提出的系统科学思想。描述一个完整的 MDO 问题，需要建立学科设计变量、共享设计变量、耦合设计变量等变量信息和学科之间的耦合关系。MDO 的概念最早起源于结构优化设计，之后这一方法引起了飞行器气动设计人员的关注并开始研究，现在已经成为航空航天技术研究领域的一大重点。

这些技术在现代飞机气动设计中发挥着重要作用。其中，系统工程与多学科设计优化将在本书第 5 章的设计案例介绍中有所体现。从飞机的气动布局选择到翼型的设计准则，再到发动机短舱-机翼相对位置的确定，都需要借助这些工程应用的新手段进行跨系统、跨学科的多方面综合考量。值得注意的是，5.6 节中将结合实际案例介绍分布式推进飞行器的多学科优化方法，以便于读者深入了解这一技术。

1.2 空气动力学设计的基本内容

空气动力学设计的基本内容主要包括设计对象、设计目标、设计约束和设计方法等。其中，设计对象主要指气动几何构型；设计目标是希望得到的气动性能和流场特征等；设计约束是描述设计对象的设计变量之间应满足的相互制约和相互依赖的关系；设计方法则是设计对象为达到设计目标所采用的策略和手段。本节将对这些基本内容进行介绍。

1.2.1 设计对象：几何模型

1. 几何模型的定义与分类

飞机空气动力学设计中常用的部件几何模型主要包括机翼、增升装置、机身、尾翼、发动机短舱、外挂物、起落架等。经过合理设计的部件几何模型具有简洁性、鲁棒性、灵活性等优点，并能够保证后续设计的准确性和便捷性。几何模型是空气动力学设计过程中的核心基础模型，是将三维实体的几何、拓扑信息等用合适的数据结构进行描述并存储，供计算机进行信息转换和处理的数据模型[3]，能够定性、定量地展示部件、产品的设计与优化方案，并在其整个生命周期内支持设计、优化、分析、制造、装配、测试、运维等过程，还支撑着其他学科模型的构建和应用，是其他系统模型或学科模型发挥作用的基础[4]。在几何模型中，任何复杂的几何构型均可通过基本几何元素的各种变换处理和集合运算产生[5]，这些基本几何元素包括顶点、边、环、面、壳、体。

在构建几何模型时，形体的描述和表达主要建立在对几何信息和拓扑信息处理的基础之上。按照这两方面信息的描述和存储方式的不同，生成的几何模型主要分为线框模型、表面模型和实体模型三种，三者之间可以相互转换[6]。

　　线框模型是计算机图形学及计算机辅助设计(CAD)领域中最早用来表示形体的模型，采用点、线、弧等基本线素来描述形体，是表面模型和实体模型的基础。线框模型的数据结构简单，信息量小，易于表达和处理。通过线框模型的投影变换，可快速生成形体的三视图、透视图和轴测图，至今仍在广泛使用。

　　表面模型通过对形体各表面进行描述，并通过各组成面的拼接获得形体。表面模型在线框模型的基础上增加了表面信息以记录边与面之间的拓扑关系，因此描述实体信息时比线框模型更完整严密，可以构造复杂曲面、生成剖面图、对形体求交、计算表面积、进行有限元分析等。表面模型中的曲面按特征可分为几何图形曲面和自由曲面，按造型方法可分为扫描曲面、直纹面和复杂曲面。

　　实体模型是由有限个表面共同组成的闭包，相比表面模型，实体模型采用右手定则确定表面正向，可以完全定义形体。除此之外，实体模型还能够表示形体的体积、重心、转动惯量等重要物性特征，是对设计对象进行工程分析的基础。实体模型按建模方法可分为体素法和扫描法。

　　上述三种模型在使用过程中各有优缺点。为克服各自的局限性，目前的几何造型系统常将描述三种模型的数据进行统一，使每种模型都能适时发挥自己的长处。

2. 几何模型的参数化建模

　　早期的几何模型中，尽管其基本几何元素的位置和形状完全确定，但并不包含它们的相互约束关系。当需要修改几何模型时，必须先删除无用的几何元素再重新建模，较为耗时，而设计与优化一个产品时，往往要对几何模型的形状和尺寸进行反复的修改与迭代才能达到设计目标。于是，几何模型的参数化建模技术应运而生。

　　参数化建模是一种通过尺寸驱动的方式修改由约束构成的几何模型的建模技术，即在外形设计时，定义一组参数(设计变量)来表示设计空间、设计要求、设计原则、设计结果等信息，并通过控制参数间的约束来限制与修改几何外形。参数化建模技术主要有三个优点：一是在造型时无须输入确定尺寸，只需定义各参数间满足的约束，即可通过改变约束来修改几何模型；二是只需修改部分参数即可获得新的几何模型，无须重新建模，可以快速生成多种设计方案；三是可以有效降低设计空间的维数，避免出现"维数灾难"而导致计算量的陡增和优化效率的降低。参数化建模是建立外形参数与气动特性相关性研究的基础，能够大大加快初始气动设计方案的提出和筛选。除此之外，参数化建模也是实现设计流程自动化的关键所在，极大地降低了设计人员的工作量并提高了设计效率，便于在设计、优化过程中实时监控气动外形[7]。

　　对于二维气动外形截面曲线的建模，传统的参数化方法常将气动外形基本特征的控制参数作为设计变量，例如，Deng 等[8]对 HTV-2 飞行器各部件的长度、拐折角等参数进行优化设计；Raj 和 Venkatasubbaiah[9]对超燃冲压发动机的进气道拐折角、激波角等进行设计以优化外形。

随着时代的发展，飞行器气动外形的复杂程度和设计精度逐渐提高。对此，研究人员对参数化方法进行不断探索与发展，以获得拟合精度更高、设计灵活性更强、设计空间范围更广、设计效率更高的参数化方法。如 Bézier 方法[10]、B 样条(B-spline)方法[11]、非均匀有理 B 样条(non-uniform rational B-spline, NURBS)方法[12]等均通过基函数在不同控制点处的线性组合来生成参数化曲线、曲面，控制灵活，应用广泛[13-15]。针对翼型的参数化，1978 年，Hicks 和 Henne 共同提出了 Hicks-Henne 参数化方法[16]，在基准翼型函数的基础上添加扰动函数来表示新翼型，能对高弯度涡轮叶片等复杂气动外形进行拟合[17]。20世纪 90 年代，Sobieczky[18]提出了 PARSEC(the parameterization method for airfoil sections)翼型参数化方法，利用 6 阶多项式的加权线性组合描述翼型表面，包含 11 个基本参数，且均具有明确的物理意义，便于对翼型优化结果进行分析，得到普遍应用[19, 20]。2006 年起，Kulfan[21, 22]探索出基于类别/形状函数变换(class function/shape function transformation, CST)的参数化方法。其中，类别函数决定曲线的基本类型，形状函数则对曲线进行进一步修整，能够准确地描述各种翼型、机身剖面等气动外形。常用的参数化方法还包括基于奇异值分解的本征正交分解(SVD-POD)方法[23, 24]、Bézier-PARSEC 方法[25]等。

参数化建模飞行器的三维外形主要有两种方法，第一种是将多条参数化曲线进行放样以获得参数化曲面，另一种是直接将二维情况下的参数化方法拓展至三维空间。第一种方法操作简单，容易实现；而第二种方法拓展了参数的维度，能够提高参数化曲面的可控性，如 Bézier、B 样条、NURBS、CST 等方法均可向三维空间拓展。除此之外，Sederberg 和 Parry 于 1986 年提出的自由曲面变形(free-form deformation, FFD)方法[26]也是三维气动外形建模的重要方法，该方法不仅可以应用于飞行器部件的设计，还可应用于整机的直接设计，并通过特定的约束进行多部件协作设计优化，进而对复杂飞行器构型进行设计[27]。基于前述参数化方法的改进方法也有很多，它们克服了原始方法的缺点或在其基础上增加了优点，如(class-shape-refinement transformation, CSRT)方法[28]、NFFD(NURBS-based free-form deformation)方法[29]等。

1.2.2　空气动力学设计的基本要素：设计目标

对于单目标或多目标优化问题，可以采用设计变量的函数来加以描述，在优化设计中称它们为目标函数。在空气动力学设计中，最常见的情况是使用升阻比作为一个函数，因为升阻比的大小是在气动特性衡量过程中比较容易量化的标准。

飞机的空气动力学描述极度依赖于无量纲导数，如阻力系数、升力系数和俯仰力矩系数。这些不依赖长度尺寸的系数以无量纲导数的形式取代了与几何外形有关的力和力矩，从而帮助我们在得到准确几何尺寸之前描绘无量纲的草图，并在设计过程的初期阶段，实现对不同几何外形的比较。

当然，这种基于无量纲系数的对比也存在一些有效性的限制。例如，尽管阻力系数 C_D 能够将尺寸带来的影响完全消除，但仍需注意在流场中因量变所引起的质的变化。此外，对于一些设计问题，如飞机具有不同的几何外形，并飞行在差异很大的设计约束条件下时，需要在对比过程中加入马赫数的变化。具体而言，在飞机目标航程一定，设计速度的考虑范围从亚声速到超声速不等的情况下，明确依赖马赫数的空气动力学效率标准可以使用：MaL/D，即循环因子[30]，并在优化过程中寻找其最大值。

典型的空气动力学问题中的设计目标有：升力系数 C_L、阻力系数 C_D、升阻比 C_L/C_D、压力分布等。当然，设计变量应当根据具体情况进行选定，例如，在进行考虑抖振特性的变弯度机翼设计研究时，可以通过变弯度改善抖振点的气动性能，减小分离的强度，因而可将设计变量选定为攻角、机翼外形变量(即控制机翼的 FFD 控制点)以及平尾偏转角；又如，在无人机的设计中，由于其结构重量主要受全机面积的影响，故可将升阻比与无人机全机面积的乘积选定为设计变量。

有时，在处理实际空气动力学问题的过程中，需要选取能够描述对应流场特性的设计目标。例如，依附在翼型表面的流体离开翼型表面时会导致流动分离或失速现象，使得在升力迅速下降的同时，阻力迅速增加，在这种情况下，设计目标在于抑制湍流和涡流的产生。早期设计中会采用流线型外形以保证气流附着于物面，并避免流动出现分离，尽可能维持流动的定常特性；现代飞行器设计中则常采用大射流技术、吹气吸气、等离子体、变形前缘、微机电系统等抑制分离的主动控制结构，以达到利用和控制分离流动和旋涡，增升减阻的目的。

另外，三维机翼在大迎角状态下，流动在前缘会发生分离，翼面上方出现较大尺度的前缘分离涡。由于黏性效应，在附面层内还会形成二次分离涡。分离涡的结构不稳定，随着迎角的增大，存在一个形成、积聚、破碎、耗散的演变过程。战斗机上普遍采用的大后掠前缘机翼，就是利用前缘分离涡所产生的附加涡升力，来提供飞机大机动飞行时所需的可用升力，增加失速迎角以提高飞机的机动性能。在气动设计的过程中，对特定流动结构进行控制和优化，具有重要的工程应用价值。

1.2.3 空气动力学设计的基本要素：设计约束

设计变量是优化设计中的基本参数，目标函数取决于设计变量。在许多问题中，设计变量的范围是有限的或者必须满足某些条件。在优化设计中，对设计变量值的这种限制简称为约束条件或约束。优化设计数学模型中，$g_i(X)$ 和 $h_j(X)$ 分别为设计变量的函数，统称为约束函数。

如果约束的形式是对某个设计变量或一组设计变量的直接约束，则称为显式约束。如果它是对一个设计变量或一组设计变量的间接限制，则称为隐式约束。约束可以用数学方程或不等式来表达，其中，等式约束对设计变量有严格的要求，对减少设计自运行起到一定的作用，在具体的空气动力学问题中，需根据相应的设计对象和问题确定设计约束。

在气动设计中，约束主要分为几何约束和气动约束。以翼型设计为例，常见的几何约束包括翼型厚度、翼型的前缘半径与后缘夹角、翼型的弦长等，这些几何约束可以通过设计变量间构成的显式或隐式的约束方程或不等式来体现。

常用的显式气动约束有升力、阻力等，隐式约束有力矩系数、阻力发散马赫数、抖振边界等。苏伟等[31]在进行翼身融合体的隐身性能设计中将设计约束设为外形约束、隐身性能约束和超声速升阻比约束。在航空发动机的设计中，优化问题中主要涉及叶片、轮盘、机匣等零件的参数化建模。常用的设计约束有入口马赫数、入口角、噪声、材料强度、总压比等。罗罗(罗尔斯·罗伊斯)公司对某低压导叶进行优化，选取叶型造型参数、叶根倒角等 58 个参数为设计变量，考虑进口马赫数、进口角、噪声和强度为约束，综合气动损失、出口角等构造气动性能目标函数[32]。德国宇航中心选取 106 个叶片造型参数作为设计变量对某型对转风扇进行优化，以两个转子的最大位移为目标函数，施加的约束条件包括总压比、马赫数等气动性能指标和应力、应变等强度指标[32]。总的来说，设计约束的选择应根据具体的设计情境、设计情况进行选择。

1.2.4 设计方法

在空气动力学中，提升设计对象性能的工具或者方法称为设计方法。设计方法按照设计的流程可以分为两种：正设计方法和反设计方法。正设计方法，又称直接设计法，是常规的设计及优化过程。在空气动力学的优化设计中，正设计方法是将诸如升力系数或升阻比等气动特性作为目标函数，分析机翼和流场以给出相应的气动约束和几何约束，直接对目标函数进行优化处理。正设计方法具有较好的灵活性，并且可以较为方便地处理多目标的复杂外形设计问题。

与正设计方法相对应的方法称为反设计方法，又称为间接设计法。气动反设计方法的核心是通过给定流场信息，求得相应的几何外形。反设计的优点在于可以在优化过程中直接和准确地控制其几何和气动性能[33]。并且,反设计方法的计算周期较短,设计效率较高。

优化算法是正设计的重要组成部分,拥有较长的发展历史。自 17 世纪 70 年代以来,学者们提出了牛顿法(Newton method)[34]、拟牛顿法(quasi-Newton method)[34]、拉格朗日乘数(Lagrange multiplier)法[35]、梯度下降法(gradient descent)[36]、共轭梯度法(conjugate gradient method)[36]等优化算法。这些传统的优化算法对于线性问题和简单的非线性问题能够进行很好的处理。但是,针对航空航天等现代科学问题,传统优化算法已经无法满足科学家的使用需求。它们逐渐被作为基本的数学工具,用于新的优化算法的构造。科学家们通过观察现实生活中存在的现象,抽象出诸多基于人工智能的优化算法,包括遗传算法(genetic algorithm, GA)[37]、粒子群优化(particle swarm optimization, PSO)算法[38]、模拟退火(simulated annealing, SA)算法[39]等。

航空航天领域的工程设计一般较为复杂,为了尽可能降低模型的计算量和计算时间,同时尽可能获得性能高的结果,基于代理模型的优化方法逐渐发展起来。代理模型又称为响应面模型。相比于原模型,代理模型计算量更小,且能满足一定的计算精度要求。常见的响应面模型包括线性加权响应面法、加权非线性响应面法、Kriging 代理模型[40]等。同时,基于人工智能的代理模型,包括支持向量机(support vector machine, SVM)、人工神经网络(aritificial neural network, ANN)[41]等也被应用在优化设计中。

另外,在做空气动力学设计时,我们常利用策略的方式辅助进行优化设计,包括两轮优化设计策略、多点优化设计策略、鲁棒优化设计策略和纳什(Nash)策略等。合理地使用设计策略,对增加空气动力学设计的效率、鲁棒性等是十分有益的。

更有针对性地,本书聚焦于面向飞机和航空发动机的空气动力学设计与优化研究,而不再介绍空气动力学设计在航空航天其他领域中的应用。

1.3　飞机空气动力学设计

1.3.1　气动设计在飞机设计中的地位

飞机设计是指设计人员运用气动、结构、动力、材料、工艺等学科知识,通过分析、综合和创造思维将设计要求转化为一组能完整描述飞机的参数的过程。设计要求通常包括性能载荷和使用要求、适航条例和设计规范、工艺和生产要求、环境要求以及成本要求等。

对于飞机设计与研制的阶段划分,国内外并没有形成完全统一的表述。我国于 2017 年发布的航空行业标准 HB 8525—2017《民用飞机研制程序》将民用飞机产品与服务研制分为需求与概念论证、初步设计、详细设计、试制与验证、批量生产五个阶段。飞机总体设计包括概念设计与初步设计，其在全设计周期中所占时间相对较短，但需要作出大量关键决策，决定了一架飞机大约 80%的全寿命周期成本。空气动力学在飞机总体设计流程中有两大任务：

(1) 设计飞机外形，包括飞机总体气动布局设计和部件气动力设计，得到飞机的全部外形数模；

(2) 在飞机设计的各个阶段，为性能、操稳、载荷、飞控等各个专业的设计计算提供气动数据。

1.3.2 飞机气动设计的任务

飞机的空气动力学设计包括飞机总体布局设计和部件气动设计。飞机总体布局设计是确定飞机的外形。部件气动设计是在气动布局的最初设计阶段，根据全机三面图，进行各主要部件(如机翼、机身、平尾、垂尾、增升装置和操纵面等)的气动设计，是在总体布局设计的基础上更加具体细致的进一步设计。良好的外形设计应当兼顾飞行性能和操纵性，同时满足安全性、布局合理性、经济性的要求。

1. 设计要求

进行飞机的气动外形设计时，除满足飞机性能设计要求外，还应结合总体设计、结构系统布置、空间协调、设备安装、商载、燃油以及制造工艺性等要求，进行综合设计。

1) 经济性要求

飞机的气动设计应当满足经济性要求，提高气动效率，节省燃油。燃油消耗是在其他条件大体相同的情况下衡量不同气动布局飞机的经济性指标。在发动机相同的条件下，耗油量的大小由飞机气动布局确定的巡航马赫数和最大升阻比的乘积决定。增加巡航马赫数或提高升阻比都有利于飞机经济性的设计。

2) 舒适性要求

飞机的气动设计必须考虑乘客的舒适性要求，包括飞机的噪声与飞行过程中的颠簸。应当选择合适的气动布局，降低飞行过程中产生的噪声，避免飞行过程中出现的颠簸，保证乘客的飞行体验。

3) 适航规章要求

飞机气动设计必须满足相关适航规章要求，保证安全性并符合设计规范是飞机设计的重要任务。

2. 现代飞机设计特点

我国飞机研制一直沿用系统工程方法，先后经历了跟踪仿制、改进改型、自主创新的发展阶段。当前飞机系统正朝着高度综合化、智能化的方向发展，飞机研制技术与管理复杂度急剧增加，迫切需要通过信息化技术与传统系统工程过程的深度融合，应对飞机研制的复杂性挑战，驱动正向创新研发[42]。这些问题对现代飞机设计提出了新的要求：

(1) 需求驱动的正向研发能力；

(2) 多学科耦合的高难度设计要求；

(3) 基于模型的系统综合与虚拟集成验证能力。

3. 飞机总体布局设计

飞机的总体布局设计包括气动布局形式的选择以及各部件的相对位置。其中气动布局形式的选择对飞机总体性能有着决定性作用，选择正确恰当的布局是至关重要的。飞机的气动布局是指不同气动承力面包括机翼、前翼(鸭翼)、水平尾翼(平尾)和垂直尾翼等的安排形式。典型布局形式有正常(平尾)布局、鸭式布局、无尾布局、变后掠布局、变斜翼布局、三翼面布局等。

飞机气动布局的确定是极其考验设计人员创造性思维的一个步骤。研究人员也从未停止对新型布局的开发研究，如翼身融合体布局、联翼布局、支撑机翼布局、超大展弦比布局、变体飞机、飞行汽车等。

4. 部件气动设计

部件气动设计主要包括机翼设计、机身设计、稳定面设计、操纵面设计、进气道和机体的综合设计、喷管与后体的综合设计以及外挂物设计，不仅限于外形设计，还包括各种气动参数的选择。

本书第 5 章将以此总体气动布局以及部件气动设计为框架，首先介绍较为基础的典型气动布局形式以及飞机翼型、超临界机翼设计方法，接着阐述机翼-吊挂-短舱综合外形设计。进一步地，为了顺应新时代飞机发展趋势，新型布局的开发也尤为重要，5.5 节~5.7 节会分别介绍翼身融合体、分布式推进飞行器以及乘波体设计。

1.4　航空发动机空气动力学设计

航空发动机作为飞机的推力来源，其设计在飞机设计中占据着重要地位，它的高集成度和高结构复杂度也为发动机设计带来了挑战。

1.4.1 航空发动机气动设计在飞机设计中的地位

航空发动机是飞机的重要组成部分，发动机的性能水平对飞机的性能水平具有决定性的影响，而发动机的设计指标由飞机的性能要求决定，应当顺应飞机的设计需求以相互匹配。即使有时选用现有的发动机，也应当按照飞机的用户需求对发动机进行修改。

在飞机的总体方案设计中即包含发动机的设计技术要求，发动机研制部门需要以满足用户要求为前提，根据方案中的要求进行发动机的总体方案设计。

1.4.2 航空发动机气动设计的要求

民用飞机对发动机的要求包括：

(1) 起飞推力及推重比需要满足飞机性能要求；

(2) 巡航耗油率应当尽可能低；

(3) 发动机的可靠性、耐久性要高；

(4) 燃气排放污染小；

(5) 噪声要求符合适航条例。

发动机设计应在满足飞机总体设计要求的前提下，发挥尽可能高的性能。短舱设计需要考虑气动、声学、结构一体化的设计要求，保证飞机的性能和舒适性。一定条件下，短舱的气动优化可以全面改善飞机的气动特性。风扇与压气机是发动机的核心部件，深入研究其高性能的气动优化设计方法能够大大推动航空发动机的整体性能水平的提升。

本书第 6 章将从发动机的各部件设计出发，首先介绍航空发动机的短舱、风扇、压气机设计，随后进一步阐释短舱-风扇跨部件内外流的一体化设计。

1.5 本 章 习 题

1. 空气动力学的研究方法分为哪三种？请简要叙述各方法的特点。

2. 空气动力学设计的基本内容有哪些？请简要描述实现空气动力学设计的流程。

3. 数值模拟方法具有哪些优缺点？针对这些缺点有哪些解决方案？

4. 飞机空气动力学设计中常见的部件有哪些？

5. 什么是参数化建模？在设计过程中，使用参数化建模的方法具有哪些优点？

6. 什么是设计约束？在气动设计中，约束可以分为哪两类？

7. 典型的空气动力学问题中的设计目标有哪些？

8. 从设计流程的角度出发，空气动力学设计方法可以分为哪两类？简要说明这些方法各有什么特点。

9. 从主要设计准则、性能、运营管理、系统复杂性和适航标准的角度,简要指出(三四点即可)民用飞机的设计要求,并说明现代飞机设计有何特点。

10. 航空发动机气动设计在飞机设计中占据何种地位? 简要指出航空发动机的气动设计要求。

第 2 章　空气动力学设计基础Ⅰ：几何建模

在气动外形优化设计过程中，对设计对象的几何描述又称作几何参数化建模，它是将一组参数映射到沿光滑曲线或曲面的点上[43]，并通过改变参数以直接或间接地修改设计对象的几何形状。不同的参数化建模方法不仅会影响后续优化算法的选取，还会影响 CFD 数值模拟的计算效率及优化结果的现实可行性等。因此，发展高效、实用的参数化方法对气动外形优化设计的发展有着重要的影响。从曲线、曲面再到更复杂的气动外形，研究人员一直在对参数化方法进行创新和改进以满足日益提高的设计需求。本章主要介绍气动外形优化设计过程中常用的参数化建模方法与最新进展。

2.1　二维参数化建模方法

2.1.1　NURBS 曲线

早期，设计师多采用插值方法生成的样条曲线来逼近原始曲线，设计出的曲线不但受曲线上型值点的约束，还受到边界条件的影响，无法灵活地调整曲线形状。对此，法国工程师 Pierre Bézier 通过基函数在不同控制点处的线性组合来构造曲线，只需移动控制点便可快速修改曲线形状，有效地解决了上述问题，该曲线称为 Bézier 曲线[44, 45]。之后，在 1974 年，Gordon 与 Riesenfeld 将 B 样条理论应用于几何形状的描述，用 B 样条函数替代了 Bézier 曲线中的 Bernstein 基函数，提出了 B 样条曲线[11]。该曲线保留了 Bézier 曲线的全部优点，且能够控制曲线的局部形状。继 Bézier 曲线、B 样条曲线后，Piegl 和 Tiller 在其基础上发展出非均匀有理 B 样条(NURBS)曲线[12]，它可以精确表示规则曲线，便于用统一的数据库进行存储及使用统一的算法进行处理。目前，NURBS 方法已成为 CAD 造型系统中采用的主流参数化方法与国际标准[46]。

NURBS 曲线具有三种等价表示形式[12, 47, 48]，其有理分式形式表达如下：

$$r(u) = \frac{\sum_{i=0}^{n} \omega_i P_i N_{i,k}(u)}{\sum_{i=0}^{n} \omega_i N_{i,k}(u)}, \quad a \leqslant u \leqslant b \tag{2.1.1}$$

其中：

(1) $r(u)$ 为变量 u 的矢函数，空间中某矢量端点随 u 变化的运动轨迹为该矢端曲线。

(2) P_i 为控制多边形第 i 个顶点的位置矢量，$i = 0, 1, \cdots, n$。

(3) ω_i 称为权因子，一般约定首末权因子 ω_0、$\omega_n > 0$，其余权因子 $\omega_i \geqslant 0$，以防止表达式分母为零以及特殊情况下曲线退化为一点的情形，并保留曲线的凸包性。权因子 ω_i 与控制点 P_i 相对应。在实际应用过程中，当需要修改曲线形状时，首先移动控制点，在曲线形状大致确定后，再根据需要在小范围内调整权因子，使曲线从整体到局部逐渐满足要求。当其他控制点和权因子不变时，减小或增大某个权因子会起到把曲线推离或拉向对应控制点的作用。权因子均相同时，NURBS 曲线将退化为 B 样条曲线。

(4) $N_{i,k}(u)$ 为 B 样条基函数，是定义在节点矢量 $T = [u_0, u_1, \cdots, u_{n+k+1}]$ 上的分段多项式，$u_0 \leqslant u_1 \leqslant \cdots \leqslant u_{n+k+1}$。$N_{i,k}(u)$ 可用 de Boor-Cox 递推公式[49]确定，表示关于参数 u 的次数为 k 的第 i 个基函数的值：

$$\begin{cases} N_{i,0}(u) = \begin{cases} 1, & u_i \leqslant u \leqslant u_{i+1} \\ 0, & \text{其余} \end{cases} \\ N_{i,k}(u) = \dfrac{u - u_i}{u_{i+k} - u_i} N_{i,k-1}(u) + \dfrac{u_{i+k+1} - u}{u_{i+k+1} - u_{i+1}} N_{i+1,k-1}(u) \end{cases} \tag{2.1.2}$$

式中，若出现 0 除以 0 的情况，定义为 0。u 的取值上下限为 a 和 b，常将 u 的取值范围进行归一化，即取 $a = 0$，$b = 1$。当基函数的次数 k 和节点矢量 T 完全定义后，曲线的整体形状将被确定。

NURBS 曲线的有理基函数形式表达如下：

$$r(u) = \sum_{i=0}^{n} P_i R_{i,k}(u)$$

$$R_{i,k}(u) = \dfrac{\omega_i N_{i,k}(u)}{\sum\limits_{j=0}^{n} \omega_j N_{j,k}(u)}, \quad a \leqslant u \leqslant b \tag{2.1.3}$$

其中，$R_{i,k}(u)$ 称为 k 次有理基函数，具有权性、局部支撑性、可微性等性质，基函数构造的 NURBS 曲线具有凸包性、局部修改性、对称性、仿射及透视变换不变性等优良性质。

NURBS 曲线的齐次坐标形式表达如下：

$$r(u) = H\{R(u)\} = H\left\{ \sum_{i=0}^{n} D_i N_{i,k}(u) \right\} \tag{2.1.4}$$

其中，$D_i = [\omega_i P_i \; \omega_i]$ 称为带权控制顶点或齐次坐标；$H\{\}$ 表示中心投影变换。若用带权控制点 D_i 在高一维空间里定义一条非有理 B 样条曲线 $R(u)$，则 $R(u)$ 在 $\omega = 1$ 超平面上的投影 $H\{R(u)\}$ 便定义了一条 NURBS 曲线。

NURBS 曲线的三种等价表示形式具有不同的作用。有理分式形式体现了曲线"有理"的特点，说明了 NURBS 曲线是 Bézier 曲线和非有理 B 样条曲线的推广；有理基函数形式中，可从有理基函数的性质推断出 NURBS 曲线的性质；NURBS 曲线的齐次坐标形式说明，在高一维空间里，控制点对应的齐次坐标点或带权控制顶点所定义的 NURBS 曲线在 $\omega = 1$ 超平面上的中心投影即为该空间的 NURBS 曲线，几何意义明确。

NURBS 曲线的主要优点有：可进行局部修改，且由于权因子的存在，修改的灵活程度高；可表示规则曲线，统一了规则曲线与自由曲线的表达；曲线次数与控制点数目不强制对应，采用高次曲线拟合时可避免出现"维数灾难"，提高了设计效率。NURBS 曲线在翼型的单目标、多目标优化等方面应用广泛[13, 14]。

2.1.2 Hicks-Henne 方法

解析函数线性叠加法是二维翼型曲线常用的参数化方法之一，通过基准翼型函数和型函数的线性组合来表示一个新翼型。解析函数线性叠加法的通用公式可表达如下[50]：

$$y(x) = y_0(x) + \sum_{k=1}^{n} c_k f_k(x) \tag{2.1.5}$$

其中，$y_0(x)$ 表示基准翼型各纵坐标；n 和 $c_k (k = 1, 2, \cdots, n)$ 分别表示控制翼型形状的参数个数和各系数值；$f_k(x)$ 为型函数。1978 年，Hicks 和 Henne 提出了一种基于解析函数线性叠加的参数化方法，命名为 Hicks-Henne 参数化方法[16]，采用 Hicks-Henne 函数的线性叠加法的型函数表达如下：

$$f_k(x) = \begin{cases} x^{0.25}(1-x)e^{-20x}, & k=1 \\ \sin^3(\pi x^{e(k)}), & k>1 \end{cases}, \quad 0 \leqslant x \leqslant 1 \tag{2.1.6}$$

式中，x 代表翼型的弦向位置；$e(k) = \lg 0.5 / \lg x_k$，x_k 为 f_k 达到峰值时的弦向位置。Hicks-Henne 方法既可以保证对翼型关键点的调整，又可以保证翼型整体形状的平滑，能够拟合较为复杂的气动外形，如高弯度涡轮叶片等[17]。其缺点在于：应用 Hicks-Henne 方法的外形，其设计空间不宜过大，否则形状函数的系数变化将过于剧烈，会降低优化效率。

2.1.3　PARSEC 方法

20 世纪 90 年代，Sobieczky[18]提出了一种采用多项式函数表达翼型的参数化方法，称为 PARSEC 翼型参数化方法。PARSEC 方法拥有 11 个基本参数，所有参数都具有明确的几何意义，如图 2.1.1 所示。其中，r_{le} 为前缘半径；X_{up} 为翼型上表面最高点横坐标；Z_{up} 为翼型上表面最高点纵坐标；Z_{XXup} 为翼型上表面最高点曲率；X_{lo} 为翼型下表面最低点横坐标；Z_{lo} 为翼型下表面最低点纵坐标；Z_{XXlo} 为翼型下表面最低点曲率；α_{TE} 为后缘角；β_{TE} 为翼尾角；Z_{TE} 为后缘纵坐标；ΔZ_{TE} 为翼尾厚度。

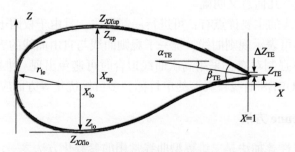

图 2.1.1　PARSEC 翼型参数化方法的基本参数[18]

PARSEC 方法采用 6 阶多项式的加权线性组合分别描述翼型的上、下表面曲线：

$$Z(X) = \sum_{n=1}^{6} a_n X^{n-\frac{1}{2}} \tag{2.1.7}$$

将各参数代入上式，可列出求解多项式系数 a_n 的方程组(以上表面曲线为例)[51]：

$$
\begin{bmatrix}
1 & 0 & 0 & 0 & 0 & 0 \\
X_{TE}^{\frac{1}{2}} & X_{TE}^{\frac{3}{2}} & X_{TE}^{\frac{5}{2}} & X_{TE}^{\frac{7}{2}} & X_{TE}^{\frac{9}{2}} & X_{TE}^{\frac{11}{2}} \\
X_{up}^{\frac{1}{2}} & X_{up}^{\frac{3}{2}} & X_{up}^{\frac{5}{2}} & X_{up}^{\frac{7}{2}} & X_{up}^{\frac{9}{2}} & X_{up}^{\frac{11}{2}} \\
\frac{1}{2}X_{TE}^{-\frac{1}{2}} & \frac{3}{2}X_{TE}^{\frac{1}{2}} & \frac{5}{2}X_{TE}^{\frac{3}{2}} & \frac{7}{2}X_{TE}^{\frac{5}{2}} & \frac{9}{2}X_{TE}^{\frac{7}{2}} & \frac{11}{2}X_{TE}^{\frac{9}{2}} \\
\frac{1}{2}X_{up}^{-\frac{1}{2}} & \frac{3}{2}X_{up}^{\frac{1}{2}} & \frac{5}{2}X_{up}^{\frac{3}{2}} & \frac{7}{2}X_{up}^{\frac{5}{2}} & \frac{9}{2}X_{up}^{\frac{7}{2}} & \frac{11}{2}X_{up}^{\frac{9}{2}} \\
-\frac{1}{4}X_{up}^{-\frac{3}{2}} & \frac{3}{4}X_{up}^{-\frac{1}{2}} & \frac{15}{4}X_{up}^{\frac{1}{2}} & \frac{35}{4}X_{up}^{\frac{3}{2}} & \frac{53}{4}X_{up}^{\frac{5}{2}} & \frac{99}{4}X_{up}^{\frac{7}{2}}
\end{bmatrix}
\begin{bmatrix}
a_1 \\ a_2 \\ a_3 \\ a_4 \\ a_5 \\ a_6
\end{bmatrix}
=
\begin{bmatrix}
\sqrt{2r_{le}} \\
Z_{TE} + \dfrac{\Delta Z_{TE}}{2} \\
Z_{up} \\
\tan(\alpha_{TE} - \beta_{TE}) \\
0 \\
Z_{XXup}
\end{bmatrix}
\tag{2.1.8}
$$

PARSEC 方法的优点是设计变量的几何意义十分明确，便于对翼型的气动优化结果进行分析，因此得到了广泛应用[19,20]。其缺点是较难应用于翼型以外的其他曲线，并且对复杂翼型形状的拟合能力不足[52]。

2.1.4　CST 方法

2006 年起，Kulfan[21, 22]探索出一种基于类别/形状函数变换（CST）的参数化方法。该方法中，类别函数决定了曲线的类型，而形状函数可对曲线进行进一步修整，因此可用一组较少的、具有明确物理含义的参数来精确地描述各种翼型、机身截面和一般曲线。以翼型曲线为例，CST 方法的表达式如下[53]：

$$
\begin{cases}
y_u = C_{N_2}^{N_1}(x) S_u(x) + x y_{teu} \\
y_l = C_{N_2}^{N_1}(x) S_l(x) + x y_{tel} \\
C_{N_2}^{N_1}(x) = x^{N_1}(1-x)^{N_2} \\
S_u(x) = \sum_{i=0}^{n_u} A_u(i) B_{i, n_u}(x) = \sum_{i=0}^{n_u} A_u(i) \dfrac{n_u!}{i!(n_u-i)!} x^i (1-x)^{n_u-i} \\
S_l(x) = \sum_{j=0}^{n_l} A_l(j) B_{j, n_l}(x) = \sum_{j=0}^{n_l} A_l(j) \dfrac{n_l!}{j!(n_l-j)!} x^j (1-x)^{n_l-j}
\end{cases}
\tag{2.1.9}
$$

其中，u 和 l 分别代表翼型的上、下表面；y_{teu} 和 y_{tel} 分别为翼型上、下表面后缘点处纵坐标；x 为翼型沿弦长方向的位置；$C_{N_2}^{N_1}(x)$ 为类函数，用于确定翼型基本种类，不同 N_1、N_2 选值下类函数的基本曲线形状如图 2.1.2 所示；$S_u(x)$ 和 $S_l(x)$ 为形函数，用于进一步确定并描述该翼型族中的具体翼型；形函数的系数 $A_u(i)$ 和 $A_l(j)$ 即为设计变量；n_u 和 n_l 分别为形函数中 Bernstein 基函数 $B_{i, n_u}(x)$ 和 $B_{j, n_l}(x)$

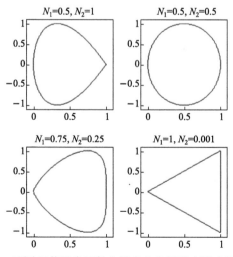

图 2.1.2　不同 N 值的类函数在笛卡儿坐标系中形成的曲线[54]

的次数。

CST 方法具有广阔的设计空间与精确的拟合能力[55]，且由于类函数的多样性，CST 方法也常用于生成各类飞行器及各部件的参数化曲线[56, 57]。CST 方法的缺点主要在于采用 Bernstein 基函数作为形状函数，对曲线的局部控制能力较弱。

2.1.5　基于奇异值分解的本征正交分解(SVD-POD)法

本征正交分解(proper orthogonal decomposition, POD)法是一种对高维空间进行低维近似描述的参数化方法，可通过奇异值分解(singular value decomposition, SVD)实现。Ghoman 等[58]和 Poole 等[24]已将该方法应用于翼型曲线的参数化，其原理是对一组已知的翼型坐标矩阵进行奇异值分解，得到一组正交模态，并将其作为基底来表达新翼型，新翼型的形状是这些模态不同权重的线性组合。由于模态正交，因此每个翼型都对应唯一的设计变量组合，能有效防止设计冗余，并且相同数目设计变量可描述的设计空间也更广。该方法的具体步骤为：首先，对各翼型坐标归一化并统一坐标系，选取 m 个翼型作为数据库，每个翼型可用 n 个设计变量(如纵坐标 z)完全描述，翼型曲线上第 i 个坐标为(x_i, z_i)。之后，构造针对翼型数据库的快照矩阵$[S]$(m 行 n 列)，并表示为奇异值分解形式[23, 24]：

$$[S] = \begin{bmatrix} z_1^1 & z_2^1 & ... & z_n^1 \\ z_1^2 & z_2^2 & ... & z_n^2 \\ \vdots & \vdots & & \vdots \\ z_1^m & z_2^m & ... & z_n^m \end{bmatrix} = [U] \cdot [\Sigma] \cdot [V]^{\mathrm{T}} \tag{2.1.10}$$

其中，$[U]$ 为 $m \times m$ 的正交矩阵；$[V]$ 为 $n \times n$ 的正交矩阵，$[V] = [v_1, v_2, \cdots, v_n]$，每列均表示相互正交的翼型模态，称为 POD 模态；$[\Sigma]$ 为 $m \times n$ 的对角矩阵，其主对角线上的值由大到小排列，代表每种模态的能量，反映了数据库中各模态的重要程度。$[U]$ 与$[\Sigma]$ 的乘积称为 POD 系数$[\beta]$：

$$[\beta] = [U] \cdot [\Sigma] \tag{2.1.11}$$

将 POD 系数$[\beta]$乘以 POD 模态$[V]$，可以重构出快照矩阵$[S]$：

$$[S] = [U] \cdot [\Sigma] \cdot [V]^{\mathrm{T}} = [\beta][V]^{\mathrm{T}} \tag{2.1.12}$$

之后，常选取$[V]^{\mathrm{T}}$ 的前 k 个 POD 模态以充分近似该快照矩阵，如式(2.1.13)所示。前 k 个模态的能量之和一般占据全部能量的 99%以上。因此，该方法不仅可以对翼型进行参数化，还可以将设计空间的维度从 n 维降至 k 维。此时，对应的 POD 系数$[\beta]$成为新的设计变量：

$$[S]_{m \times n} \approx \sum_{i=1}^{k} \beta_i \{V_i\}^{\mathrm{T}} \tag{2.1.13}$$

此时，新翼型的坐标可表示为

$$\{z^{\mathrm{airfoil}}\}_{1 \times n} = \{\beta\}_{1 \times k} [\phi]_{k \times n}^{\mathrm{T}} \tag{2.1.14}$$

其中，$\{\beta\}_{1 \times k}$ 代表新的低维设计空间中的设计变量；$[\phi]_{k \times n}^{\mathrm{T}}$ 为 $[V]_{n \times n}^{\mathrm{T}}$ 的前 k 个 POD 模态构成的矩阵；$\{z^{\mathrm{airfoil}}\}_{1 \times n}$ 是对应的翼型坐标参数。

Masters 等[23]对 122 个对称翼型构成的矩阵进行分解，结果如图 2.1.3 所示。由图可知，前 6 个 POD 模态占据了所有模态 99%以上的能量。该图还说明，模态 1 所占能量最高，决定了新翼型的基本形状，类似于 CST 方法中的类函数；其他模态在模态 1 的基础上起到扰动曲线的作用，使翼型的描述更加精确。前 6 个模态的几何形状如图 2.1.4 所示。

需要注意的是，SVD-POD 方法选取的翼型数据库一般需要满足设计需求，例如对超临界翼型进行设计时，应当用已知的超临界翼型构建数据库以提高设计效率。若采用随机翼型构建数据库，则可能无法在设计空间内达到设计目标。

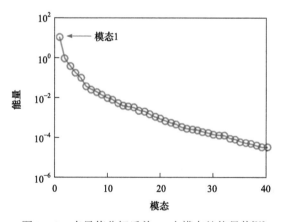

图 2.1.3　奇异值分解后前 40 个模态的能量值[23]

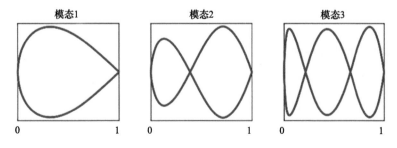

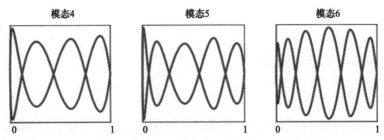

图 2.1.4　分解对称翼型训练样本后的前 6 个模态[23]

2.1.6　二维参数化建模方法小结

本节介绍了几种常用的二维参数化建模方法,不同方法的主要特点如表 2.1.1 所列。在实际参数化设计时,应根据实际问题选择合适的参数化方法,不能仅根据某种方法使用广泛而认为其性能好于其他方法。

表 2.1.1　二维参数化方法的主要特点

参数化方法	特点
NURBS 曲线	是 Bézier 曲线和 B 样条曲线的拓展,具有它们的全部优点;引入的权因子可对曲线进行更灵活的调整;可表示规则曲线和自由曲线,统一了计算机存储、处理数据的格式;曲线次数与控制点数目不强制对应,避免出现"维数灾难",提高了设计效率
Hicks-Henne 方法	既可以保证对翼型关键点的调整,又可以保证翼型整体形状的平滑,能够拟合较为复杂的气动外形
PARSEC 方法	设计变量的几何意义十分明确,便于对翼型的气动优化结果进行分析
CST 方法	具有广阔的设计空间与精确的拟合能力,并可对翼型、机身等各种几何构型进行设计
SVD-POD 法	不仅可以对翼型进行参数化,还可以降低设计空间的维度以提高设计效率;POD 模态正交,设计变量描述的设计空间范围广且对应性强

2.2　三维参数化建模方法

2.2.1　参数化曲线放样方法

在对飞行器的三维气动外形进行参数化建模时,常用的方法是将二维平面内的参数曲线进行放样以获得参数化的三维外形。例如在设计机翼表面时,可先拟合出各截面的翼型曲线,再将不同截面位置的翼型曲线通过放样进行连接而形成机翼曲面。这种方法的优点在于只需定义各截面曲线便可快速生成多种参数化曲面。缺点则是放样方法无法对参数化曲面进行更细致的局部修改，只能通过修改各截面曲线来间接修改曲面各截面间的形状。采用参数化曲线放样方法的实例有很多，例如 Zhang 等[59]采用 CST 方法生成的参数化曲线定义了叶根处截面、内外翼转折处截面和叶尖处截面的翼型，并基于这些翼型应用放样生成了完整的自然层流机翼，如图 2.2.1 所示。Ma 等[60]将高超声速升力体分成前后两部分，同样采用 CST 方法对两截面上的曲线参数化并进行放样，构型的设计变量如图 2.2.2 所示，可能获得的构型如图 2.2.3 所示。可以看出，随着参数变化，截面曲线发生改变，使放样的曲面形状发生改变，设计空间较广。

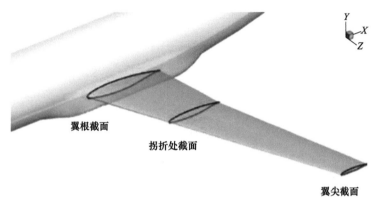

图 2.2.1　控制机翼翼型的截面位置[59]

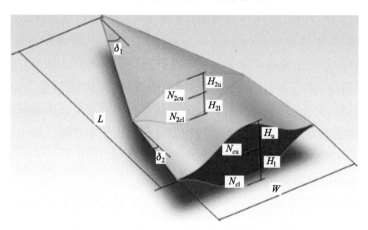

图 2.2.2　高超声速升力体截面的设计变量[60]

参数化曲线放样方法操作简单，容易实现，除上述方法外，还可以直接将二维情况下的参数化方法向三维拓展。相比之下，后者提高了参数化曲面的可控性，便于对曲面进行更精细的调整。多种参数化方法均可向三维空间拓展，如 NURBS 曲线、二维 CST 方法等。

图 2.2.3　不同参数曲线升力体可能的构型[60]

2.2.2　NURBS 曲面

　　与 NURBS 曲线类似，NURBS 曲面亦具有三种等价表示形式。一片 $k \times l$ 次 NURBS 曲面的有理分式形式表达如下[12, 47, 48]：

$$r(u, v) = \frac{\sum\limits_{i=0}^{m}\sum\limits_{j=0}^{n}\omega_{i,j}P_{i,j}N_{i,k}(u)N_{j,l}(v)}{\sum\limits_{i=0}^{m}\sum\limits_{j=0}^{n}\omega_{i,j}N_{i,k}(u)N_{j,l}(v)}, \quad a \leqslant u \leqslant b, c \leqslant v \leqslant d \tag{2.2.1}$$

其中，$P_{i,j}$ 为 $(m+1) \times (n+1)$ 个控制点形成的网格中的第 (i, j) 个控制点；$N_{i,k}(u)$ 和 $N_{j,l}(v)$ 为 u、v 两方向上的 B 样条基函数；$\omega_{i,j}$ 为每个控制点处的权因子。一般约定控制网格四角处的权因子 $\omega_{0,0}, \omega_{m,0}, \omega_{0,n}, \omega_{m,n} > 0$，其余控制点的权因子 $\omega_{i,j} \geqslant 0$，目的是防止表达式分母为零以及特殊情况下曲面退化为一点的情形，并保留曲面的凸包性。与 NURBS 曲线类似，在实际应用中需要修改曲面形状时，首先移动控制点 $P_{i,j}$，待曲面形状大致确定后，再根据需要在小范围内调整权因子 $\omega_{i,j}$，使曲面满足精度要求。当其他控制点和权因子不变时，减小或增大某个权因子 $\omega_{i,j}$ 会起到把曲面推离和拉向对应控制点 $P_{i,j}$ 的作用。

　　NURBS 曲面也可采用有理基函数形式表示：

$$r(u, v) = \sum\limits_{i=0}^{m}\sum\limits_{j=0}^{n}P_{i,j}R_{i,k,j,l}(u, v)$$

$$R_{i,k,j,l}(u, v) = \frac{\omega_{i,j}N_{i,k}(u)N_{j,l}(v)}{\sum\limits_{r=0}^{m}\sum\limits_{s=0}^{n}\omega_{r,s}N_{r,k}(u)N_{s,l}(v)}, \quad a \leqslant u \leqslant b, c \leqslant v \leqslant d \tag{2.2.2}$$

其中，$R_{i,k,j,l}(u, v)$ 为双变量有理基函数。从该基函数的定义中可看出，双变量有理基函数不是两单变量基函数的乘积，故一般来说 NURBS 曲面不是张量积曲面。

NURBS 曲面还可采用齐次坐标形式表示：

$$r(u,v) = H\{R(u,v)\} = H\left\{\sum_{i=0}^{m}\sum_{j=0}^{n} D_{i,j} N_{i,k}(u) N_{j,l}(v)\right\} \tag{2.2.3}$$

与 NURBS 曲线类似，若 $D_{i,j} = [\omega_{i,j} P_{i,j}\ \omega_{i,j}]$ 在高一维空间里定义了一张非有理 B 样条曲面 $R(u, v)$，则 $R(u, v)$ 在 $\omega = 1$ 超平面上的投影 $H\{R(u,v)\}$ 便定义了一张 NURBS 曲面。

NURBS 曲线的优良性质同样继承到 NURBS 曲面中，如局部修改性、凸包性、对称性、仿射及透视变换不变性等。NURBS 曲面是 Bézier、B 样条曲面的推广，相较于 B 样条曲面，权因子 $\omega_{i,j}$ 增加了曲面的自由度。当 $\omega_{i,j} \equiv 1$ 时，NURBS 曲面将退化为 B 样条曲面。类似于 NURBS 曲线，NURBS 曲面亦可以精确表示球面、圆锥曲面、旋转曲面等规则曲面，因此在曲面建模时应用非常广泛。例如，吴广领和张秋菊[61]采用 NURBS 方法建立的参数化自由曲面和叶片曲面分别如图 2.2.4 和图 2.2.5 所示；马晓永等[15]采用 NURBS 曲面对 ONERA M6 机翼在跨声速条件下进行了优化设计，采用 NURBS 曲面的 ONERA M6 机翼变形过程如图 2.2.6 所示，经优化设计后，阻力系数降低13.1%，上翼面激波明显减弱，证明了 NURBS 曲面的可控性和光滑性。

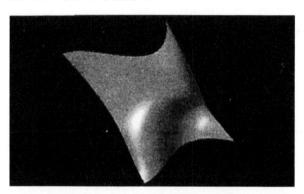

图 2.2.4　NURBS 建模的自由曲面[15]

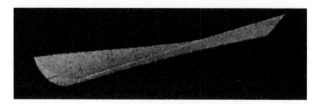

图 2.2.5　NURBS 建模的叶片曲面

图 2.2.6　NURBS 曲面参数化 ONERA M6 机翼的变形过程[15]

2.2.3　三维 CST 方法

三维 CST 方法是对二维 CST 方法的拓展。如图 2.2.7 所示，以设计机翼上表面为例，三维 CST 方法定义如下[22, 62]：

$$\zeta_U(\psi, \eta) = \zeta_N(\eta) + C_{1.0}^{0.5}(\psi)S_U(\psi, \eta) + \psi\left\{\zeta_T(\eta) - \tan\left[\Delta\alpha_r(\eta)\right]\right\} \quad (2.2.4)$$

其中：

(1) $\eta = 2y/b$ 为归一化的翼型截面位置；

(2) $\psi = [X - X_{LE}(\eta)]/c(\eta)$ 为归一化后缘弦长方向的位置，这里 $X_{LE}(\eta)$ 为翼型前沿坐标，$c(\eta)$ 为翼型弦长；

(3) $\zeta_N(\eta) = Z_N(\eta)/c(\eta)$ 为翼型弦长与 x 轴夹角的正切值；

(4) 类函数 $C_{N_2}^{N_1}(x) = \psi^{N_1} \cdot (1-\psi)^{N_2}$，此处 $N_1 = 0.5, N_2 = 1.0$；

(5) 形函数表达式为

$$S_U(\psi, \eta) = \sum_{i=0}^{p_x}\sum_{j=0}^{p_y} P_{i,j} \cdot B_{i,p_x}^x(\psi) \cdot B_{j,p_y}^y(\eta) \quad (2.2.5)$$

这里，$B_{i,p_x}^x(\psi)$ 和 $B_{j,p_y}^y(\eta)$ 分别为 ψ、η 两方向上的 Bernstein 基函数，$P_{i,j}$ 为控制点；

(6) $\zeta_T(\eta) = \Delta Z_{TE}(\eta)/c(\eta)$ 为翼型后缘与 x 轴夹角的正切值。

采用随机分布的控制点 $P_{i,j}$ 形成的机翼曲面如图 2.2.8 所示，从中可以看出，相比参数化放样方法，三维 CST 方法可以对机翼曲面进行更细致的局部控制。

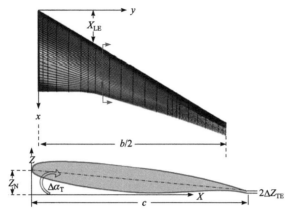

图 2.2.7 飞机机翼上表面的三维 CST 参数化描述[22]

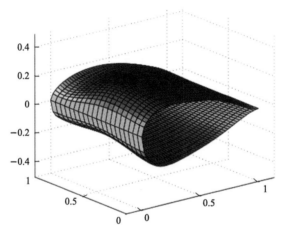

图 2.2.8 采用随机分布的控制点生成的机翼曲面[62]

2.2.4 自由曲面变形方法

自由曲面变形(FFD)方法最早由 Sederberg 和 Parry 于 1986 年[26]提出,其灵感来源于弹性物体的受力变形过程:如果将设计对象固定于一弹性体内,弹性体受外力后,内部空间产生弹性变形,设计对象的形状因此根据某种映射关系发生变化。FFD 方法的具体步骤为:首先在待变形曲面周围建立 FFD 控制体,计算待变形几何外形上的每一个点在 FFD 控制体中的坐标:

$$r(u,v,w) = \sum_{i=0}^{l}\sum_{j=0}^{m}\sum_{k=0}^{n} B_{i,l}(u)B_{j,m}(v)B_{k,n}(w)P_{i,j,k} \tag{2.2.6}$$

其中, $P_{i,j,k}$ 为 $(l+1)\times(m+1)\times(n+1)$ 个控制点形成的三维网格中第 (i, j, k) 个控制点; $B_{i,l}(u)$ 、 $B_{j,m}(v)$ 和 $B_{k,n}(w)$ 分别为 u、v、w 三方向上的 Bernstein 基函数。当

控制点 $P_{i,j,k}$ 的位置移动后，几何外形上任一点的位移变化量为

$$\Delta r(u,v,w) = \sum_{i=0}^{l}\sum_{j=0}^{m}\sum_{k=0}^{n} B_{i,l}(u)B_{j,m}(v)B_{k,n}(w)\Delta P_{i,j,k} \tag{2.2.7}$$

其中，$\Delta P_{i,j,k}$ 为控制点的位移改变量，则位移后的几何外形可表示为

$$\hat{r}(u,v,w) = r(u,v,w) + \Delta r(u,v,w) \tag{2.2.8}$$

　　FFD 方法以其简单灵活、不依赖几何外形拓扑结构等优点而被广泛应用于外形参数化过程，不仅可以应用于飞行器部件的设计，还能应用于整机的直接设计，并通过特定的约束进行多部件协作设计优化，进而对复杂飞行器构型进行设计[27, 63, 64]。

2.2.5　三维参数化建模方法小结

　　本节介绍了几种常用的三维参数化建模方法，它们的主要特点如表 2.2.1 所示。在三维参数化设计时，应根据待设计构型的特征和设计需求合理选用三维参数化方法。

表 2.2.1　三维参数化方法的主要特点

参数化方法	特点
参数化曲线放样方法	只需定义各截面曲线形状便可通过放样快速生成曲面；不同形状截面经组合可构成多种曲面
NURBS 曲面	是 NURBS 曲线的三维拓展，其性质继承于 NURBS 曲线，具有 Bézier 曲面和 B 样条曲面的全部优点；引入的权因子可对曲面进行更灵活的调整；可表示规则曲面和自由曲面，统一了计算机存储、处理数据的格式
三维 CST 方法	是二维 CST 方法的三维拓展，可对参数化曲面进行更精细的局部控制，具有广阔的设计空间与精确的拟合能力
FFD 方法	使用简单、灵活，不依赖几何外形拓扑结构，可应用于整机的直接设计

2.3　参数化建模方法最新进展

　　外形参数作为设计变量，其数目和变化区间直接影响了优化过程的变量维度和设计空间。降低设计变量维数可以加速优化设计的收敛、提高优化设计的效率，而丰富的设计空间则是获取最优外形的前提条件，这两个要求一般是相互矛盾的，因此在大多数问题中，需要根据研究对象的几何特征与设计要求进行权衡与协调，选取合适的外形参数化设计方法。

除此之外，现代飞行器气动外形参数化方法需要应用于飞行器设计的整个过程，不仅要求其在概念设计和初步设计阶段提供足够多的气动外形选型方案，还要求在详细设计阶段具有局部外形的参数化变形能力。同时，现有的传统气动布局飞行器飞行性能很难进一步提高，非传统布局飞行器是未来研究和发展的重点，这就要求飞行器几何外形参数化方法能够应对未知非常规布局的参数化难题。现有的气动外形参数化方法都有其优点，也附带无法避免的缺陷，如何合理地利用每种参数化方法的优点并改进其不足之处，是气动外形参数化方法发展的重要内容。

参数化建模方法的发展方向有很多，最关键的是用尽可能少的设计变量来表达丰富的设计空间，这也是评价参数化建模方法优劣的标准，大多数优化参数化建模方法的研究都围绕此方向展开。本节将从经典方法的改进与新方法的出现两方面，梳理参数化建模方法的最新进展。

2.3.1 CST 参数化方法的改进

1. 前/后缘修正 CST 方法

当 Bernstein 多项式阶数大于 9 时，CST 方法能够以较高的精度表示大部分翼型。但对于某些大倾角复杂翼型，高阶 Bernstein 多项式无法满足这些翼型的精度要求。此外，机翼前缘和后缘的拟合效果较差，误差较大。因此，Kulfan 对 CST 方法提出了前缘修正(leading-edge modification, LEM)[65]。改进后的形函数 $S(x)$ 为

$$S_i(x) = \frac{n!}{i!(n-i)!}x^i(1-x)^{(n-i)}, \quad i = 0,1,\cdots,n$$
$$S_{(n+1)}(x) = x^{0.5}(1-x)^{(n-0.5)} \tag{2.3.1}$$

与原始 CST 方法相比，LEM CST 方法增加了一个控制参数，提高了机翼的几何精度，同时也降低了 Bernstein 多项式的阶数。

但是当使用 LEM CST 方法时，后缘附近的拟合误差较大，特别是对于一些大弧度的后缘翼型。于是 He 和 Liu[66]将 LEM CST 方法与改进的 Hicks-Henne 函数方法相结合，提出了一种新的翼型参数化方法(LEM-HH CST)。其形函数为

$$S_i(x) = \frac{n!}{i!(n-i)!}x^i(1-x)^{(n-i)}, \quad i = 0,1,\cdots,n$$
$$S_{(n+1)}(x) = x(1-x)\mathrm{e}^{-\beta(1-x)} \tag{2.3.2}$$
$$S_{(n+2)}(x) = \sin^3(\pi x^{\frac{\lg 0.5}{\lg p}})$$

与原始 CST 方法相比，新的 CST 方法增加了两个额外的基函数。为了确定这两个基函数，用拉丁超立方设计(Latin hypercube design, LHD)方法对 β, p 采样，使用生成的样本数据训练径向基函数(radial basis function, RBF)神经网络模型，得到 β, p 与均方根误差(root-mean-square error, RMSE)之间的近似关系。利用遗传算法寻找最小 RMSE，进而确定合适的前缘和后缘基函数。对于不同的翼型，β, p 取值不同，这也使得该方法的适用性更加广泛。

2. 直观 CST 方法

CST 方法通过改变 Bernstein 多项式系数来修改设计对象的外形，这一过程与气动参数或几何参数没有明显的联系，不够直观。Zhu 和 Qin[67]提出了直观CST(intuitive class shape transformation, iCST)方法，通过转换矩阵将 CST 参数化方法转换为完整的直观参数集，该方法可以对一组任意约束分析计算变换矩阵。iCST 方法能够在保有原始 CST 方法的准确性和灵活性的基础上，将所有设计变量都转化为与空气动力学相关的几何参数。

值得注意的是，iCST 方法中参数的任何变化都会对整个曲线产生影响。当曲线的不同部分需要满足不同的设计要求时，使用单一的 iCST 曲线将导致不同设计要求之间的冲突。为了解决这一问题，Christie 等[68]提出了混合 iCST(hybrid intuitive class shape transformation, HiCST)方法。该方法允许单个曲线的两个部分解耦，同时保证几何连续性与设计问题的维数不变，以此解决不同的设计要求冲突的问题。

3. CSRT 方法

Straathof[28]提出了一种结合 B 样条函数的 CST 参数化方法(class-shape-refinement transformation, CSRT)，即在原始 CST 的基础上再加入一项 B 样条函数进行局部修正，并将其成功应用于二维(2D)翼型和三维(3D)机翼的参数化中，其二维情况下的 CSRT 表示形式如下：

$$\xi(\varphi) = C_{N_2}^{N_1}(\varphi) \times S(\varphi) \times R(\varphi) \tag{2.3.3}$$

其中，$R(\varphi)$ 为 B 样条函数，由于其具有局部修正能力，因此翼型表示精度有所提升，但是该方法将增加设计变量个数，从而大幅增加计算量，尤其是在参数优化过程中，参数的增加将延长计算时间，降低计算效率。

关晓辉等[69]进一步发展了 CSRT 方法，不仅提高了翼型局部修正能力，还缓解了 CST 中存在的高阶条件下的病态化问题。另外，CSRT 可进行飞行器外形的两级优化，提高了优化效率和效果。

4. 其他 CST 改进方法

徐亚峰等[70]将 CST 方法与机器学习中的高斯过程回归方法相结合，利用 CST 方法对翼型进行参数化，计算其气动力系数以及压力分布等数据，并通过这些数据训练高斯回归模型，完成了一种能够对翼型进行快速正反设计的系统。卜月鹏等[71]针对翼型外形的不同表达方式(翼型直接 CST、扰动 CST 和中弧线叠加厚度分布 CST 等)，分别发展了相应的 CST 参数化程序，并将其应用于翼型气动优化设计，研究几种不同参数化方式的优化结果和优化效率。刘传振等[72]提出的分块 CST 参数化方法，既保留了 CST 方法的特性，又能实现复杂飞行器曲面的参数化建模和分块曲面之间的光滑连接。

2.3.2 FFD 参数化方法的改进

对于 FFD 参数化方法来说，关键的步骤是如何快速地建立逻辑关系，对于规则的长方体控制体来说，逻辑关系的确定可通过解析的函数关系求得，如何在任意控制体单元下构建逻辑关系，是 FFD 方法的一个难点问题。与此同时，FFD 变形操作在运算过程中需要对大量的点进行映射和反向映射，存在计算量较大、变形效率低的问题。在 FFD 方法的发展与应用过程中，学界也提出了许多改进方法。

1. 不同基函数的 FFD 方法

Kalra 等[73]在原有 FFD 方法的基础上，加入了权因子来辅助控制体变形，权因子的值取得越大，对应的控制点对几何模型变形的影响就越大，其缺点是变形不直观。基于 Bernstein 基函数，几何体上网格点 X 与控制体上控制点 $P_{i,j,k}$ 的映射关系为

$$X_{\text{Bernstein}} = \sum_{i=0}^{l} C_l^i s^i \left(1-s\right)^{l-i} \left\{ \sum_{j=0}^{m} C_m^j s^j \left(1-t\right)^{m-j} \left[\sum_{k=0}^{n} C_n^k s^k \left(1-u\right)^{n-k} \cdot P_{i,j,k} \right] \right\} \quad (2.3.4)$$

在控制点位移 $\Delta P_{i,j,k}$ 的作用下，几何体上网格点的变化量为

$$\Delta X_{\text{Bernstein}} = \sum_{i=0}^{l} C_l^i s^i \left(1-s\right)^{l-i} \left\{ \sum_{j=0}^{m} C_m^j s^j \left(1-t\right)^{m-j} \left[\sum_{k=0}^{n} C_n^k s^k \left(1-u\right)^{n-k} \cdot \Delta P_{i,j,k} \right] \right\} \quad (2.3.5)$$

Griessmair 和 Purgathofer[74]采用均匀 B 样条函数作为 FFD 方法的基函数，因为 B 样条有局部性这一特点，所以局部变形操作较容易实现。用边界定义的几何模型的变形问题可以用此方法来处理。基于 B 样条基函数，几何体上网格点 X 与控制体上控制点 $P_{i,j,k}$ 的映射关系为

$$X_{\text{B-spline}} = \sum_{i=0}^{l} B_{i,p}(s) \left\{ \sum_{j=0}^{m} B_{j,q}(t) \left[\sum_{k=0}^{n} B_{k,r}(u) \cdot P_{i,j,k} \right] \right\} \quad (2.3.6)$$

在控制点位移 $\Delta P_{i,j,k}$ 的作用下, 几何体上网格点的变化量为

$$\Delta X_{\text{B-spline}} = \sum_{i=0}^{l} B_{i,p}(s) \left\{ \sum_{j=0}^{m} B_{j,q}(t) \left[\sum_{k=0}^{n} B_{k,r}(u) \cdot \Delta P_{i,j,k} \right] \right\} \quad (2.3.7)$$

Lamousin 和 Waggenspack[29]选用 NURBS 函数作为基函数, 定义为 NFFD 方法。相对于前两种方法, 该方法有很多优点, 例如, 既可以进行局部变形又可以进行整体变形, 并且可以通过权因子来操作更加精细的变形, 此外, 还可以自由非均匀地分布多个控制体来控制几何模型的变形。基于 NURBS 基函数, 几何体上网格点 X 与控制体上控制点 $P_{i,j,k}$ 的映射关系为

$$X_{\text{NURBS}} = \sum_{i=0}^{l} \frac{\omega_i B_{i,p}(s)}{\sum_{i=0}^{l} \omega_i B_{i,p}(s)} \left\{ \sum_{j=0}^{m} \frac{\omega_j B_{j,q}(t)}{\sum_{j=0}^{m} \omega_j B_{j,q}(t)} \left[\sum_{k=0}^{n} \frac{\omega_k B_{k,r}(u)}{\sum_{k=0}^{n} \omega_k B_{k,r}(u)} \cdot P_{i,j,k} \right] \right\} \quad (2.3.8)$$

在控制点位移 $\Delta P_{i,j,k}$ 的作用下, 几何体上网格点的变化量为

$$\Delta X_{\text{NURBS}} = \sum_{i=0}^{l} \frac{\omega_i B_{i,p}(s)}{\sum_{i=0}^{l} \omega_i B_{i,p}(s)} \left\{ \sum_{j=0}^{m} \frac{\omega_j B_{j,q}(t)}{\sum_{j=0}^{m} \omega_j B_{j,q}(t)} \left[\sum_{k=0}^{n} \frac{\omega_k B_{k,r}(u)}{\sum_{k=0}^{n} \omega_k B_{k,r}(u)} \cdot \Delta P_{i,j,k} \right] \right\} \quad (2.3.9)$$

2. EFFD 方法

Coquillart[75]提出一种扩展自由曲面变形(extended free-form deformation, EFFD)方法, 采用多个平行拼接的六面体作为控制体, 提高了几何变形的精细程度。它的实现原理和 FFD 方法是完全一样的, 不一样的是初始控制体的形状。EFFD 方法的初始控制体由多个平行六面体拼接而成, 平行六面体通过控制点的合并可以整合成局部控制体, 最终构成整体的控制体, 但是在整合的过程中要注意连续性问题。由此可见, EFFD 方法允许定义相对复杂的控制体, 交互性也很好, 控制变形也更加自由方便, 精细程度明显提高了。

3. DFFD 方法

Hsu[76]提出一种 DFFD(direct manipulation of free-form deformation)方法, 可以

更加直观地对几何体实施变形操作。DFFD 也是 FFD 方法的一种扩展形式。其实现过程如下：首先将几何模型嵌入 B 样条控制体中，并且在几何模型上直接选取相应的点，通过控制这些点直接对几何模型进行变形操作。然后根据用户选择的模型上点的移动，逆向求解出导致该点移动的 FFD 控制体上控制点的移动位移。显而易见，这种方法控制变形的特点是模型变形直观明了，但是会增加很多计算量，影响变形效果。

2.3.3　纳入气动参数的参数化方法(PAERO 方法)

前文提到的参数化方法中，其设计变量通常与翼型形状的气动特性没有直接关系，气动优化问题仍然是一个反复尝试的工作。因此，采用与气动特性相关的形状参数化来指导设计空间的构建，在优化过程中选择合适的设计变量，并施加合适的边界/约束十分有必要。

基于此，Deng 等[77]提出了一种包括气动性能参数的翼型参数化方法，命名为 PAERO 方法。该方法基于经典薄翼型理论，对排列在弦线上的旋涡分布作傅里叶级数展开，前三个傅里叶系数由迎角 α、升力系数 C_L 和俯仰力矩系数 C_M 决定。

将翼型形状分解为中弧线 $Z^{(s)}(X)$ 和厚度分布 $Z^{(t)}(X)$ 两个基本分量，再利用翼型的中弧线 $Z^{(s)}(X)$ 与弦线上涡分布的隐式关系，自然提供前述三个气动性能参数：

$$Z^{(s)}(X) = (\alpha - A_0)X - \frac{1}{\pi}\int_0^1 \left\{\sum_{n=1}^{N} A_n \sin[n \times a\cos(2X'-1)]\right\} \ln\left|\frac{X-X'}{X'}\right| dX' \quad (2.3.10)$$

$$A_0 = 3\left[\alpha - \frac{\Delta z_{\mathrm{TE}}^{(s)}}{c} - \frac{1}{3\pi}C_L - \frac{4}{3\pi}C_M + \sum_{i=2}^{\frac{N}{2}} \frac{A_{2i}}{(2i+1)(2i-1)}\right] \quad (2.3.11)$$

$$\begin{pmatrix} A_1 \\ A_2 \end{pmatrix} = \begin{pmatrix} \dfrac{1}{\pi}C_L - 2A_0 \\ -\dfrac{1}{\pi}C_L - \dfrac{4}{\pi}C_M + 2A_0 \end{pmatrix} \quad (2.3.12)$$

其中，c 为弦长；A_n 为傅里叶系数。

然后通过 B 样条方法进一步参数化厚度分布来完成翼型形状参数化。试验结果表明，PAERO 方法与传统的 CST 方法具有相同的拟合现有翼型的能力，但提供了更多的气动性能参数，在实际应用中具有很高的实用价值。

2.4　本章习题

1. 在二维翼型优化时常需要通过翼型参数化来减少优化参数, 请列举出三到四种常见的二维翼型参数化方法, 并简要说明这些方法各有什么特点。

2. 在采用基于多项式拟合的参数化方法时, 如何确定多项式的阶数? 请简要说明 "维数灾难" 的概念。

3. 请列举出几种常见的三维机翼参数化方法, 并简要说明这些方法各有什么特点。

4. 现有一翼型经 PARSEC 参数化得到的 11 个参数[0.0144, 0.3, 0.06, −0.444, 0.3, −0.06, 0.44, 0, 0.00252, 0, 15.9], 请说明每个参数各自的物理意义。

5. 考虑以下两个二维翼型的 CST 参数:

[0.170374, 0.160207, 0.143643, 0.166426, 0.110476, 0.179433];

[0.12895, 0.13439, 0.16703, 0.15723, 0.22931, 0.16417, 0.22034];

请计算出这两种翼型的前缘半径 r_{le} 及尾缘角 β_{te}。

6. 请简要说明设计变量维数对优化设计的影响。

第3章 空气动力学设计基础 II：流动分析与优化目标

计算流体力学(CFD)是 20 世纪 50 年代以来，随着计算机发展而产生的一个介于数学、流体力学和计算机之间的交叉学科，主要研究内容是通过计算机和数值方法来求解流体力学的控制方程，并对流体力学问题进行模拟和分析。随着计算机技术的迅速发展，CFD 在航空航天、建筑设计、桥梁建造、化学工程、船舶制造等领域应用已经非常广泛。

CFD 计算流程分为三个阶段：前处理、求解器和后处理[78]。前处理包括构造所要研究的流动问题的几何模型、确定计算区域、生成网格以及流场的初始化。求解器是 CFD 的核心计算部分，包括确定控制方程类型、空间离散格式、时间推进格式、湍流模型，以及升力、阻力、残差等流场信息结果的输出。后处理则主要是对数值计算结果进行可视化。

由于航空航天科技发展的紧迫需求，人们正面临着与高速飞行相关的一系列复杂流动问题，如旋涡分离流、激波边界层干扰等，这些也是现代流体力学重要的基础研究领域。本章将对分离流、旋涡流动、转捩与湍流和激波边界层干扰四种典型的复杂流动现象的原理与实际应用进行介绍。

3.1 网格生成技术

随着芯片硬件的迅速发展，计算机大规模浮点计算与并行计算能力迅速增强，大规模网格单元的数值模拟得以实现。同时，随着 CFD 研究的问题逐渐复杂化，构建和生成网格所耗费的人力和时间成本不断攀升，而网格质量的好坏将直接影响数值结果的精度，甚至影响数值计算的成败，因此网格生成技术是 CFD 研究的重点技术之一。

在 CFD 中，按一定规律分布于流场中的离散点的集合称为网格(mesh)，产生这些节点的过程称为网格生成[79]。网格划分的实质就是用一组有限离散的点来代替原来连续的空间。

从不同的角度来看，网格有多种类型。根据不同类型的单元，网格可分为三角形、四边形、四面体、六面体、任意多面体以及包含不同形状单元的混合单元网格；根据几何维度，网格可分为面网格(平面网格、曲面网格)和体网格；根据单元的形状是否规则，网格可分为长边与短边边长纵横比接近1的各向同性网格和纵横比较大的各向异性网格。而在实际应用中，最常用的分类方法是根据单元拓扑规则将网格分为结构化网格和非结构化网格。

3.1.1　结构化网格生成方法

结构化网格是正交、排列有序的规则网格，网格节点可以被标识，并且每个相邻的点都可以被计算，例如 (i, j) 这个点可以通过 $(i+1, j)$ 和 $(i-1, j)$ 计算得到。该类网格生成技术最早可以追溯到 20 世纪 60 年代末美国 Lawrence Livermore 国家实验室 Winslow 和 Crowley 的工作，以及苏联 Godunov 和 Prokopov 的工作。

结构化网格的优点在于网格生成的速度快、质量好、数据结构简单，易于生成物面附近的边界层网格，易实现区域的边界拟合，有许多成熟的计算方法和较好的湍流计算模型。而其缺点在于需要较长的物面离散时间，较难确定单块网格的边界条件，且对于不同的复杂外形，必须构造不同的网格拓扑结构，无法实现网格生成的"自动"。因此结构化网格适用的范围较狭窄，只适用于形状规则的图形。

结构化网格主要分为正交曲线坐标系中的常规网格、对角直角坐标法、贴体坐标法和块结构化网格。正交曲线坐标系中的常规网格包括直角坐标系的矩形网格、圆柱坐标系和球坐标系(二维为极坐标系)的曲线网格。对角直角坐标法[80]主要步骤是在两条对角线上截取相同的长度的 4 点，连接 4 点即得一个矩形，再分别依次沿矩形四边截取等长的点，连接相应各点形成坐标网格。这两种方法是网格生成技术中最简单、最基本的，此处不再详细介绍，下面主要介绍贴体坐标系法和块结构化网格生成方法。

1. 贴体坐标法

贴体坐标法[81]又称适体坐标法，可以看作是一种坐标变换，将不规则的物理区域变换成规则的计算区域(图 3.1.1)，找出计算平面上求解域内的一点 (ξ, η, ζ) 与物理平面上的一点 (x, y, z) 之间的对应关系。

同直角坐标网格相比，贴体坐标系适用于具有复杂几何形状的区域，能够在近固壁面处布置较密的网格以满足近壁区参数变化较剧烈的求解要求，能较准确地体现固壁对流场的影响，能使网格线与流线的方向一致或接近，减少常用差分格式带来的数值扩散误差。

现有的贴体坐标法可细分为复变函数法(保角变换法)、代数方程法和微分方程法三大类。

复变函数法[82]又称保角变换法，是将二维不规则区域利用保角变换理论变换成矩形区域，并通过矩形区域上的直角坐标网格构造二维不规则区域上的贴体网格。其优点是能精确地保证网格的正交性，网格光滑性较好，广泛应用于二维翼型计算。缺点是对于比较复杂的边界，难以找到相应的映射关系式，因此只适用于二维网格。

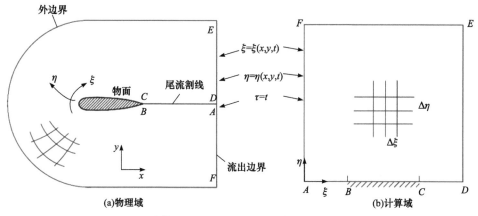

图 3.1.1　贴体坐标系下物理平面与计算平面间的转换[81]

代数生成法[83]实际上是一种插值方法，包括超限插值方法、多面插值方法、两重边界技术等，主要是利用一些线性和非线性、一维或多维的插值公式来生成网格。其优点是应用简单、直观、耗时少、计算量小，能比较直观地控制网格的形状、大小和密度。缺点是对于复杂的几何外形难以生成高质量的网格。

微分方程法[84, 85]是利用调和函数在坐标变换中保持光滑性和正交性不变的特点，通过求解椭圆型、双曲型和抛物型微分方程来生成网格。椭圆型方程法是目前应用最广泛的结构化网格生成方法，其优点是对不规则边界具有良好的适应性，在边界附近可以保持网格的正交性而在内部的网格比较光顺；缺点是计算工作量大而导致效率较低。双曲型方程法不用人为地定义外边界且可以根据需要直接调整网格层数，但由于双曲型方程会传播奇异性，故当边界不光滑时，生成的网格质量较差。抛物型方程法的优点是概念简单，通过一次扫描就生成了网格而不必采用迭代计算，可以节省计算时间，同时又不会出现双曲型方程的传播奇异性问题，缺点是生成的网格质量较差。总的来说，微分方程方法生成的网格有较好的网格性质且通用性较强，是单域结构化网格生成方法中应用相对较广泛的方法。

2. 块结构化网格

对于多部件复杂流动的外形，生成单域贴体坐标的网格较为困难，因此块结构化网格得到很大发展。块结构化网格又称组合网格，是求解不规则区域中流动与传热问题的一种重要网格划分方法，从数值方法的角度，又称区域分解法。

块结构化网格生成的基本思路为：根据问题的条件把整个求解区域划分成几

个子区域，每一子区域都用常规的结构化网格来离散，通常各区域中的离散方程都各自分别求解，块与块之间的耦合通过交界区域中信息的传递来实现。

　　块结构化网格可分为拼片式网格(patched grid)与搭接式网格(overlapping grid)。拼片式网格又称分区对接网格，这种结构在块与块的交界处无重叠区域，通过一个界面相接(图 3.1.2(a))；搭接式网格又称分区重叠网格，这种结构则有部分区域重叠(图 3.1.2(b))。图 3.1.3 展示了应用分区对接法生成多段翼型网格的过程。

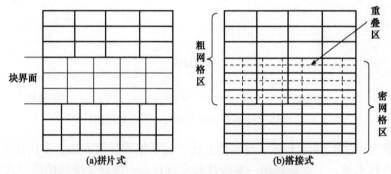

图 3.1.2　块结构化网格的两种类型

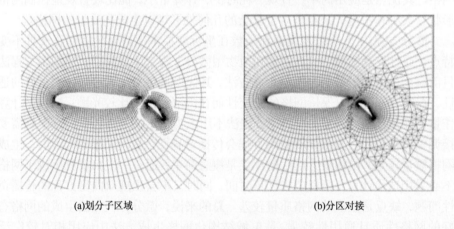

(a)划分子区域　　　　　　　　　　　　　　(b)分区对接

图 3.1.3　分区对接网格生成过程

　　块结构化网格可以大大减少网格生成和网格加密的难度，可以在不同的区域选取不同的网格密度，有效地照顾到不同计算区域需要不同空间尺度的情况。

3.1.2　非结构化网格生成方法

　　非结构化网格是指网格区域内的点不具有相同的毗邻单元，弥补了结构化网格不能解决任意形状和任意连通区域网格剖分的缺陷，网格节点和单元的分布可控性好，能够较好地处理边界，适用于复杂模型网格的生成。

非结构化网格技术从 20 世纪 60 年代开始发展，到 90 年代发展达到高峰。目前，非结构化网格生成技术中只有平面三角形的自动生成技术比较成熟，平面四边形网格的生成技术正在走向成熟。而空间任意曲面的三角形、四边形网格、三维任意几何形状实体的四面体网格和六面体网格的生成技术还远远没有达到成熟。常用的非结构网格生成方法有前缘推进法、栅格法、德洛奈(Delaunay)三角法等。

1. 前缘推进法

前缘推进法又称阵面推进法，最早由 George[86]于 1971 年提出，目前的前缘推进网格生成技术是由 Lo[87]和 Lohner 等[88]提出。

前缘推进法的基本思想为：将待离散区域的边界按需要的网格尺度分布划分成小阵元，从而构成封闭的初始阵面，然后从某一阵元开始，在其面向流场的一侧插入新点或在现有阵面上找到一个合适点，与该阵元连成三角形单元，形成新的阵元，最后将新阵元加入阵面中，同时删除被掩盖的旧阵元，以此类推，直阵面中不存在阵元。

该方法的优点是初始阵面即为物面，能够严格保证边界的完整性，计算截断误差小，网格易生成，引入新点后易于控制网格步长分布且在流场的大部分区域也能得到高质量的网格。而其缺点是每推进一步，仅生成一个单元，网格生成效率较低。

2. 栅格法

栅格法又称四叉树/八叉树法，其中四叉树法一般用于二维的非结构网格生成，八叉树一般用于三维的非结构网格生成。Yerry 和 Shephard[89]于 1983 年首先将四叉树/八叉树法的空间分解法引入网格划分领域，其后许多学者对该方法进行了完善和发展，提出了修正的四叉树/八叉树方法[90]。

栅格法的基本思想是：用多层次的矩形/立方体树状结构覆盖整个计算域，根据计算外形特点和流场特性，在局部区域进行"树"结构层次细分，直到网格步长满足计算要求；然后将矩形/立方体划分为基本单元(二维的三角形/三维的四面体)，对于物面附近被切割的矩形/立方体做特殊划分或进行网格点的投影处理，从而保证边界网格点尽可能地投影到真实的几何数模上。

该方法的优点是，基本算法简单且树形的数据结构对于很多拓扑和几何的操作(比如寻找邻近节点等)都很有效，可以与固体模型很好地结合，网格生成速度快且易于自适应。而其缺点是，由于基本思想是"逼近边界"，所以复杂边界的逼近效果不甚理想，生成网格质量较差。

3. Delaunay 三角法

Delaunay 三角法是在 19 世纪 50 年代狄利克雷(Dirichlet)提出沃罗努瓦(Voronoi)图的基础上发展而来的，是目前应用最广泛的非结构网格生成方法之一。

Delaunay 三角划分的基本思想是：将平面上一组给定点中的若干个点连接成 Delaunay 三角形，即每个三角形的顶点都不包含在任何其他不包含该点三角形的外接圆内，然后在给定的这组点中取出任何一个未被连接的点，判断该点位于哪些 Delaunay 三角形的外接圆内，连接这些三角形的顶点组成新的 Delaunay 三角形，直到所有的点全部被连接。

该方法的优点是，具有良好的数学支持、生成效率高、不易引起网格空间穿透、数据结构相对简单、速度快、网格的尺寸较容易控制、对于复杂物体模型的适应性很强，相比较于其他网格生成方法能更容易实现网格自动化。而其缺点是，为保证边界的一致性和物面的完整性，需要在物面处进行布点控制，以避免物面穿透。

总的来说，结构化网格生成简单便捷，但不能处理复杂曲面边界，而非结构化网格有模拟复杂外形的优势。因此，将两者优势结合起来的混合网格技术受到普遍重视，其基本思想是，在几何结构中的规则部分应用结构化网格，复杂部分应用非结构化网格。

3.1.3 特殊网格

1. 自适应网格

为了将网格划分与数值求解过程结合，在 20 世纪 90 年代初出现了自适应网格技术[91]。所谓自适应，是指在某些变化较为剧烈的区域(如大变形、激波面、接触间断面和滑移面等)，网格自动局部加密，从而实现网格点分布与物理解的耦合，提高解的精度和分辨率。

自适应网格原则上只需定义一种描述问题几何特性的初始网格及可接受的误差水平，计算机即可自动进行误差判断并进行网格疏密程度的调整，以最适合于所求解问题的方式来布置节点及确定其间的联系，进而取得令人满意的数值模拟计算结果。

韩志熔[92]根据压力梯度分布对 NACA0012 翼型网格进行自适应，共自适应 2 次，初始翼型网格和自适应网格如图 3.1.4 所示，其研究结果证明，自适应后的计算值更加接近实验值。

2. 动网格

在工程实际问题中经常会遇到计算域随时间变化而变化的情况，如流体机械中的流固耦合问题等，动网格技术的应用使此类问题的研究模拟结果更贴近实

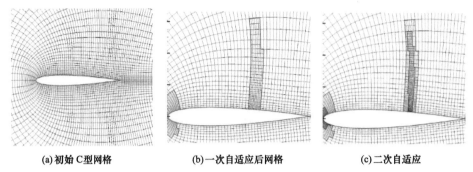

(a)初始 C 型网格　　　　　　(b)一次自适应后网格　　　　　　(c)二次自适应

图 3.1.4　NACA0012 翼型二维四边形网格划分[92]

际，既能解决固体域模型在流场中运动受到流体网格尺寸制约的问题，又能够处理边界条件和内部参数变化的问题。

国内外众多学者提出了许多动网格生成技术，目前主要有 4 种方法[93,94]：弹性平滑方法、动态层方法、局部重划方法和自适应局部增强(adaptive local enhancement, ALE)方法。前 3 种动网格划分方法是建立在有限体积法基础之上的，第 4 种方法是建立在有限元基础上的。若几何模型形状大小变化不大，则使用弹性平滑方法可以满足精度要求并且节省计算时间；若几何模型形状大小变化剧烈，则为保证计算精度，对于四边形和六面体网格采用动态层方法比较合适，而对于三角形网格和四面体网格，采用局部重划方法能取得更好的计算结果；ALE方法多用于结构力学变形方面(如强度计算)，计算工作量大，且在求解流动与换热问题方面不如有限容积法成熟。

钱宇和蒋皓[95]针对翼型动态失速问题，利用动网格技术对 NACA0012 翼型进行了仿真模拟及数值计算，动网格区域以非结构化网格划分，采用基于局部特征(patch dependent)方法生成三角形网格，如图 3.1.5 动网格区域部分所示。研究

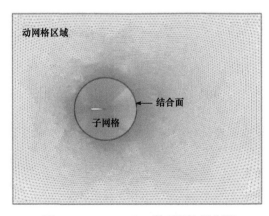

图 3.1.5　NACA0012 翼型网格划分[95]

结果证明，动网格技术能有效减小网格的形变量，防止网格发生畸变，且能较好地提高计算精度、速度及准确度。

3. 重叠网格

重叠网格又称为嵌套网格或迭合网格，最早由 Steger 提出，基本思想是针对不同的物体或区域独立生成若干个子网格，且允许各子区域相互重叠、嵌套或覆盖，通过网格间边界插值来实现子网格间的信息传递[96]。重叠网格的技术核心是通过彼此"挖洞"的方式建立各网格间的耦合关系。

重叠网格一方面降低了复杂拓扑外形的网格生成难度，大大提高了计算效率，另一方面各子区域网格可随部件做刚性运动，每一时间步只需要进行一次重叠过程以建立插值信息关系，因此可有效地处理舵面/襟翼受控偏转、飞行器脱离挂架等多体运动和分离问题。

图 3.1.6 为三个 NACA0012 翼型组成的重叠网格系统，包含背景网格和三个翼型网格[97]。其中，三个翼型网格相互重叠，均被背景网格完全覆盖。背景网格包含 17875 个单元，三个翼型网格的单元数均为 17544。从图中可以看出，重叠网格系统挖洞和插值边界构造是合理的。

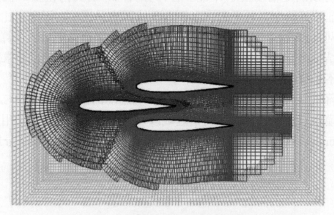

图 3.1.6　三翼型结构重叠网格系统[97]

3.1.4　网格变形

网格变形是一种能够直接在模型上修改网格，且在不改变其拓扑结构的情况下，允许网格产生一定变形的模型修改方法[98]。随着计算机性能的提升以及计算流体力学技术的不断发展，网格变形技术取得了很大的突破。

任何网格变形都会导致不同程度的网格质量降低，因此，在对网格模型进行特定修改的同时，需要将该负面影响降到最低。不同的网格变形方法对网格质量的影响不同，下面将介绍几种常用的网格变形方法。

1. 径向基函数插值法

径向基函数(RBF)插值法是一种独特的网格变形技术，目前在各个领域中都有着广泛的应用[99]。RBF 网格变形方法的性能取决于 RBF 的选取[100]，径向基和多项式组成的插值函数由下式定义：

$$s(x) = \sum_{i=1}^{N} \gamma_i \phi(\| x - x_i \|) + h(x) \tag{3.1.1}$$

式中，h 为某多项式；x_i 为网格的初始位置，即源点；N 为节点的个数；ϕ 为径向基函数；系数 γ_i 和 h 由插值条件决定，即

$$s(x_{k_i}) = g(x_{k_i}), \quad 1 \leqslant i \leqslant N \tag{3.1.2}$$

$$0 = \sum_{i=1}^{N} \gamma_i q(x_{k_i}) \tag{3.1.3}$$

多项式 h 的最小次数取决于基函数的选择。当基函数是一个正定函数时，存在唯一插值解。如果基函数是阶数小于 2 的正定函数，则可用线性多项式表示：

$$h(x) = \beta_1 + \beta_2 x + \beta_3 y + \beta_4 z \tag{3.1.4}$$

RBF 系数 γ_i 和线性多项式的系数 β 可以通过下式求解：

$$\begin{pmatrix} M & P \\ p^{\mathrm{T}} & 0 \end{pmatrix} \begin{pmatrix} \gamma \\ \beta \end{pmatrix} = \begin{pmatrix} g \\ 0 \end{pmatrix} \tag{3.1.5}$$

式中，g 为源点处的已知量；M 为通过计算所有源点之间的径向相互作用得到的插值矩阵，

$$M_{ig} = \phi(\| x_{k_i} - x_{k_j} \|), \ 1 \leqslant i, \ j \leqslant N \tag{3.1.6}$$

P 是由源点处的已知量得到的约束矩阵：

$$P = \begin{pmatrix} 1 & x_{k_1}^0 & y_{k_1}^0 & z_{k_1}^0 \\ 1 & x_{k_2}^0 & y_{k_2}^0 & z_{k_2}^0 \\ \vdots & \vdots & \vdots & \vdots \\ 1 & x_{k_N}^0 & y_{k_N}^0 & z_{k_N}^0 \end{pmatrix} \tag{3.1.7}$$

这里，第一列为"1"，其余三列为源点的 x, y, z 位置，为已知量。

RBF 插值法作为一种有效的网格变形工具，在气动外形优化和有限元模型分析等领域中都有广泛应用，但是对于大规模网格或复杂模型，该方法所需计算量往往是巨大的。

2. 自由变形方法

自由变形方法操作简单直观，便于学习，可以直接通过控制点、线、面来控制网格模型的形状；可以根据不同的变形需求对模型不同的位置单独设置控制体，添加控制点，实现局部的网格变形；可以应用于实体模型，也可以变形任何解析曲面、平面、二次曲面、参数曲面或隐式曲面，且网格变形后不需要对模型重新划分[101]。其缺点是几何细节保持较差，不太适用于变形较大的模型。若要对模型多个位置进行变形处理，则需要设置大量的控制点。

自由变形的执行过程为：首先创建一个平行六面体形状的控制体，将需要变形的模型放入其中，在平行六面体区域内存在 O-STU 坐标系，其中控制体内的任一点 X 均可由 (S,T,U) 表示：

$$X = X_0 + sS + tT + uU \tag{3.1.8}$$

式中，$0 \leqslant s,t,u \leqslant 1$，$S,T,U$ 为沿轴的单位矢量。沿 O-STU 三个方向上，可以分别将控制体均匀分为 l 份、m 份、n 份，总控制点为 $l \times m \times n$ 个，这些平面的交点称为控制格点 $P_{i,j,k}$，其坐标可表示为

$$P_{i,j,k} = X_0 + \frac{i}{l}S + \frac{j}{m}T + \frac{k}{n}U \tag{3.1.9}$$

平行六面体控制体中任意一点的笛卡儿坐标可表示为

$$X(s,t,u) = \sum_{i=0}^{l}\sum_{j=0}^{m}\sum_{k=0}^{n} P_{i,j,k} B_{il}(s) B_{jm}(t) B_{kn}(u) \tag{3.1.10}$$

式中，B_{il}、B_{jm}、B_{kn} 为 Bernstein 多项式。

待变形的目标曲面嵌入控制体中，目标曲面上各点的笛卡儿坐标需转换为局部坐标 (s,t,u)。当控制点位置发生改变时，控制体发生变形，嵌入控制体中的目标曲面也相应地发生变形，但目标曲面上各点的局部坐标保持不变。变形后物体表面可以表示为

$$X'(s,t,u) = \sum_{i=0}^{l}\sum_{j=0}^{m}\sum_{k=0}^{n} P'_{i,j,k} B_{il}(s) B_{jm}(t) B_{kn}(u) \tag{3.1.11}$$

图 3.1.7 展示了自由变形方法应用于机翼变形的效果[102]。

3. 扩展自由变形方法

扩展自由变形方法是目前曲面几何变形技术的典型代表，直接发展于自由变形技术。虽然自由变形直观方便，但只适用平行六面体的网格形状[103]，而扩展自由变形方法以非平行六面体作为控制体，有效提高了控制点对物体变形细节的掌控[104]。

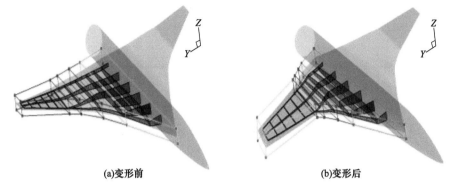

(a)变形前　　　　　　　　　　　　　　(b)变形后

图 3.1.7　自由变形机翼参数化变形效果[102]

在扩展自由变形中，控制点-控制体-几何对象之间的映射关系是按以下方式建立的：首先变形物体和控制体共同处于全局空间坐标系中，然后在控制体上建立局部坐标系。变形物体任意一点均可通过公式 (3.1.12) 定义一个由 $(l+1)\times(m+1)\times(n+1)$ 个控制格点 $P_{i,j,k}$ 构成的控制体，以建立全局坐标与局部坐标之间的映射关系。

$$X = \sum_{i=0}^{l}\sum_{j=0}^{m}\sum_{k=0}^{n} P_{i,j,k} B_{il}(s) B_{jm}(t) B_{kn}(u)$$
$$(s,t,u) \in [0,1]\times[0,1]\times[0,1] \tag{3.1.12}$$
$$B_{vn}(x) = \binom{n}{v} x^{v}(1-x)^{n-v}$$

式中，X 为控制框架内任意一点的全局坐标；$P_{i,j,k}$ 为控制点的全局坐标；(s,t,u) 为该点在局部坐标系中的坐标。当控制点位置变化时，$P_{i,j,k}$ 值改变，代入式 (3.1.12)，可得到变形后控制框架内局部坐标的新值[105]。

如果网格框架内任意点全局坐标的表达式为

$$X(s,t,u) = X_0 + sS + tT + uU$$
$$(s,t,u) \in [0,1]\times[0,1]\times[0,1] \tag{3.1.13}$$

则控制体表达为

$$s = \frac{T\times U\times(X-X_0)}{T\times U\cdot S}$$
$$t = \frac{U\times S\times(X-X_0)}{U\times S\cdot T} \tag{3.1.14}$$
$$u = \frac{S\times T\times(X-X_0)}{S\times T\cdot U}$$

控制顶点的全局坐标值为

$$P_{i,j,k} = X_0 + s_p S + t_p T + u_p U \tag{3.1.15}$$

移动控制点会产生相应的全局坐标位移 $\Delta P_{i,j,k}$，由于任意一点的局部坐标保持不变，所以物体表面点的全局坐标位移 ΔX 为

$$\Delta X = \sum_{i=0}^{l} \sum_{j=0}^{m} \sum_{k=0}^{n} \Delta P_{i,j,k} B_{il}(s) B_{jm}(t) B_{kn}(u) \tag{3.1.16}$$

进而将 X 和 ΔX 叠加得到新的全局坐标 X'：

$$X' = X + \Delta X \tag{3.1.17}$$

4. 其他网格变形方法

除上文提到的网格变形方法外，还有一些其他的网格变形方法被应用于计算流体力学中，如超限插值法[106](transfinite interpolation, TFI)、弹簧近似法[107](spring analogy method, SAM)、弹性体法[108](elastic solid method, ESM)等。

TFI 的基本思想是令外部边界网格保持静止，结构边界由物体的运动规律给出，内部网格由超限插值的方法代数生成。该网格变形技术计算量相对较小，且能够完成相对复杂的网格变形，但是变形后网格质量相对较差，尤其不能保证近物面网格的正交性。

SAM 是将整个模型看成一个由弹簧组成的系统，当边界发生移动或改变时，内部网格按照附近边界的运动强度重新排布，直到达到新的平衡。此方法需要明确网格节点之间的连接关系，这会导致存储量大、计算效率较低。

ESM 是将计算域作为弹性体，网格节点为弹性体内的物质点，结构边界的位移作为变形载荷施加在弹性体上，每个网格节点受平衡方程、几何方程和物理方程控制，计算节点的位移，产生新的网格。此方法具有较高的变形能力，但是在面对大规模网格时需要求解大量的控制方程，变形效率较低。

3.2 数值模拟方法

现代已发展起来的数值模拟方法包括直接数值模拟(direct numerical simulation, DNS)、大涡模拟(large eddy simulation, LES)以及雷诺平均纳维-斯托克斯(Reynolds average Navier-Stocks, RANS)。

DNS 是从完全精确的流动控制方程纳维-斯托克斯(N-S)方程出发，计算包括脉动在内的湍流所有瞬时运动在三维空间的演变，理论上可以计算所有湍流问题，但会耗费大量的计算资源和时间，目前可以实现的湍流直接数值模拟的雷诺

数较低，几何边界简单。LES 是把包括脉动运动在内的湍流瞬时运动量通过某种滤波方法分解成大尺度运动和小尺度运动两部分。大尺度运动通过数值求解运动微分方程直接计算出来，小尺度运动则通过建立亚格子模型来模拟。LES 可以模拟各向异性较强的流动且计算量要比 DNS 少得多，但仍需要较大的计算资源和计算时间。RANS 是应用湍流统计理论对 N-S 方程做时间平均，得到运动的平均物理量，满足工程计算的要求，是工程中常用的复杂湍流数值模拟方法。但 RANS 方程丧失了脉动运动的全部信息，且由于湍流运动的随机性和 N-S 方程的非线性，RANS 方程存在封闭性问题。

3.2.1　控制方程

无论多么复杂的流动情况，其流动都是由三个基本的物理原理(质量守恒定律、动量守恒定律和能量守恒定律)控制，这三个基本物理原理分别对应于三个控制方程，即连续性方程、动量方程和能量方程。守恒形式的连续性方程、动量方程和能量方程可用一个通用方程来表达，即

$$\frac{\partial U}{\partial t}+\frac{\partial F}{\partial x}+\frac{\partial G}{\partial y}+\frac{\partial H}{\partial z}=J \tag{3.2.1}$$

$$U=\begin{bmatrix} \rho \\ \rho u \\ \rho v \\ \rho w \\ \rho(e+V^2/2) \end{bmatrix}$$

$$F=\begin{bmatrix} \rho u \\ \rho u^2+p-\tau_{xx} \\ \rho vu-\tau_{xy} \\ \rho wu-\tau_{xz} \\ \rho(e+V^2/2)u+pu-k\frac{\partial T}{\partial x}-u\tau_{xx}-v\tau_{xy}-w\tau_{xz} \end{bmatrix}$$

$$G=\begin{bmatrix} \rho v \\ \rho uv-\tau_{yx} \\ \rho v^2+p-\tau_{yy} \\ \rho wv-\tau_{yz} \\ \rho(e+V^2/2)v+pv-k\frac{\partial T}{\partial y}-u\tau_{yx}-v\tau_{yy}-w\tau_{yz} \end{bmatrix}$$

$$H = \begin{bmatrix} \rho w \\ \rho u w - \tau_{zx} \\ \rho v w - \tau_{zy} \\ \rho w^2 + p - \tau_{zz} \\ \rho(e + V^2/2)w + pw - k\dfrac{\partial T}{\partial z} - u\tau_{zx} - v\tau_{zy} - w\tau_{zz} \end{bmatrix}$$

$$J = \begin{bmatrix} 0 \\ \rho f_x \\ \rho f_y \\ \rho f_z \\ \rho(u f_x + v f_y + w f_z) + \rho \dot{q} \end{bmatrix}$$

式中，F、G、H 代表通量项；J 代表源项(当体积力和外部热源可忽略时等于 0)；U 代表解通量。

3.2.2 离散格式

1. 空间离散

空间离散方法主要有三种：有限差分法、有限体积法和有限元法。其中，有限差分法是最早应用于数值求解偏微分方程的方法，虽然方法简单、易构造高精度格式，但只适用于结构网格，且必须把物理空间变换为计算空间，应用受限；有限体积法无须进行坐标变换，可以直接在物理平面内进行，且对于结构网格和非结构网格都适用；有限元法的离散过程比有限体积法更加复杂。因此，实际工程中最常用有限体积法进行空间的离散。

采用有限体积法建立离散方程时，控制容积界面处的场变量及其导数值可通过节点上的相应值由插值运算求出，插值方式不同，获得的离散结果也不相同。由于离散格式并不影响控制方程中的源项及瞬态项，因此，为便于说明各种离散格式的特性，这里选取一维、稳态、无源项的对流扩散问题为研究对象。

假定速度场为 u，其控制方程的通用形式为

$$\frac{\mathrm{d}(\rho u \varphi)}{\mathrm{d}x} = \frac{\mathrm{d}}{\mathrm{d}x}\left(\Gamma \frac{\mathrm{d}\varphi}{\mathrm{d}x}\right) \tag{3.2.2}$$

满足连续性方程：

$$\frac{\mathrm{d}(\rho u)}{\mathrm{d}x} = 0 \tag{3.2.3}$$

在图 3.2.1 所示的控制体积内，对控制方程进行积分，积分域为 $w \to e$，可得到

$$(\rho u A \varphi)_e - (\rho u A \varphi)_w = \left(\Gamma A \frac{\mathrm{d}\varphi}{\mathrm{d}x} \right)_e - \left(\Gamma A \frac{\mathrm{d}\varphi}{\mathrm{d}x} \right)_w \tag{3.2.4}$$

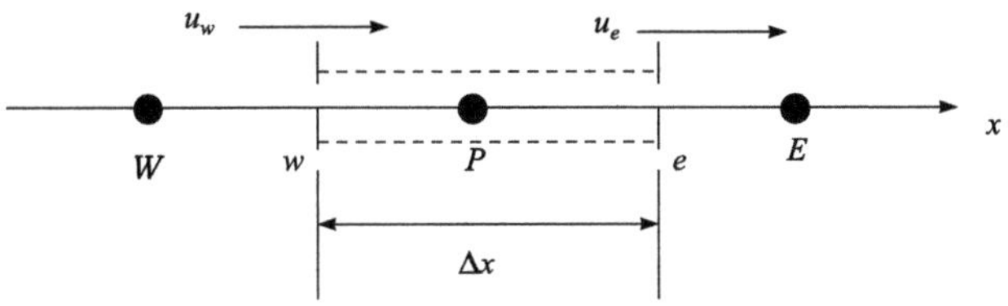

图 3.2.1　控制容积及界面上的流速

对连续性方程积分，得到

$$(\rho u A)_e - (\rho u A)_w = 0 \tag{3.2.5}$$

为获得对流扩散问题的离散方程，需要对控制容积的东、西侧界面处的场变量进行计算。令 $F = \rho u A$，表征对流的影响；$D = \dfrac{\Gamma A}{\delta x}$，表征扩散的影响，则

$$F_e = (\rho u)_e A, \quad F_w = (\rho u)_w A, \quad D_e = \frac{\Gamma_e A_e}{(\delta x)_e}, \quad D_w = \frac{\Gamma_w A_w}{(\delta x)_w} \tag{3.2.6}$$

因此，离散方程可以写为

$$F_e \varphi_e - F_w \varphi_w = D_e (\varphi_E - \varphi_P) - D_w (\varphi_P - \varphi_W) \tag{3.2.7}$$

下面，对一阶迎风、二阶迎风格式作详细介绍。

1) 一阶迎风格式[109]

一阶迎风格式规定：界面上的场变量采用上游节点处的值来计算。当流动为正方向($u_e > 0$，$u_w > 0$)时，有

$$\varphi_w = \varphi_W, \quad \varphi_e = \varphi_P \tag{3.2.8}$$

此时，离散方程可写为

$$F_e \varphi_P - F_w \varphi_W = D_e (\varphi_E - \varphi_P) - D_w (\varphi_P - \varphi_W) \tag{3.2.9}$$

按节点变量整理，有

$$\left[(D_w + F_w) + D_e + (F_e - F_w) \right] \varphi_P = (D_w + F_w) \varphi_W + D_e \varphi_E \tag{3.2.10}$$

当流动为负方向($u_e < 0$，$u_w < 0$)时，有

$$\varphi_w = \varphi_P, \quad \varphi_e = \varphi_E \tag{3.2.11}$$

此时，离散方程可写为

$$F_e\varphi_E - F_w\varphi_P = D_e\left(\varphi_E - \varphi_P\right) - D_w\left(\varphi_P - \varphi_W\right) \tag{3.2.12}$$

按节点变量整理，有

$$\left[\left(D_e - F_e\right) + D_w + \left(F_e - F_w\right)\right]\varphi_P = \left(D_e - F_e\right)\varphi_E + D_w\varphi_W \tag{3.2.13}$$

综合以上两个离散方程，将场变量系数归一化处理，可写成

$$a_P\varphi_P = a_W\varphi_W + a_E\varphi_E \tag{3.2.14}$$

式中，$a_W = D_w + \max\left(F_w, 0\right)$，$a_E = D_e + \max\left(0, -F_e\right)$，$a_P = a_W + a_E + \left(F_e - F_w\right)$。

一阶迎风格式在计算控制容积界面处变量值时是协调的，即相邻控制容积公共界面处的输运变量相等，因此离散方程守恒。一阶迎风格式推导出的离散方程的所有系数都为正，因此计算不会出现振荡或不收敛的情况。此外，一阶迎风格式还考虑了流动的方向性，保持了微分方程的输运特征。

但一阶迎风格式只具有一阶截断误差，且在对流扩散问题中无论对流强度多大，扩散输运总是存在的。由输运性定义可知，随着 Pe（$Pe = F / D = \rho u \delta x / \Gamma$，表征对流与扩散的相互博弈）的增大，对流输运强度增加，扩散输运强度减弱。而当 Pe 足够大时，如果仍保持扩散强度不变，必然会给计算带来误差，即 CFD 中的假扩散问题。

2) 二阶迎风格式[110]

二阶迎风格式与一阶迎风格式的共同之处在于控制容积界面上的场变量都通过上游节点处的值来确定。但二阶迎风格式不仅要用到一个上游近邻节点值，还要用到一个上游远邻节点值，见图 3.2.2。

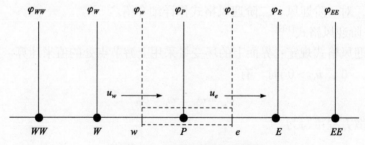

图 3.2.2　二阶迎风格式示意图

当流动为正方向（$u_e > 0$，$u_w > 0$）时，二阶迎风格式规定

$$\varphi_w = \frac{3}{2}\varphi_W - \frac{1}{2}\varphi_{WW}, \quad \varphi_e = \frac{3}{2}\varphi_P - \frac{1}{2}\varphi_W \tag{3.2.15}$$

此时，离散方程可写为

$$F_e\left(\frac{3}{2}\varphi_P - \frac{1}{2}\varphi_W\right) - F_w\left(\frac{3}{2}\varphi_W - \frac{1}{2}\varphi_{WW}\right) = D_e\left(\varphi_E - \varphi_P\right) - D_w\left(\varphi_P - \varphi_W\right) \tag{3.2.16}$$

按节点变量整理，有

$$\left(\frac{3}{2}F_e + D_e + D_w\right)\varphi_P = \left(\frac{3}{2}F_w + \frac{1}{2}F_e + D_w\right)\varphi_W + D_e\varphi_E - \frac{1}{2}F_w\varphi_{WW} \tag{3.2.17}$$

当流动为负方向($u_e < 0$，$u_w < 0$)时，二阶迎风格式规定

$$\varphi_w = \frac{3}{2}\varphi_P - \frac{1}{2}\varphi_E,\quad \varphi_e = \frac{3}{2}\varphi_E - \frac{1}{2}\varphi_{EE} \tag{3.2.18}$$

此时，离散方程可写为

$$F_e\left(\frac{3}{2}\varphi_E - \frac{1}{2}\varphi_{EE}\right) - F_w\left(\frac{3}{2}\varphi_P - \frac{1}{2}\varphi_E\right) = D_e\left(\varphi_E - \varphi_P\right) - D_w\left(\varphi_P - \varphi_W\right) \tag{3.2.19}$$

按节点变量整理，有

$$\left(D_e + D_w - \frac{3}{2}F_w\right)\varphi_P = \left(D_e - \frac{3}{2}F_e - \frac{1}{2}F_w\right)\varphi_E + D_w\varphi_W + \frac{1}{2}F_e\varphi_{EE} \tag{3.2.20}$$

综合以上两个离散方程，将场变量系数归一化处理，有

$$a_P\varphi_P = a_W\varphi_W + a_{WW}\varphi_{WW} + a_E\varphi_E + a_{EE}\varphi_{EE} \tag{3.2.21}$$

式中，$a_W = D_w + \frac{3}{2}\alpha F_w + \frac{1}{2}\alpha F_e$，$a_{WW} = -\frac{1}{2}\alpha F_w$，$a_E = D_e - \frac{3}{2}(1-\alpha)F_e - \frac{1}{2}(1-\alpha)F_w$，$a_{EE} = \frac{1}{2}(1-\alpha)F_e$，$a_P = a_W + a_E + a_{WW} + a_{EE} + (F_e - F_w)$。其中，当流动为正方向时，$\alpha = 1$；当流动为反方向时，$\alpha = 0$。

二阶迎风格式具有二阶计算精度，离散方程中不仅包含相邻节点处的场变量，而且包含相邻节点旁边其他节点的场变量。

3) 总结

对于任何一种离散格式，都希望其具有稳定性、较高的精度，同时还能适应不同的流动状态，但实际这种理想的离散格式是不存在的。在满足稳定性的条件下，一般截断误差较高的格式具有较高的计算精度。稳定性与精确性常常矛盾，精度较高的格式都不是无条件稳定的，而假扩散现象相对严重的格式往往是无条件稳定的。表 3.2.1 总结了常见空间离散格式的特点。

表 3.2.1　常用空间离散格式对比

离散格式	稳定条件	精度与经济性
中心差分	$Pe < 2$ 时稳定	在不发生振荡的前提下，可获得较准确的计算结果
一阶迎风	无条件稳定	当 Pe 较大时，假扩散严重，需加密网格

续表

离散格式	稳定条件	精度与经济性
混合格式	无条件稳定	当 $Pe<2$ 时，性能同中心差分；当 $Pe>2$ 时，性能同一阶迎风
指数格式	无条件稳定	精度高，适用于无源项的对流扩散问题
乘方格式	无条件稳定	性能同指数格式，但更省时
二阶迎风	无条件稳定	精度高于一阶迎风，但存在假扩散现象
QUICK（quadratic upwind interpolation for convective kinematics）	$Pe<8/3$ 时稳定	可减少假扩散误差，精度较高，应用广泛
改进 QUICK	无条件稳定	性能同 QUICK 格式，不存在稳定性问题

2. 时间推进

在 N-S 方程数值求解问题中，时间推进方法很大程度上影响着计算效率和计算稳定性，可细分为显式和隐式两类。显式方法具有计算存储量较小、编程实现简单、易于并行计算等优点，但时间推进步长受稳定性条件限制，计算效率较低。隐式方法一般是无条件稳定的，时间推进步长可取值较大，计算效率更高，但在每一时间步都要求解线性方程组，计算量和存储量都较大且不易实现并行运算。下面对三种常用的时间推进方法作详细介绍。

1) 龙格-库塔法

龙格-库塔法由 Runge 与 Kutta 于 1990 年提出，其基本思想为：设法计算 $f(x,y)$ 在某些点上的函数值，并对这些函数值作线性组合来构造近似计算公式，最后把近似公式与解的泰勒展开式进行比较，使得前若干项完全相同[111]。

r 阶龙格-库塔公式构造如下：

$$\begin{cases} y_{n+1} = y_n + h\sum_{i=1}^{r}\omega_i k_i \\ k_1 = f(x_n, y_n) \\ k_i = f\left(x_n + \alpha_i + h, y_n + h\sum_{j=1}^{i-1}\beta_{ij}k_j\right), \quad i = 2,3,\cdots,r \end{cases} \tag{3.2.22}$$

式中，参数 ω_i，α_i，β_{ij} 是与 $f(x,y)$ 和步数 h 无关的常数，选择原则是要使得最后求出来的近似解与解的泰勒展开式有更多项吻合。

阶数 r 越大，龙格-库塔法的计算精度就越高，但相应的计算量也会增大。因此，为保证必要的精度且不造成过大的计算量，目前一般都采用四阶龙格-库塔法，其计算公式如下：

$$
\begin{cases}
y_{n+1} = y_n + \dfrac{h}{6}(k_1 + 2k_2 + 2k_3 + k_4) \\[2mm]
k_1 = f\left(x_n + \dfrac{h}{2}, y_n + \dfrac{hk_1}{2}\right) \\[2mm]
k_2 = f\left(x_n + \dfrac{h}{2}, y_n + \dfrac{hk_1}{2}\right) \\[2mm]
k_3 = f\left(x_n + \dfrac{h}{2}, y_n + \dfrac{hk_2}{2}\right) \\[2mm]
k_4 = f(x_n + h, y_n + hk_3)
\end{cases}
\tag{3.2.23}
$$

2) LU-SGS 法

上下三角分解对称高斯-赛德尔(lower-upper symmetric Gauss-Seidel, LU-SGS)迭代方法是目前 CFD 中最流行的隐式时间推进方法,其基本思想为:利用通量线化假设和最大特征值方法进行雅可比矩阵分解,把块对角矩阵分解为上、下两个三角矩阵。这种分解可以避免复杂的矩阵求逆运算,极大地提高计算效率,但该方法本质上仍然是一种近似因式分解方法,对于结构网格比较适合;在非结构网格下,由于网格存储的不规则性,该方法的计算效率要差一些[112]。

对于二维守恒型 N-S 方程,求解通量 Q 为 $(\rho, \rho u, \rho v, \rho E)^{\mathrm{T}}$, F_1、F_2 和 F_{v1}、F_{v2} 分别为 x、y 方向的无黏项和黏性项。通过拟线性变换,令无黏通量向量的雅可比矩阵为 $A = \dfrac{\partial F_1}{\partial \xi}$, $B = \dfrac{\partial F_2}{\partial \eta}$,可得到隐式时间离散 N-S 方程的一般化公式。

通过对矩阵 A、B 的分解和各项的迎风差分,取 $\Delta \xi = \Delta \eta = 1$,略去下标,将隐式时间离散 N-S 方程的一般化公式的左端项整理得到矩阵 M。矩阵 M 可分解成三个矩阵之和,即上三角矩阵 $\bar{U}$、对角矩阵 D 和下三角矩阵 $\bar{L}$。

由近似 LU 分解:

$$
D + \bar{U} + \bar{L} = (D + \bar{L})D^{-1}(D + \bar{U})
\tag{3.2.24}
$$

令 $L = D + \bar{L}$, $U = D + \bar{U}$,上式可写为

$$
LD^{-1}U\Delta Q^n = -\Delta t \left[\left(\frac{\partial F_1}{\partial \xi} + \frac{\partial F_2}{\partial \eta} \right)^n - \left(\frac{\partial F_{v1}}{\partial \xi} + \frac{\partial F_{v2}}{\partial \eta} \right) \right]
\tag{3.2.25}
$$

3) 双时间步法

为提高非定常流场的时间计算精度,同时又要求具有较高的计算效率,Jameson 提出了一种双时间步方法,即在冻结的物理时间点上加入类似牛顿迭代的虚拟时间迭代过程,通过增加内迭代过程来提高 LU-SGS 等隐式线性化方法所损失的时间精度[113]。

例如，非定常流动控制方程离散后的形式为

$$\frac{\partial Q}{\partial t} + \hat{R}(Q) = 0 \tag{3.2.26}$$

式中，Q 表示守恒量；$\hat{R}$ 表示离散后的残值。

对上述方程的时间导数项进行二阶向后差分离散可得

$$\frac{3Q^{n+1} - 4Q^n + Q^{n-1}}{2\Delta t} + \hat{R}(Q^{n+1}) = 0 \tag{3.2.27}$$

式中，Q^n 表示第 n 个物理时间步的守恒量；Δt 表示物理时间步长。该方程直接求解较为困难，而双时间步法采用虚时间迭代技术进行求解，引入一个虚拟时间 τ，将方程改写为

$$\frac{\partial Q}{\partial \tau} + R^*(Q^{n+1}) = 0 \tag{3.2.28}$$

式中，$R^* = \dfrac{3Q^{n+1} - 4Q^n + Q^{n-1}}{2\Delta t} + \hat{R}(Q)$。

通过隐式推进，可得到从虚时间的第 k 步推进到第 $k+1$ 步的计算公式：

$$Q^{(0)} = Q^n \left[\left(\frac{1}{\Delta \tau_i} + \frac{3}{2\Delta t} \right) I + \frac{1}{V_i} \sum_{m \in N(i)} A^+_{i,m} \right] \Delta Q_i^{(k+1)} \tag{3.2.29}$$

$$= R_i^*(Q^{(k)}) - \frac{1}{V_i} \left(\sum_{m<i,m \in N(i)} A^-_{i,m} \Delta Q_m^{(k+1)} + \sum_{m>i,m \in N(i)} A^-_{i,m} \Delta Q_m^{(k)} \right)$$

$$Q^{(k+1)} = Q^{(k)} + \Delta Q^{(k+1)} \tag{3.2.30}$$

式中，$\Delta \tau_i$ 表示虚时间步长；V_i 表示网格体积；$A^+_{i,m}$ 和 $A^-_{i,m}$ 分别表示当前网格向相邻网格传出和传入的物理信息。

双时间步法能够降低通量线性化误差和近似因子分解误差，放宽稳定性限制，使得原来用于定常计算的预处理、对角化、多重网格等方法也能被用于非定常计算，因而应用广泛。

3.2.3　湍流模型

在 RANS 方法中，瞬时 N-S 方程中的各物理量被分解为时均分量和脉动分量。例如，速度可以表示为

$$u_i = \bar{u}_i + u_i' \tag{3.2.31}$$

式中，$\bar{u}_i$ 为平均值；u_i' 为脉动值。

同理，压强等其他变量可以表示为

$$\varphi_i = \overline{\varphi}_i + \varphi_i' \tag{3.2.32}$$

将上述形式的流动物理量分别代入连续性方程和动量方程，并对时间取平均，即可得到雷诺时均方程[114]：

$$\frac{\partial \rho}{\partial t} + \frac{\partial}{\partial t}(\rho u_i) = 0 \tag{3.2.33}$$

$$\frac{\partial}{\partial t}(\rho u_i) + \frac{\partial}{\partial x_j}(\rho u_i u_j) = -\frac{\partial p}{\partial x_i} + \frac{\partial}{\partial x_j}\left[\mu\left(\frac{\partial u_i}{\partial x_j} + \frac{\partial u_j}{\partial x_i} - \frac{2}{3}\delta_{ij}\frac{\partial u_t}{\partial x_t}\right)\right] + \frac{\partial}{\partial x_j}\left(-\rho\overline{u_i'u_j'}\right) \tag{3.2.34}$$

式中，$\rho\overline{u_i'u_j'}$ 定义为雷诺应力，包含了湍流脉动的细节信息，可用 τ_{ij} 表示。

由于需求解的未知数数目多于方程数目，上述方程组是不封闭的，需对雷诺应力作出某些假定，即建立应力表达式将湍流的脉动值与时均值联系起来。基于这类假定所得到的湍流控制方程称为湍流模型[115]。

CFD 中常用的湍流模型可以根据对雷诺应力作出的假设和处理方式的不同分为两大类：一类是基于布西内斯克(Boussinesq)假设的涡黏性模型；另一类是基于雷诺应力输运方程引入二阶脉动项控制方程的二阶矩封闭模型，又称雷诺应力模型。

1. 涡黏性模型

在涡黏性模型中没有直接处理雷诺应力项，而是引入涡黏性系数(eddy viscosity)这一概念，将湍流应力表示成涡黏性系数的函数。涡黏性系数的提出来源于 Boussinesq 提出的涡黏性假设，即

$$-\rho\overline{u_i'u_j'} = \mu_t\left(\frac{\partial u_i}{\partial x_j} + \frac{\partial u_j}{\partial x_i}\right) - \frac{2}{3}\left(\rho k + \mu_t\frac{\partial u_i}{\partial x_i}\right)\delta_{ij} \tag{3.2.35}$$

式中，$k = \frac{1}{2}\overline{u_i'u_j'}$ 定义为湍动能；μ_t 为涡黏性系数；u_i 为时均速度。

涡黏性模型的关键是求解涡黏性系数 μ_t，根据求解 μ_t 所需微分方程的个数，可以将其细分为：零方程模型(代数模型)、一方程模型、二方程模型、四方程模型等。

下面，对四种常用的涡黏性湍流模型作详细介绍。

1) Spalart-Allmaras 模型[116]

Spalart-Allmaras 模型是常用的一方程模型，简称 S-A 模型。模型中湍流黏性系数定义为

$$\mu_t = \rho\hat{v}f_{v1} \tag{3.2.36}$$

式中，$f_{v1} = \dfrac{\chi^3}{\chi^3 + C_{v1}^3}$ 为黏性阻尼函数，这里 $\chi = \dfrac{\hat{v}}{v}$，$v$ 为分子运动黏性系数，$\hat{v}$ 满足以下输运方程：

$$\frac{D\hat{v}}{Dt} = C_{b1}\left(1 - f_{t2}\right)\hat{s}\hat{v} + \frac{1}{\sigma}\left\{\nabla \cdot \left[\left(v + \hat{v}\right)\nabla\hat{v}\right] + C_{b2}\left(\nabla\hat{v}\right)^2\right\}$$
$$-\left(C_{\omega 1}f_\omega - \frac{C_{b1}}{k^2}f_{t2}\right)\left(\frac{\hat{v}}{d}\right)^2 + f_{t1}\Delta U^2 \tag{3.2.37}$$

方程(3.2.37)中各项系数为

$$C_{b1} = 0.1355 , \quad C_{b2} = 0.622$$
$$\sigma = \frac{2}{3} , \quad k = 0.41$$

$$f_{t2} = C_{t3}\exp\left(-C_{t4}\chi^2\right) , \quad f_\omega = g\left[\frac{1 + C_{\omega 3}^6}{g^6 + C_{\omega 3}^6}\right]^{\frac{1}{6}}$$

$$g = r + C_{\omega 2}\left(r^6 - r\right) , \quad r = \frac{\hat{v}}{\hat{s}k^2 d^2} , \quad f_{v2} = 1 - \frac{\chi}{1 + \chi f_{v1}} , \quad \hat{s} = |\omega| + \frac{\hat{v}}{k^2 d^2}f_{v2}$$

$$C_{v1} = 7.1 , \quad C_{t3} = 1.2 , \quad C_{t4} = 0.5 , \quad C_{\omega 2} = 0.3 , \quad C_{\omega 3} = 2.0 , \quad C_{\omega 1} = \frac{C_{b1}}{k^2} + \frac{1 + C_{b2}}{\sigma}$$

其中，d 是场点至壁面的最小距离；ω 表示旋度矢量。方程(3.2.37)的最后一项是在给定转捩位置的情况下使用的，如果计算的流动状态是完全湍流，则该项可以舍去。

S-A 模型主要用于空气动力学和流体机械中含有中度分离现象的场景，如接近声速或超声速的机翼绕流以及边界层流动等。但是该模型没有考虑长度尺度的变化，对平板射流、自由剪切流等流动尺度变化较大的流动问题不太适用。

2) 标准 k-ε 模型[117]

标准 k-ε 模型是最基础的二方程模型，由 Launder 和 Spalding 于 1972 年提出。该模型是在湍动能 k 方程的基础上，增加一个湍流耗散率 ε 方程。

湍流耗散率 ε 定义为

$$\varepsilon = \frac{\mu}{\rho}\overline{\left(\frac{\partial u_i'}{\partial x_k}\right)\left(\frac{\partial u_j'}{\partial x_k}\right)} \tag{3.2.38}$$

湍流黏度 μ_t 表示为 k 和 ε 的函数：

$$\mu_t = \rho C_\mu \frac{k^2}{\varepsilon} \tag{3.2.39}$$

式中，C_μ 为经验常数。

在标准 k-ε 模型中，k 和 ε 为基本未知量，其输运方程为

$$\frac{\partial}{\partial t}(\rho k)+\frac{\partial}{\partial x_i}(\rho k u_i)=\frac{\partial}{\partial x_j}\left[\left(\mu+\frac{\mu_t}{\sigma_k}\right)\frac{\partial k}{\partial x_j}\right]+G_k+G_b-\rho\varepsilon-Y_k+S_k \tag{3.2.40}$$

$$\frac{\partial}{\partial t}(\rho\varepsilon)+\frac{\partial}{\partial x_i}(\rho\varepsilon u_i)=\frac{\partial}{\partial x_j}\left[\left(\mu+\frac{\mu_t}{\sigma_\varepsilon}\right)\frac{\partial\varepsilon}{\partial x_j}\right]$$
$$+C_{1\varepsilon}\frac{\varepsilon}{k}(G_k+C_{3\varepsilon}G_b)-C_{2\varepsilon}\rho\frac{\varepsilon^2}{k}+S_\varepsilon \tag{3.2.41}$$

式中，G_k 为平均速度梯度产生的湍流动能，$G_k=-\rho\overline{u_i'u_j'}\dfrac{\partial u_j}{\partial x_i}$；$G_b$ 为浮力产生的湍流动能；Y_k 为可压缩湍流中的脉动扩张项；S_k、S_ε 为用户自定义项；$C_{1\varepsilon}$、$C_{2\varepsilon}$、$C_{3\varepsilon}$ 为经验常数，一般取 $C_{1\varepsilon}=1.44$，$C_{2\varepsilon}=1.92$，当主流方向与重力方向平行时，取 $C_{3\varepsilon}=1$，当主流方向与重力方向垂直时，取 $C_{3\varepsilon}=0$；σ_k、σ_ε 分别为 k 方程和 ε 方程的普朗特数，一般取 $\sigma_k=1.0$，$\sigma_\varepsilon=1.3$。

标准 k-ε 模型简单、经济、稳定，在处理边界层流动、管内流动、剪切流动等情况时具有足够的精度。但缺点是该模型假定 μ_t 是各向同性的标量，因此不能反映雷诺应力的各向异性，不适用于强旋流、湍流分离流、弯曲流线流动等明显各向异性的流动。此外，标准 k-ε 模型是针对发展非常充分的湍流来建立的，是一种高雷诺数条件下的湍流计算模型；对于雷诺数较低的流动，使用标准 k-ε 模型计算会出现较大问题。

3）SST k-ω 模型[118]

剪切应力输运(shear stress transport, SST) k-ω 模型是由 Menter 于 1994 提出的一类改进的 k-ω 模型，其输运方程为

$$\frac{\partial}{\partial t}(\rho k)+\frac{\partial}{\partial x_i}(\rho k u_i)=\frac{\partial}{\partial x_j}\left(\Gamma_k\frac{\partial k}{\partial x_j}\right)+G_k-Y_k+S_k \tag{3.2.42}$$

$$\frac{\partial}{\partial t}(\rho\omega)+\frac{\partial}{\partial x_i}(\rho\omega u_i)=\frac{\partial}{\partial x_j}\left(\Gamma_\omega\frac{\partial\omega}{\partial x_j}\right)+G_\omega-Y_\omega+D_\omega+S_\omega \tag{3.2.43}$$

式中，G_k 为湍流动能；G_ω 由 ω 方程产生；Γ_k 和 Γ_ω 分别为 k 和 ω 的耗散率；Y_k 和 Y_ω 为耗散引起的湍流；D_ω 为正交耗散项；S_k 和 S_ω 为用户自定义项。

SST k-ω 模型结合了标准 k-ε 和标准 k-ω 模型的双重优点，在外部和自由剪切层中采用 k-ε 模型，在近壁面则采用 k-ω 模型，因此模型更适用于对流减压区的模拟求解。此外，SST k-ω 模型还增加了正交耗散项，湍流黏度增加湍流剪应力传递的影响，这使得近壁面和远壁面都符合方程，因此该模型具有较高的精度。

4) Transition SST 模型[119]

将关于间歇因子 γ 和当地边界层动量厚度雷诺数 $\widetilde{Re_a}$ 的输运方程及相关经验公式与 SST $k\text{-}\omega$ 二方程模型相结合，即构成 Transition SST 四方程模型。

传统的 γ 定义为流动处于湍流和层流的时间比例，$\gamma = 0$ 为层流，$\gamma = 1$ 为湍流。关于流动间歇因子 γ 的输运方程为

$$\frac{\partial}{\partial t}(\rho\gamma) + \frac{\partial}{\partial x_j}(\rho U_j \gamma) = \frac{\partial}{\partial x_j}\left[\left(\mu + \frac{\mu_t}{\sigma_\gamma}\right)\frac{\partial\gamma}{\partial x_j}\right] + P_{\gamma 1} - E_{\gamma 1} + P_{\gamma 2} - E_{\gamma 2} \quad (3.2.44)$$

式中，转捩源项定义如下：

$$P_{\gamma 1} = C_{a1} F_{\text{length}} \rho S \left[\gamma F_{\text{on set}}\right]^{C_{\gamma 3}}$$

$$E_{\gamma 1} = C_{e1} P_{\gamma 1}$$

$$P_{\gamma 2} = C_{a2} \rho \Omega \gamma F_{\text{turb}}$$

$$E_{\gamma 2} = C_{e2} P_{\gamma 2} \gamma$$

式中，S 是应变率大小；F_{length} 是控制转区长度的参数；Ω 是旋涡强度，$F_{\text{on set}}$ 是涡量雷诺数 Re_v 的函数。

基于动量厚度雷诺数 $\widetilde{Re_a}$ 的输运方程为

$$\frac{\partial}{\partial t}\left(\rho\widetilde{Re_a}\right) + \frac{\partial}{\partial x_j}\left(\rho U_j \widetilde{Re_a}\right) = \frac{\partial}{\partial x_j}\left[\sigma_a(\mu + \mu_t)\frac{\partial\widetilde{Re_a}}{\partial x_j}\right] + P_0 \quad (3.2.45)$$

式中，Re_a 是当地转捩雷诺数。

Transition SST 模型在没有大量增加计算量的同时提高了对转捩和分离的模拟精度，常用于模拟湍流转捩过程，在近壁区比标准 $k\text{-}\omega$ 模型具有更好的精度和稳定性。

2. 雷诺应力模型

二方程湍流模型均采用各向同性的湍流黏度来计算湍流应力，这使得模型难以考虑旋转流动及流动方向曲率变化所带来的影响，因此学者们提出了一种新方法，对雷诺方程中湍流脉动应力直接建立微分方程并进行求解，这种方法称为建立雷诺应力模型(Reynolds stress model, RSM)。通常情况下，雷诺应力方程是微分形式的，若将其简化为代数方程的形式，则称这种模型为代数应力方程模型[120]。

雷诺应力输运方程为[121]

$$\frac{\partial}{\partial t}\left(\rho\overline{u_i' u_j'}\right) + C_{ij} = D_{T,ij} + D_{L,ij} + P_{ij} + G_{ij} + \phi_{ij} - \varepsilon_{ij} + F_{ij} + S_{\text{user}} \quad (3.2.46)$$

式中，$C_{ij} = \dfrac{\partial}{\partial x_k}\left(\rho u_k \overline{u_i' u_j'}\right)$ 为湍流对流项；$D_{T,ij}$ 为湍流扩散项；

$D_{L,ij} = \dfrac{\partial}{\partial x_k}\left[\mu \dfrac{\partial}{\partial x_k}\left(\overline{u_i' u_j'}\right)\right]$ 为分子扩散项；$P_{ij} = -\rho\left(\overline{u_i' u_k'}\dfrac{\partial u_j}{\partial x_k} + \overline{u_i' u_k'}\dfrac{\partial u_i}{\partial x_k}\right)$ 为雷诺应力

生成项；G_{ij} 为浮力影响项；$\phi_{ij} = p\left(\dfrac{\partial u_i'}{\partial x_j} + \dfrac{\partial u_j'}{\partial x_i}\right)$ 为压强变形率相关项；ε_{ij} 为雷诺

应力耗散项；F_{ij} 为旋转生成项；S_{user} 为用户自定义项。

为了封闭雷诺应力输运方程，需要对 $D_{T,ij}$、G_{ij}、ϕ_{ij}、ε_{ij} 建立模型方程[121]：

(1) 雷诺应力耗散项 ε_{ij}：由于雷诺应力耗散的输运过程包含太多的未知因数，目前常用各向同性的耗散模型为

$$\varepsilon_{ij} = \frac{2}{3}\delta_{ij}\left(\rho\varepsilon + Y_M\right) \tag{3.2.47}$$

式中，Y_M 表示在可压缩湍流中脉动对整体扩散率的影响；ε 通过用与标准 k-ε 模型类似的 ε 方程求解。

(2) 湍流扩散项 $D_{T,ij}$：采用通用梯度模型，即

$$D_{T,ij} = C_s \frac{\partial}{\partial x_k}\left(\rho \frac{k\overline{u_k' u_j'}}{\varepsilon}\frac{\partial \overline{u_i' u_j'}}{\partial x_j}\right) \tag{3.2.48}$$

由于该方程的数值解不稳定，将其简化为

$$D_{T,ij} = \frac{\partial}{\partial x_k}\left(\rho \frac{u_j}{\sigma_k}\frac{\partial \overline{u_i' u_j'}}{\partial x_j}\right) \tag{3.2.49}$$

(3) 压强变形率相关项 ϕ_{ij}：根据 Gibson 和 Launder 提出的建议，建立线性压强应变模型，压强变形率相关项分解为

$$\phi_{ij} = \phi_{ij1} + \phi_{ij2} + \phi_{ijw} \tag{3.2.50}$$

式中，ϕ_{ij1} 为压强应变慢速项，表示没有平均应变率 δ_{ij}、体积力和远离壁面时，压强脉动使湍流呈各向同性；ϕ_{ij2} 为压强应变快速项，表示由平均应变率 δ_{ij} 和体积力引起的湍流过程呈各向同性；ϕ_{ijw} 为壁面反射项，可对近壁面处的正应力进行再分配，具有使垂直于壁面的应力变小，平行于壁面的应力变大的趋势。

(4) 浮力影响项 G_{ij}：

$$G_{ij} = \beta \frac{u_t}{Pr_t}\left(g_i \frac{\partial T}{\partial x_j} + g_j \frac{\partial T}{\partial x_i}\right) \tag{3.2.51}$$

式中，湍流普朗特数 $Pr_t=0.82$；β 是热膨胀系数。

雷诺应力的输运方程中包括湍动能 k 和湍流耗散率 ε，因此在使用 RSM 模型时，需要补充 k 方程和 ε 方程：

$$\frac{\partial}{\partial t}(\rho k) + \frac{\partial}{\partial x_i}(\rho k u_i) = \frac{\partial}{\partial x_j}\left[\left(\mu + \frac{\mu_t}{\sigma_k}\right)\frac{\partial k}{\partial x_j}\right] + \frac{1}{2}\left(P_{ij} + G_{ij}\right) - \rho\varepsilon \quad (3.2.52)$$

$$\frac{\partial}{\partial t}(\rho\varepsilon) + \frac{\partial}{\partial x_i}(\rho\varepsilon u_i) = \frac{\partial}{\partial x_j}\left[\left(\mu + \frac{\mu_t}{\sigma_\varepsilon}\right)\frac{\partial\varepsilon}{\partial x_j}\right] + C_{1\varepsilon}\frac{1}{2}\left(P_{ij} + C_{3\varepsilon}G_{ij}\right) - C_{2\varepsilon}\rho\frac{\varepsilon^2}{k} \quad (3.2.53)$$

式中，P_{ij} 为剪应力产生项；G_{ij} 为浮力产生项；$C_{1\varepsilon}$、$C_{2\varepsilon}$、$C_{3\varepsilon}$、σ_k 和 σ_ε 均为常数，取值与标准 k-ε 模型相同。

雷诺应力模型对流线曲率、应变率快速变化、浮力、旋转等造成的湍流生成项进行了精确描述，因此对复杂流的精确预测有很好的效果。但由于雷诺应力模型是直接对二阶脉动项构建相应的偏微分方程组，所以在求解时需要多求解 6 个雷诺应力方程、k 方程和 ε 方程，计算量远远大于二方程模型。此外，雷诺应力模型的精度受到封闭模型中各种假设的影响，特别是压强变形率相关项和湍流扩散项，是控制模型精度的最主要因素。

3. 总结

湍流理论中的多种模型各有优缺点和适用范围，鉴于工程流体问题的复杂性与多样性，必须选择最为合适的模型以期达到最好的模拟效果。表 3.2.2 总结了几类常用湍流模型的适用范围。

表 3.2.2 常用湍流模型的适用范围

湍流模型	适用范围
S-A 模型	可用于翼型计算、壁面边界层流动，不适合射流等自由剪切流
标准 k-ε 模型	仅适用于高雷诺数湍流，不适合旋流等各向异性较强的流动
重整化群(renormalization group, RNG) k-ε 模型	可用于低雷诺数湍流和强旋流计算
可实现 k-ε 模型	可用于旋流、强逆压梯度的边界层流动、分离流、二次流等
标准 k-ω 模型	可用于尾流、混合流、射流、平板绕流、圆柱绕流等
SST k-ω 模型	可用于带逆压梯度的流动计算、翼型计算、跨声速带激波计算
转捩 SST 模型	可用于湍流转捩模拟
RSM	可用于强旋流动，且精度高于一般湍流模型

3.3　复杂流动机理分析

由于航空航天科技发展的紧迫需求，人们正面临着与高速飞行相关的一系列复杂流动问题，如旋涡分离流、激波/边界层干扰等，这些也是现代流体力学重要的基础研究领域。

其中，流动分离现象直接与物体所受阻力相关，特别在激波边界层相互干扰区域，分离流和旋涡运动的产生会改变飞行器流场分离时的压力、摩阻分布，产生脉动压力，可以利用分离流和旋涡的存在改善飞行器的气动特性；边界层的转捩位置直接关系到飞行器的摩擦阻力、热交换及流动分离位置等，转捩位置的准确预测及层流设计可有效地改进飞行器性能；激波/边界层干扰可导致机翼表面或发动机内流道摩阻迅速增加，激波作用下的边界层变形、增厚所带来的位移效应可显著改变超声速流道等效截面和壁面形状，从而对主流产生显著影响。本节将对分离流、旋涡流动、转捩与湍流和激波边界层干扰四种典型的复杂流动现象的原理与实际应用进行介绍。

3.3.1　分离流

1. 分离流的定义

流体力学中，流动分离又称为边界层分离，是指原来紧贴壁面流动的边界层脱离壁面的现象[122]。早在 1904 年，普朗特(Prandtl)[123]就对二维定常流动中的流动分离现象作出了解释：流动发生分离时，流体微元不再贴着物体表面运动，而是离开物面，在下游出现反方向的回流现象，形成大量的旋涡。例如，绕物体背风区的流动，以圆柱为代表的钝体绕流后的尾流流动，存在激波附面层干扰的近壁面流动，扩压器管道内的流动，流体机械中风扇、涡轮内的流动，后台阶绕流等，都存在流动分离现象[124]。

2. 分离流的基本理论

所有穿过流体的固体物体(或可选择地暴露于移动流体的静止物体)获得围绕它们的流体边界层，其中黏性力在靠近固体表面的流体层中发生。边界层可以是层状或湍流。可以通过计算局部流动条件的雷诺数来对边界层是层流还是湍流进行合理评估。

二维层流边界层的动量方程为

$$u\frac{\partial u}{\partial x} + v\frac{\partial u}{\partial y} = -\frac{1}{\rho}\frac{\partial p}{\partial x} + v\frac{\partial^2 u}{\partial y^2} \tag{3.3.1}$$

可以看出，在边界层内支配流体运动的力主要有三种，即惯性力、黏性力和由压强梯度所引起的压强差。它们在运动中总是保持着平衡，其中黏性力一般作用在与流体运动相反的方向，它能阻滞流体的运动使其减速。

　　压强差根据情况的不同，可能使流体的运动加速，也可能使其减速。以流体流经曲壁时的情况为例，如图 3.3.1 所示。其中 M 为速度最大、压强最小点，此点之前为顺压区，其后为逆压区。在顺压区内，流体的惯性力与压强差克服流体的黏性力使流体顺利地沿固壁往下游流动。在逆压区，流体的惯性力不仅要克服黏性力，还要克服由逆压强梯度所产生的逆压强，在一定条件下，固壁附近的流体质点会出现停滞不前或甚至向上游移动的情况，这就是所谓的边界层分离现象。

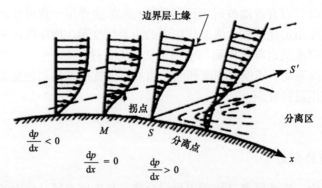

图 3.3.1　流体流经曲壁时的边界层分离[125]

　　在邻近壁处，流体的黏性作用最强，离开壁面以后，随着距离的增加，黏性作用逐渐减小。而在边界层的同一截面上，由逆压梯度所产生的压强几乎是相同的。这样，流体质点被阻滞不前的现象首先发生在固壁附近，然后向外扩展。这一现象也可解释为在壁附近，流体质点的速度较小，亦即动量与能量均较小，随之，克服逆压强梯度的能力较差，易于首先出现分离现象。流体质点开始离开壁面的点称为分离点，通常用 S 表示，S 点以前的壁面和离开壁面以后的各流体质点构成一极限流线 SS′。对于分离点，应满足

$$\left(\frac{\partial u}{\partial y}\right)_{y=0} = 0 \ 或 \ \mu\left(\frac{\partial u}{\partial y}\right)_{y=0} = 0 \tag{3.3.2}$$

这就是速度剖面和壁剪应力在分离点处所应满足的条件[125]。

　　三维分离形成的机理与二维分离的一样，源于流场中的逆压梯度作用在有黏性阻滞的边界层流动。根据普朗特边界层理论，二维分离开始的判据是表面摩擦力趋于零，而在三维定常流动中，若在某方向上存在逆压梯度，则即使沿该方向的摩擦应力变为零，由于边界层内的流体还可以沿其他方向流动，从而不发生分

离。因此三维分离的判断比二维分离复杂得多。迄今为止，国内外学者从不同角度提出了一系列的三维分离判断模式，如 Lighthill[126]模式、Maskell[127]模式、王国璋[128]模式等。

在空气动力学中，流动分离现象直接与物体所受阻力相关。通常认为低速运动物体的阻力有两个来源：一个是由流体与物体表面摩擦所产生的壁剪应力，另一个是由物体表面非对称压强分布所产生的压力差。边界层分离将在物体的后部形成分离区和尾流，如图 3.3.2 所示，它们都是低压区，易使压差阻力增加。因而为了减小阻力，一般应尽量避免或推迟分离现象的出现以减小分离区或尾流的范围。其中，通过边界层控制来减小物体阻力的方式有通过外形设计减小逆压梯度等。

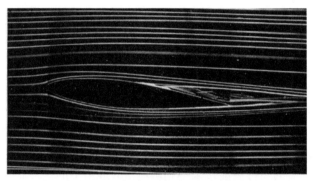

图 3.3.2 绕小攻角翼型的分离流动[125]

上面的分析虽然是对层流边界层进行的，但也定性地适用于湍流边界层，只是上面所说的速度应当用时均速度去置换。因此，边界层分离有层流分离与湍流分离两种，即在层流区或湍流区出现分离现象，由于湍流边界层的时均速度剖面较层流情况更为均匀，具有较强的克服逆压梯度的能力，故湍流分离一般出现较晚。

在对流动分离现象进行分析的过程中，需要注意的是：虽然分离现象总是发生在逆压区，但逆压区内并不一定出现分离现象。因为边界层内的流动是由惯性力、黏性力和压强梯度共同支配，如果惯性力足够大，而黏性力与逆压梯度又足够小，就有可能在逆压区内不出现分离现象。

3. 气动设计中的分离流动

分离流的产生使流场压力分布发生很大的变化，导致阻力增加，甚至产生非定常的脉动压力，故在设计飞行器的过程中是一大重点问题。在实际应用中，采用边界层控制以减小阻力的例子包括网球上的毛皮、高尔夫球上的凹坑等。

我国的分离流动研究兴起于 20 世纪 70～80 年代，以陆士嘉、张涵信、崔尔杰、庄逢甘等[129-131]为代表的专家们作出了重要的贡献。早期的工作主要集中在对分离流动的特性进行研究,认识分离的流动形态、判断分离的起始。陆世嘉基于 RSM(Rott、Sears 和 Moore 开创性的工作)分离判据[132-134],对于二维非定常情况下的分离问题提出了奇性判据、零涡判据、形状因子判据、匹配判据、非定常比拟判据、振荡分离判据等,它们分别适用于不同的具体情况[135]。张涵信对三维定常情况下的分离问题展开研究,发现其已不再是只与近壁流动特性相关的简单现象[136]。崔尔杰等研究了利用流动控制,获得高升力、改善气动性能的方法,例如利用转动前缘控制机翼大攻角分离获得高升力等[137]。

受当时计算水平和科技水平的限制,研究多以实验为主,数值模拟计算很少。进入 21 世纪以来,全世界掀起了高超声速飞行器的研制热潮,且为突破常规的飞行极限,各航空航天大国都在致力于新型飞行器的研制,更推动了分离流动研究的发展。发展至今,得益于计算机学科的发展,分离流动的研究已涵盖了流动特性分析、流动机理研究和流动控制利用三个方面的内容。

现代航空航天工程中常见的分离流动主要有:大迎角分离流动,跨声速激波附面层分离,发动机内流分离流动,内埋式弹仓打开引起的流动分离,导弹大舵偏、机身后缘襟翼引起的分离,以及结构凸起构型引起的流动分离等。

大迎角分离流动在二维翼型、三维机翼,以及风力机、螺旋桨运动中都有出现[138-140]。翼型在大迎角状态下,流动会发生分离,使翼型的升力系数降低,发生失速,给飞行器的飞行性能带来不利影响。大迎角下的这种非线性特性,导致翼型运动时的非定常气动力具有明显的迟滞现象。在一定条件下,二维翼型的大迎角分离流动还会发生周期性的旋涡脱落现象,使气动力具有很强的非定常和非线性特征,对流动的稳定性造成很大的影响。

三维机翼在大迎角状态下,流动在前缘会发生分离,翼面上方出现较大尺度的前缘分离涡[140]。由于黏性效应,在附面层内还会形成二次分离涡。分离涡的结构不稳定,随着迎角增大,存在一个形成、积聚、破碎、耗散的演变过程。战斗机上普遍采用的大后掠前缘机翼,就是利用前缘分离涡所产生的附加涡升力,来提供飞机大机动飞行时所需的可用升力,增加失速迎角以提高飞机的机动性能。深入研究机翼大迎角分离涡流动的形成、发展及演变特性,已成为计算流体力学的重要研究课题,具有重要的工程应用价值。

飞行器上的凸起结构会引起流动的分离,例如飞机着陆阶段,起落架降下,机体的流线型外形遭到破坏,起落架附近流动发生分离,存在尾涡及涡脱落现象,形成很大的非定常湍流流场。轮胎、支柱附近分离涡发生分离、破碎,产生强烈的压力脉动,带来很大的气动噪声[128]。此外,飞行器各部件之间的干扰效应,如机翼机身之间的干扰,以及某些特种飞行器(如预警机、电子侦察机、无人机等)由于加载某些特殊设备,或者飞机打开减速板等,也会诱导非定常的分离流,引起流动分离问题。

3.3.2　旋涡流动

1. 旋涡流动的定义

旋涡是自然界普遍存在的一类物理现象，一旦出现旋涡，旋涡运动将会对流动与物体受力起到控制作用。旋涡通常是指流体顺着某个方向环绕直线或曲线轴的区域，这样的运动模式即为涡流[141]。

2. 旋涡流动的基本理论

为了讨论旋涡流动，我们首先需定义涡量场。对于有旋流动，$\omega \neq 0$，而 $\omega = f(x, y, z, t)$，所以对有旋流动的流场中同时存在一个旋涡场，或称涡量场或角速度场：

$$\Omega = \Omega_x i + \Omega_y j + \Omega_z k \tag{3.3.3}$$

$$\begin{cases} \Omega_x = \dfrac{\partial w}{\partial y} - \dfrac{\partial v}{\partial z} \\[2mm] \Omega_y = \dfrac{\partial u}{\partial z} - \dfrac{\partial w}{\partial x} \\[2mm] \Omega_z = \dfrac{\partial v}{\partial x} - \dfrac{\partial u}{\partial y} \end{cases} \tag{3.3.4}$$

满足涡量连续性方程

$$\frac{\partial \Omega_x}{\partial x} + \frac{\partial \Omega_y}{\partial y} + \frac{\partial \Omega_z}{\partial z} = 0 \tag{3.3.5}$$

对于稳态的湍流结构，常常是大尺度涡和小尺度涡起控制作用，前者对湍流涡起产生作用，后者对湍流涡起耗散作用。用无黏性理想流体理论研究机翼绕流时，需要运用许多理想旋涡的概念，例如，涡核半径为零的集中涡，涡心上速度为无穷大；由无数集中涡排列而成的涡面，是切向速度的不连续面；在定常流动中，涡轴与气流速度方向处处一致的涡线为自由涡，否则为附着涡；在流场中不承受压差的涡面称为自由涡面，否则为附着涡面。这些理想旋涡是有限翼展机翼升力线理论和升力面理论的基础。实际流场中还有脱体涡和尾迹涡。

脱体涡：从弹体背风面或机翼的尖前缘分离出来的旋涡。它们都属自由涡，在往下游的方向上旋涡强度不断加强，直到成为尾迹涡为止。它们从分离线脱出后涡层末端卷成具有涡核的旋涡。在旋涡破裂之前，由于旋涡处的低压使机翼产生附加涡升力。旋涡破裂后，突然扩散，形成湍流团。

尾迹涡:如二维圆柱绕流背风面的脱体涡,其中包括著名的卡门涡街,以及机翼后缘开始卷起的旋涡等。在一定距离后,机翼尾迹涡逐渐卷成一对具有涡核的旋涡。此后,由于涡量的对流和黏性耗散,旋涡半径逐渐扩大,内部压强和速度逐渐趋近于来流值。大型的尾迹涡可能对处于尾迹区的小型飞机造成灾难性后果。超声速飞行器的尾迹涡可以传播到很远的地方。

3. 气动设计中的旋涡流动

在进行实际气动设计时,旋涡流动主要应用于机翼翼尖涡、大迎角前体涡等控制方法的研究中。

飞机在前飞过程中,在左右两翼尖的后方会拖出很强的翼尖旋涡。这一对很强的旋涡将对周围流场起强烈的速度诱导作用,且旋涡的强度正比于飞机的重量[141]。大型运输飞机的重量大,尾涡强度很高,其翼尖涡可延伸至飞机后方几公里的地方,旋涡区切向的速度分量要在旋涡形成后 6～8min 才消失。由于旋涡区域中空气速度的大小和方向变化剧烈,进入这一区域中的小飞机会发生快速滚转运动而导致飞行事故[142]。因此,近几年来国内外在飞机设计中(尤其是运输机)越来越多地采用翼尖装置削弱机翼尾涡,以减少燃料消耗,提高爬升率,增加飞机的航程或承载能力等。翼尖装置中目前主要有翼尖小翼、翼尖修形、低阻翼尖、剪切翼尖、翼尖帆片等[143-148]。

机动性和敏捷性是现代战斗机和战术导弹研发过程中的重要技术指标,而大迎角飞行性能的改善能够很大程度上提高飞行器的这两项性能。在大迎角下,非对称涡会突然出现在飞行器背风部,从而加剧流场的复杂性,使得飞行器的稳定性和操纵性发生急剧变化;同时,常规的气动控制机构在机身或弹身尾涡的影响下变得效率很低[149]。通过对前体非对称涡的系统控制,可以提供偏航控制力矩,弥补甚至代替大迎角下传统舵面降低的控制力矩,如图 3.3.3 所示。

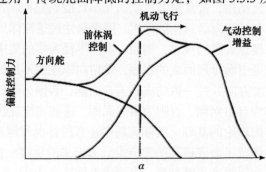

图 3.3.3　大迎角下常规舵面的偏航控制力损失图[150]

前体涡控制的优势有:提供偏航鲁棒操纵、主动增加方向稳定性、主动增加大迎角偏航/滚转阻尼，而且有可能缩小垂直尾翼和舵面的尺寸，节省重量并且降低雷达可探测性[150]。与垂尾相比，前体控制装置一般很小，因而对安装区域的尺寸和重量等要求非常小。此外，Walker[151]指出，大迎角流动控制机构越靠近细长体顶点越有效。大迎角时，细长体顶点附近的两个旋涡的存在加强了控制效果。

前体涡控制方法可以分为被动控制方法和主动控制方法两类。被动控制方法在控制的过程中不需要持续的能量输入，结构简单，但一般只能针对某一特定状态进行控制，在其他状态下，控制效率降低甚至反效。主动控制方法在控制的过程中需要持续的能量输入，可以对不同状态进行优化控制，但一般机构比较复杂，需要付出较大的重量代价[149]。

3.3.3 转捩与湍流

1. 转捩与湍流的定义

在流体力学中，转捩表征一种流动现象，即边界层从层流向湍流的过渡。在自然界的流体运动中，涡的形成是必然的，且随着运动的演进，涡可能会逐渐衰减，以至于表观上觉察不到涡的存在，这就是层流运动。当然涡也可能逐渐扩散增强，以至于整个流动区域均充满大大小小的涡，这就是湍流运动。

边界层转捩是流动从有序到无序的转变过程，其中存在许多非线性的演化过程。因此，作为基础理论研究问题，转捩机理引起了流体力学研究者的广泛兴趣。与此同时，转捩点的计算和预测是飞行器设计的关键前提。

转捩可分为三种类型：自然转捩、分离流转捩和旁路转捩[151]。自然转捩发生在低湍流度下，被认为是最普遍的一种转捩形式。而旁路转捩是由外部气流的强干扰引起的，其边界层内扰动呈代数增长，不再服从指数规律，即不经过Tollmien-Schlichting(T-S)波的小扰动增长过程而直接由层流突变为湍流。典型的例子是叶轮机械中的转捩过程。

具体而言，自然转捩也叫横流转捩，对于高空飞行的飞行器而言，其边界层转捩由小扰动引起，称为自然转捩。分离流转捩通常与逆压梯度有关，边界层在层流状态下分离，形成气泡，并在其周围的剪切层和再附着时产生湍流，然后渗透到气泡中并进入层流。分离流转捩常发生在翼型或燃气轮机叶片的前缘。旁路转捩由外部气流的强干扰引起，并且完全绕过了 T-S 波描述的不稳定状态，这是在叶轮机械中常见的转捩形式[152]。

2. 转捩与湍流的基本理论

边界层转捩的过程可以表示为如图 3.3.4 所示的几个阶段。当扰动以稳定或不稳定的状态穿过激波进入边界层时，该过程可以得到进入边界层后扰动的幅值、频率和相位，称为感受性过程。最初这些扰动可能小到几乎无法测量，直到后续扰动发生失稳并开始增长。在稳定流动状态下，施加一个小扰动，随着流动发展，在一定条件下(例如当地雷诺数大于临界雷诺数)有些小扰动被放大，流动出现不稳定现象，原来的流动开始瓦解，流动接着经历一连串的复杂变化，最后变为非定常、杂乱无章的湍流状态，这一过程是流动失稳。湍流具有非定常性、非线性性、多尺度性、各向异性的基本特点。各种不稳定波独立或共同产生和演化的趋势取决于雷诺数、壁面形状、壁面粗糙度、初始条件等，这些扰动的初始增长阶段，扰动在黏性尺度内增长，可以由边界层线性稳定性理论计算得到。随着扰动幅值的增长，由于三维效应、非线性作用，出现流动的二次失稳现象，当扰动发展至对流尺度时，边界层层流发生破碎，进而导致转捩。

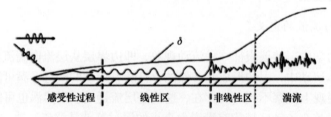

图 3.3.4　自然转捩过程[153]

　　由于边界层转捩建模过程中转捩判据是最关键的部分，而转捩判据则需要通过边界层厚度、位移厚度以及动量损失厚度等数据建立，这些都是需要通过边界层积分来获得的非当地边界层数据。其中，边界层厚度是指壁面到流速为99%主流速度处流体层的厚度，层流边界层厚度为

$$\delta = \frac{5.48x}{\sqrt{Re_x}} \tag{3.3.6}$$

其中，x 为边界层起点到下游的距离；Re_x 为雷诺数。湍流边界层厚度为

$$\delta = 0.37 \frac{x}{Re_x^{1/5}} \tag{3.3.7}$$

位移厚度是指，由于边界层的存在，通过流体的流量与不考虑边界层的情况相比减少了，减少量等于由边界层导致流道变窄所带来的流量减少，宽度变窄量 δ^* 满足

$$\rho U \delta^* = \rho \int_0^\infty (U - u) \mathrm{d}y \tag{3.3.8}$$

可得位移厚度

$$\delta^* = \int_0^\infty \left(1 - \frac{u}{U}\right) \mathrm{d}y \qquad (3.3.9)$$

动量损失厚度是指由边界层的存在导致的流道变窄所带来的动量减少，其损失厚度为

$$\rho U^2 \delta_m^* = \rho \int_0^\infty u(U - u)\mathrm{d}y \qquad (3.3.10)$$

可得动量损失厚度

$$\delta_m^* = \int_0^\infty \frac{u}{U}\left(1 - \frac{u}{U}\right)\mathrm{d}y \qquad (3.3.11)$$

为了能够适应现代 CFD 计算的大规模并行需求，需要建立流场当地变量和非当地变量之间的关联，从而实现非当地变量的当地化求解。而边界层相似性解为解决该问题提供了很多途径，因此首先要精确求解边界层的相似性解[154]。

当边界层方程具有相似性解时，用合适的量对边界层内流速分布 $u(x, y)$ 无量纲化之后，任意 x 位置处流速分布图形 $u(x, y)/U(x) = F(\eta)$ 均相同。

在实际预测不可压缩流的二维边界层转捩方面，基于线性稳定性理论分析结果的 e^N 方法得到了广泛运用。e^N 方法假定转捩发生在通过半经验性确定的 N 值，即当最不稳定的扰动增长至 e^N 倍时，通过积分可得到扰动增长前后的变化率：

$$\ln A - \ln A_0 = \ln \frac{A}{A_0} = \int_{x_0}^x \alpha_i \mathrm{d}x \qquad (3.3.12)$$

其中，x_0 为扰动开始增长的起始位置，其初始幅值为 A_0，扰动累计增长 N 值定义为

$$N = \ln \frac{A}{A_0} \qquad (3.3.13)$$

因而扰动增长的变化倍数为 N。图 3.3.5 中给出了对于给定频率的扰动增长 N 值的典型曲线，所有 N 值曲线的包络线即为每个流向位置 x 处的最大 N 值。

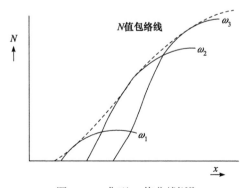

图 3.3.5　典型 N 值曲线[155]

对于真实情况下的来流条件，转捩判据 N 值与自由来流扰动的频谱特性相关，目前 N 值预测转捩是根据风洞试验或飞行试验得出的，因此该方法现在称为半经验的转捩预测 e^N 方法。判断转捩位置的 N 值被作为评估风洞来流质量和真实飞行环境水平的指标。据此，大量的风洞试验和飞行试验可以得出经验性转捩判据[155]。

3. 气动设计中的转捩问题

在高超声速飞行条件下，湍流的摩擦系数和传热系数要远大于层流的相关系数，边界层的转捩位置直接关系到飞行器的摩擦阻力、热交换及流动分离位置等。若能准确预测出转捩位置并延迟转捩发生，则可以有效地改进飞行器性能，提高其升阻比，降低燃料消耗，并有利于进行热防护设计。因此，对于大气层中长距离飞行的高超声速飞行器的研制来说，边界层转捩预测方法是至关重要的，也得到了航空航天部门的高度重视[152]。

层流设计是转捩问题在气动设计中的集中体现，而对转捩的准确模拟则是层流设计的基本前提。高超声速边界层转捩研究伴随高超声速的概念自 20 世纪 50 年代就已经开始，并且取得了一系列研究成果。关于这些研究成果，国内外有不少文献进行了综述。周恒等[156]在其专著中详细介绍了转捩问题起源、转捩机理、转捩预测 e^N 方法、抛物化稳定性方程及应用、感受性问题等。周恒[157]还分析了国外流行的转捩预测方法及湍流计算模型中存在的问题，介绍了一些改进方法。罗纪生[153]在其综述中描述了边界层转捩的基本过程，介绍了可压缩边界层不同于不可压缩边界层的失稳特征、转捩机理与感受性特征，以及高超声速三维边界层中预测转捩的常用方法，并着重介绍了可用于工程实际的 e^N 方法以及对 e^N 方法的改进，同时列举了在高超声速三维边界层应用 e^N 方法预测转捩的多个实例，最后分析并总结了高超声速边界层转捩预测所存在的困难及需要解决的问题。

随着飞机气动特性计算和气动设计的迅速发展，要求 CFD 方法具有更高的气动力预测精度，迫切需要将成熟的转捩预测方法应用到 CFD 数值模拟中。Dhawan 和 Narasimha 在 1958 年首先引入基于间歇因子 γ 的转捩预测方法[158]，之后大量学者对该类方法进行了完善和进一步发展，例如，Cho 和 Chung 针对自由剪切流发展了与 k-ε 湍流模型联合使用的间歇因子输运方程方法[159]；Steelant 和 Dick 发展了与 RANS 方程联合使用的间歇因子输运方程方法[160]；Suzen 和 Huang 将前两者模型相结合发展了间歇因子的对流-扩散方程[161]。但是这些间歇因子方法都需要对动量厚度进行计算，难以与现代 CFD 方法相匹配。Langtry 和 Menter 在 2005 年提出了一种基于 SST k-ω 湍流模型的 γ-$Re\theta t$ 转捩模型[162]，并很快在二维流场数值模拟中得到实际应用。经过后续学者的改进发展，该模型对于二维和三维流动转捩判断的精度不断提高，基本满足工程实用的要求，并集成在各大主流商用 CFD 软件中，成为目前转捩预测的主流方法。实践表明，该模型对于低速至跨声速范围内流动转捩的模拟结果比较理想[163]。

层流机翼作为最具减阻潜力的技术之一，吸引着飞行器设计人员的广泛关注。Khalid 和 Jones[164]设计了可用于雷诺数超过 10^7 的不同厚度的高速层流翼型；同期，西北工业大学将超临界翼型和层流翼型的设计思想相结合，设计了 NPU 系列翼型并开展了风洞试验研究[165]。孙刚课题组对自然层流短舱进行气动设计，与传统短舱相比，实现设计短舱层流区域增加 20%~30%；同时，以短舱面积作为参考面积，其阻力减小 2.5 个阻力单位，优化后的机身-机翼-吊挂-短舱模型如图 3.3.6 所示。作为国家大中型飞机研发机构，中国航空工业集团公司第一飞机设计研究院(一飞院)着力于发展中国运输机体系研究中的机翼设计技术，通过开展民用飞机层流机翼设计研究，基本具备民用飞机自然层流翼型/机翼设计和自然层流短舱设计的能力，为中国民用飞机层流机翼设计提供技术支撑[166-169]。

图 3.3.6　优化的机身-机翼-吊挂-短舱模型

3.3.4　激波边界层干扰

1. 激波边界层干扰的定义

激波边界层干扰(shock wave boundary layer interaction, SWBLI)现象，即边界层通过分离或者变厚，匹配激波所引起的逆压梯度的过程，普遍存在于高超声速进气道内外流场中[170, 171]。这一干扰现象本质上是底部黏性流与外部无黏流相互作用的结果，因而干扰流场结构极其复杂。

根据干扰流场结构的不同，主要可将其分为三类：由斜激波入射引起的分离现象[167]、由压缩拐角引起的分离现象[172, 173]和由正激波引起的分离现象[174]。在高超声速进气道流场中，最为常见的是由斜激波入射引起的边界层分离现象。

2. 激波边界层干扰的基本理论

系统的激波边界层干扰研究始于 20 世纪 50 年代，早期大量的实验及理论分析对激波边界层干扰流场时均结构有了一定的认识，并逐步揭示出激波边界层干扰问题的内在复杂性。这一阶段的研究中基于壁面流谱显示、纹影观测以及压力测量数据等得出了一系列经验、半经验理论和公式，对某些流场形态特征给出了初步的理论分析[175-178]。

通常认为激波边界层干扰流场的干扰区长度 L 取决于多种因素，包括来流马赫数 Ma、雷诺数 Re、边界层状态(层流/湍流流态、各种积分尺度、壁面温度 T_w / T_{aw} 等)、气流转折角 φ、波系结构前后整体压力阶跃 ΔP (可由 Ma 和 φ 给定)、流场几何形态(包括反射式和压缩拐角)等，也即

$$L = F_1 \left(Ma, Re, \varphi, T_w / T_{aw}, \text{Geometry}, \cdots \right) \tag{3.3.14}$$

20 世纪 50 年代，Chapman 等[179]基于对在层流、转捩流动以及湍流激波边界层干扰问题的大量研究提出了自由干扰理论。该理论认为，当整体压力跃升足以保证较大尺度的流动分离时，从干扰区起点至分离点附近的流动状态将仅取决于当地边界层与其毗邻区(外层无黏流)之间的耦合效应，而与其下游更深层次的相互作用细节(包括壁面几何结构、干扰模式及分离强度)无关[180]，因而将该区域称为自由干扰区。这意味着下游强逆压梯度仅起到激波边界层干扰的触发及维持作用，具体的边界层变形及分离激波的产生等则由来流边界层自身与其上层主流特性之间的动量平衡来决定[181]。自由干扰模型的出发点为边界层动量积分及外部压缩波系与边界层内部流管变化之间的耦合。一方面，基于边界层流向动量输运方程，从干扰起始点开始对近壁压力梯度 $\mathrm{d}p / \mathrm{d}x = (\partial \tau / \partial y)_\omega$ 进行流向积分可得壁面压力分布：

$$\frac{p(x) - p(x_0)}{q_0} = C_{f_0} \frac{L}{\delta^*} f_1(x) \tag{3.3.15}$$

式中，下标"0"代表干扰起始点；q_0 是来流动压；$C_{f_0} = \tau_{\omega_0} / q_0$ 是壁面摩阻系数，τ_{ω_0} 是分离点上游壁面切应力；δ^* 是边界层位移厚度；L 是干扰区长度；$f_1(x) = \int_{\bar{x}_0}^{\bar{x}} (\partial \tau / \partial y)_\omega \, \mathrm{d}x$ 是关于壁面摩阻变化的无量纲自相似函数。

另一方面，从线化的超声速无黏流理论出发，基于简单波引起的超声速气流转向可得到边界层毗邻区(无黏流)压力变化与边界层位移厚度增长率之间的对应关系，再经流向积分可得壁面压力分布关系式：

$$\frac{p(x) - p(x_0)}{q_0} = \frac{2}{\sqrt{M_0^2 - 1}} \frac{\delta^*}{L} f_2(x) \tag{3.3.16}$$

其中，$f_2(x) = \mathrm{d}\delta^* / \mathrm{d}x$ 为关于位移厚度变化率的无量纲自相似函数。

综合考虑以上两方面的关系式可得自由干扰压力分布：

$$\frac{p(x)-p(x_0)}{q_0} = F(x)\sqrt{2C_{f_0}/\left(M_0^2-1\right)^{1/2}} \qquad (3.3.17)$$

其中，$F(x)=\sqrt{f_1(x)f_2(x)}$ 为无量纲相似函数，其反映了干扰起始点到分离点的压力跃升过程，不随雷诺数及具体干扰模式而改变。式(3.3.17)同时表明，自由干扰区压力分布与其上游壁面摩阻存在直接关系。

另外，基于上述分析还可得出干扰起始点与分离点之间的流向距离 $L = x_s - x_0$ 的估计式：

$$L \propto \delta^* / \sqrt{C_{f_0}\left(M_0^2-1\right)^{1/2}} \qquad (3.3.18)$$

式(3.3.18)表明，分离点的压力上升及干扰区第一部分的跨度仅取决于分离起始点附近的压力上升，而与下游状态特别是激波的强度无关。

3. 气动设计中的激波边界层干扰现象

激波边界层干扰现象广泛存在于跨声速、超声速及高超声速飞行器内/外流场中，对飞行器推进系统及整体性能有着至关重要的影响[181]。通常条件下激波边界层干扰可导致壁湍流脉动及黏性耗散的急剧增强，进而使得机翼表面或发动机内流道摩阻迅速增加。激波作用下的边界层变形、增厚所带来的位移效应可显著改变超声速流道等效截面和壁面形状，从而对主流产生显著影响。伴随强干扰的大尺度非定常分离流动[182]可导致高速飞行器表面气动力和气动热载荷的迅速变化，造成跨声速机翼颤抖/疲劳、超声速进气道喘振及火箭发动机喷管侧向压力分布异常等问题[176, 180, 183]。

由于跨声速流场中可以存在超声速流，激波边界层干扰也可能出现在跨声速流场中。王一兵等[184]研究了跨声速翼型开孔壁的减阻效果，通过计算边界层与位流相互作用的模型研究开孔壁对激波强度及结构的影响和对边界层控制的效果，结果表明，开孔翼型的减阻效果在大马赫数时才能够表现出来。

在超声速及高超声速进气道设计中，通常期望能以较小的总压损失实现对来流的有效压缩，并保证进气道具有可靠的气动性能。然而在实际工作状态下，激波边界层干扰问题所引发的流动分离通常使得进气道偏离设计工况，从而导致进气道性能显著下降甚至无法启动[185-189]。来流湍流度及雷诺数的差异可能导致地面实验与高空飞行状态下出现激波/边界层干扰后的流场结构存在较大差异[176]。层流边界层与湍流边界层抗逆压能力的显著差异使得流场结构对其上游来流边界层状态(层流、湍流或转捩流动)极为敏感，相同激波强度下层流边界层分离区尺度可达湍流边界层的数倍。因而进气道设计中应首先考虑边界层转捩及其控制问题，以确保流场上游边界层呈湍流状态[190]。

　　激波边界层干扰是跨声速、超声速和高超声速空气动力学领域的一个基础性问题。自 20 世纪 50 年代起,科学家们逐渐意识到激波边界层干扰对于飞行器性能的影响,包括激波产生的波阻、流动分离引起的阻力增加、低频压力脉动载荷、热负荷等。随之便有了跨越几十年的激波边界层干扰研究工作,产生了无数文献。时至今日,针对激波边界层干扰已经有了非常完整的实验测量手段和数值模拟技术。MacCormack[191]最早开展数值模拟研究,模拟获得了压缩拐角引起的层流/湍流分离流场。Beam 和 Warming[192]采用有限差分法模拟得到贴近于实际的结果,这也表明激波边界层干扰现象的模拟逐渐走向成熟。Viegas 和 Horstman[193]采用多种湍流模型对激波/湍流边界层干扰进行了模拟,结果表明各湍流模型对壁面压力分布的预测较为准确,但对壁面摩擦力的预测有很大的差距。Krishnan 等[188]利用大涡模拟(LES)对超燃冲压发动机进气道内部的激波/边界层干扰现象进行了数值研究,探究了位于压缩面拐角处的激波/边界层干扰对壁面边界层转捩的影响,如图 3.3.7 所示。

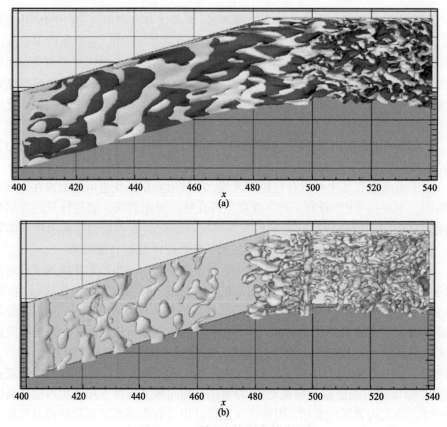

图 3.3.7　压缩面拐角处涡结构[194]

国内进展方面，蔡巧言和谭慧俊[194]采用 CFD 方法研究了高超声速道前体边界层状态对进气道的波系结构、激波/边界层干扰特性及流量捕获能力、总压恢复系数的影响，并分析了采用二维粗糙体作为强制转捩措施时给流场带来的干扰。王革等[195]研究了不同反压下的超燃冲压发动机进气道激波/边界层干扰情况，指出为了协调尾部气流稳定性和总压损失间的矛盾，需要合理地调节隔离段的反压，该结论有利于更好地对进气道的工作进行控制。陈逖[196]以数值仿真为主要手段，并辅以纹影等实验观测手段，对适用于高超声速进气道激波边界层干扰的混合 LES/RANS 方法进行了论证，研究了二维不起动进气道流场的高/低频非定常特性。王博[197]结合了实验和数值方法，实现了可压缩湍流直接数值模拟与大涡模拟的方法，对超声速湍流边界层及激波/边界层干扰流场的组织结构和动态特征进行了研究。

3.4 试 验 验 证

流场是流体运动状态重要的表征，对流场进行精确全面的测量，能够有效地帮助我们理解湍流、涡流等复杂流动的问题。而在工程中，也迫切地要求掌握流场的状态，因此流场的测试技术就显得极为重要，甚至可以说，流体力学中许多疑难问题的突破都依赖于流场试验技术的发展。

试验方法总体上包括流动显示和流动测量。流动显示实验的主要任务是使流体流动过程可视化，而流动测量主要是获取流体流动过程定量化信息。通过各种流动显示与测量实验，可以使人们了解复杂流动现象，探索物理机制和运动规律，为建立新概念和数学模型提供科学依据。

流动显示与测量技术本身也是解决实际工程问题的主要手段。可以说，在流体力学发展过程中每一次理论上的突破及工程中的应用，几乎都是从对流动现象的观察开始的。如 1880 年的雷诺转捩实验，1888 年的马赫激波现象试验，1904 年普朗特提出的边界层概念，1912 年冯卡门对圆柱体绕流涡街的分析等，无一不是以流动显示和测量的结果为基础。而对流动现象的深入分析又是建立和验证新概念、发现新规律的关键。

3.4.1 总体性能验证方法

在流体力学实验中，一般采用动量法测量机翼的阻力。同时，动量法测翼型阻力的飞行试验可在多种试验机上进行，如战斗机、滑翔机、支线运输机等均可作为试验飞机。美国就曾在 F-8 超临界翼试验机[198]、TG-3 滑翔机[199]、T-6 滑翔机[200]、DHC-6 "双水獭" 支线运输机[201]等飞机上进行过翼型阻力测量的飞行试验。

在飞行试验中应用动量法进行翼型阻力测量主要有以下几个步骤：①尾流探头或尾流耙的设计与制造；②尾流探头或尾流耙的校准试验；③测试设备的安装与固定；④飞行试验并进行数据采集；⑤数据处理与分析[202]。

在上述试验中，必须对翼型尾流内的总压和静压进行测量。尾流内总压和静压的测量设备主要有尾流探头和尾流耙两类。尾流探头一般由总静压管、支撑管、固定装置、驱动电机、位置指示器及压力传感器等组成；通常安装在机翼的后缘，并通过固定装置使其固定，其在飞机上的典型安装方式可见图 3.4.1。对于尾流耙，其尺寸应根据具体的试验情况而确定，排管的高度应以能捕获整个翼型尾迹为原则；尾流耙一般通过悬臂梁连接到机身上，典型的安装方式可见图 3.4.2[202]。

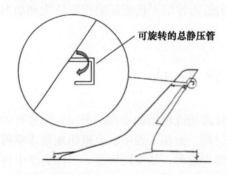

图 3.4.1　尾流探头在 F-8 后掠翼上的安装[202]　　　图 3.4.2　尾流耙安装示意图[202]

两种测试设备各有特点。尾流耙的测试精度较高，但结构复杂，改装困难，一般不适于在高速飞行时进行测量；尾流探头的测试精度稍低于尾流耙，但其结构简单，改装方便，低速和高速时都可使用，在飞行试验中应用较广。

3.4.2　典型流动现象验证

本小节将介绍压力分布、转捩、湍流的试验验证方式。

压力分布的验证方式通常是通过测压试验，即采用压力传感器采集模型表面压力的试验。对于静态试验，往往是在模型上布置静态测压孔，使用压力扫描阀对模型表面压力进行测量；对于动态试验，是将脉动压力传感器埋设在模型表面对模型表面的非定常压力信号进行采集。

边界层转捩是边界层内流动由层流状态发展为湍流状态的过程，是一种复杂的流动物理现象，可通过转捩红外测量技术对模型整体转捩信息进行测量，这种技术具有安装简单、操作方便、实时测量、大面域整体测量等优点，适合动态转捩风洞试验[203, 204]。

在湍流验证方面，主要的实验方法有：①流动观察；②湍流测量。

流动观察是直接获得湍流的各种流动图案和大尺度涡旋的形成、发展和衰变过程的直观方法。通常观察气流可以用纹影法和干涉法光学技术(见风洞测试仪器)，也可以用烟迹法；观察液体可以用染色法和氢气泡技术。近年来又发展了激光干涉与全息等技术。虽然流动观察是古老而又简单的实验技术，但在湍流结构上的不少重要发现主要是用此方法得到的。例如，二维混合层流动中的布朗-罗什科大尺度涡旋结构及其合并过程，如图 3.4.3 所示[205]，就是从实验上首先观察到的。湍流测量试验是在可控的实验条件下，利用各种测试仪器和数据处理系统，测量湍流的特征参量或显示流场。湍流实验不仅可以直接取得有用的技术数据，而且是认识湍流结构，发展湍流新概念新模式的手段[206-208]。

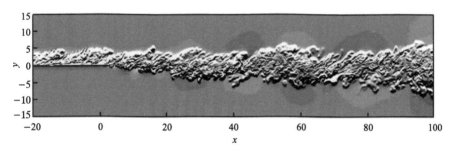

图 3.4.3　布朗-罗什科大尺度涡旋结构[205]

在层流短舱减阻特性的风洞试验方面，复旦大学孙刚团队利用红外热像和测力天平对短舱外表面转捩位置以及阻力特性进行测试。试验针对两套短舱模型（图 3.4.4）进行，分别为一套待优化的基准短舱（用于验证减阻涂层以及提供优化前基准性能参考）以及一套层流化设计短舱[209]。

(a)　　　　　　　　　　　　　　　(b)

图 3.4.4　试验模型照片[209]

层流与湍流边界层的对流换热系数不同，当模型表面与气流之间存在温度差时，模型表面层流区与湍流区的温度存在差别。对于可压缩流动，还存在温度恢复系数分布的问题，湍流区的恢复温度将大于层流区的恢复温度。本试验中利用两台 FLIR A655sc 型红外相机进行模型表面温度监测，利用边界层转捩前后温差判断转捩位置。在 FL-3 风洞进行试验时，吹风前利用卤素灯对模型进行烘烤加热，提高模型表面初始温度，由于吹风时气流是冷的，与模型间存在温差，利用此温差可进行转捩探测。翼型测力使用了六分量测力天平，天平型号为 15-N6-32G。图 3.4.5 为层流短舱的试验结果，由图中可发现，层流短舱的侧下外表面转捩位置相对于基准短舱大幅后移，但上表面无延迟。

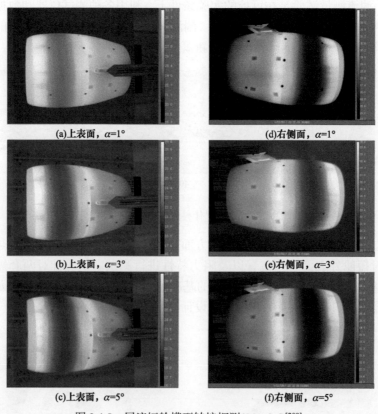

(a)上表面，$\alpha=1°$　　　　　　(d)右侧面，$\alpha=1°$

(b)上表面，$\alpha=3°$　　　　　　(e)右侧面，$\alpha=3°$

(c)上表面，$\alpha=5°$　　　　　　(f)右侧面，$\alpha=5°$

图 3.4.5　层流短舱模型转捩探测($Ma=0.6$)[209]

3.5　本章习题

1. 计算流体力学计算流程分为哪几个阶段？各阶段的任务有哪些？

2. 网格按照单元拓扑规则可以分为哪几类？各有什么特点？

3. 结构网格和非结构网格常用的网格生成方法有哪些？各有什么特点？

4. 除结构网格和非结构网格之外还有哪些特殊的网格技术？各有什么特点和应用范围？

5. 请简要说明描述网格质量的指标有哪些。在实际应用中，如何判断网格质量的好坏？

6. 描述计算流体力学的三种主要方法雷诺平均纳维-斯托克斯(RANS)、大涡模拟(LES)、直接数值模拟(DNS)的基本物理假设和在解决湍流问题上的优缺点，以及如何采用这些方法解决流动科学和流体工程问题。

7. 推导 RANS 方程，并写出湍流应力的独立分量。

8. 常用的湍流模型有哪些？各有什么适用范围？

9. 流场描述方法有哪些？各有什么特点？

10. 计算流体力学常用的数值计算方法有哪些？各有什么特点？

11. 证明：

$$\nabla(\varphi\psi) = \psi\nabla\varphi + \varphi\nabla\psi$$
$$\nabla\cdot(\varphi v) = \varphi\nabla\cdot v + v\cdot\nabla\varphi$$
$$\nabla\cdot(u\times v) = v\cdot\nabla\times u - u\cdot\nabla\times v$$
$$\nabla\times(\varphi u) = \varphi\nabla\times u + \nabla\varphi\times u$$
$$\nabla\times\nabla\varphi = 0$$
$$\nabla\cdot(\nabla\times u) = 0$$
$$\nabla\cdot\nabla\varphi = \Delta\varphi$$

12. 已知方程 $\dfrac{\partial u}{\partial t} + x^2\dfrac{\partial u}{\partial x} = 0$，利用网格点 $\left(x_j, t_n\right)$，$\left(x_j, t_{n+1}\right)$ 和 $\left(x_{j-1}, t_{n+1}\right)$ 构造差分格式，并分析其精度和稳定性。

13. 利用泰勒展开法构造等距网络上的一阶偏导数的四阶精度中心差分格式(提示：以 i 为中心节点，利用 $i-2$，$i-1$，$i+1$，$i+2$ 点的展开式)。

14. 设 $x_{j+1} - x_j = h_j$，$x_j - x_{j-1} = h_{j-1}$，$h_j \neq h_{j-1}$，利用 $\left(x_{j-1}, x_j, x_{j+1}\right)$ 构造具有 2 阶精度的逼近于 $\dfrac{\partial u}{\partial x}$ 的差分逼近式。

15. 用 4 阶 Runge-Kutta 方法求解 $y' = t^2 y$ 初值问题，初始条件是 $y(0) = 1$，取步长 $h = 1/4$，计算区间 $[0, 1]$ 上的近似解。

16. 简单描述工程中所遇到的湍流基本特点和物理特性，并考虑什么是流动失稳，描述其过程及基本现象。

17. 什么是流动分离现象？

18. 湍流与层流有何不同？试讨论由层流转变为湍流的过程。

19. 根据求解涡黏性系数所需微分方程的个数，可以将涡黏性模型分为哪几类？请简要说明常用的几种湍流模型及其特点。

20. 边界层内支配流体流动的力主要有哪几种？在流动分离发生前后它们的关系会发生何种变化？

21. 说明如何定义位移厚度和动量厚度，并简要阐述其物理意义。

22. 在一个层流边界层内，速度 u 与距壁面距离 y 具有如下关系：

$$\begin{cases} u(y) = 0, & y = 0 \\ u(y) = V_\infty, & y = \delta \\ u(y) = CV_\infty y / \sqrt{x}, & 0 < y < \delta \end{cases}$$

其中，C 为常数。证明：最简单的 y 方向速度分量为 $v = uy/4x$。

23. 在一个层流边界层中，x 方向速度分量为 $u = V_\infty y/\delta$，当 $y \geqslant \delta$ 时，$u = V_\infty$，求：边界层的位移厚度、动量厚度和摩擦阻力系数。

24. 考虑一个长 4m 的平板，$Re_l = 10^6$，计算平板后缘处的全层流和全湍流边界层厚度。

25. 转捩可以分为哪几类? 各有什么特点?

26. 请简要说明流场试验中常用的试验方法有哪些，各有什么特点。

第 4 章　空气动力学设计基础 Ⅲ：
设计理论、方法与策略

优化方法是空气动力学设计的重要组成部分。在完成了对设计对象的几何建模和设计目标的机理分析后，我们需要建立合适的优化设计模型并选用合适的优化方法对设计对象进行优化设计。本章我们会首先在 4.1 节介绍优化设计的初步理论，包括介绍优化设计四要素的前三项——设计变量、目标函数和设计约束；简述优化问题的分类；简要介绍其他会用到的基础数学知识。然后我们会在 4.2 节和 4.3 节分别详细介绍正设计方法和反设计方法，使得大家对空气动力学设计中最常见的两种设计方法，即正设计和反设计方法拥有初步的认识。4.4 节将介绍现代空气动力学设计中更加常用的基于人工智能的寻优算法和代理模型。4.5 节将对设计策略作详细的介绍，使大家了解几种常见的设计策略，并给出设计策略的应用实例。

4.1　优化设计理论基础

空气动力学设计，是指合理确定各种参数，例如机翼的形状、巡航马赫数、迎角等，以期达到最佳的设计目标，例如，升力系数或升阻比尽可能大、层流区域尽可能大等。优化设计(optimal design)，是指在规定的设计限制条件下，优选一组设计参数，使设计对象的某项或某几项设计指标获得最优值。优化设计是设计方法上的一项很大的变革，它使许多较为复杂的问题得到了更完善的解决，并且，它可以提高设计效率，缩短设计周期，还可以为设计人员提供大量的设计分析数据，有助于考察设计结果，从而可以提高工业产品的设计水平，获得显著的经济效益。

设计拥有四大要素，分别是：设计变量、目标函数、设计约束和优化算法。本节将介绍前三大要素，使得大家对设计拥有初步的认识。同时，本节将介绍一些必要的基础数学知识。有关优化算法的介绍将在本章后续节进行。

4.1.1　设计要素

优化设计的数学模型的标准形式为

$$\begin{cases} \min f(X), \quad X \in \mathbb{R}^n \\ \text{s.t. } g_u(X) \leqslant 0, \quad u = 1, 2, \cdots, m \\ h_v(X) = 0, \quad v = 1, 2, \cdots, p \end{cases} \tag{4.1.1}$$

或者更简单地写成

$$\min f(X), \quad X \in D \tag{4.1.2}$$

其中，$X = \begin{bmatrix} x_1 & x_2 & \cdots & x_n \end{bmatrix}^{\mathrm{T}}$ 为设计变量；$f : \mathbb{R}^n \to \mathbb{R}$ 是目标函数；D 是由设计约束组成的可行域。

如果求的是最大值问题，只需要将目标函数写成 $-f(X)$ 即可。同样地，如果不等式约束条件的不等号是 $\geqslant 0$，只需要将不等式两端同时乘以 -1 即可得到上述的标准形式。

1. 设计变量

设计变量的定义是在如巡航马赫数、迎角等设计状态下，对设计性能指标优劣有影响的参数，例如翼型参数、机翼参数等。

设计变量一般用 $X = \begin{bmatrix} x_1 & x_2 & \cdots & x_n \end{bmatrix}^{\mathrm{T}}$ 表示。其中，x_i 是 n 维向量 X 的第 i 个分量，且每一分量之间需要相互独立。n 个设计变量所构成的实数空间称为 n 维欧几里得空间，用 $\mathbb{R}^n$ 表示。每一组设计变量表示了一组设计方案，它同时与表示设计变量的向量的端点相对应，称为设计点。设计点的集合构成了设计空间。

2. 目标函数

目标函数是设计变量的函数，是设计方案的评价标准，记作 $f(X) = f(x_1, x_2, \cdots, x_n)$。优化设计的目标即为寻求一个最优设计方案，即最优点 X^*，从而使目标函数达到最优值 $f(X^*)$。在优化设计问题中，我们一般取目标函数的最小值为最优，即 $f(X^*) = \min f(X), X \in \mathbb{R}^n$。确立目标函数是优化设计中最重要的决策之一。

在二维设计空间内，目标函数值相等的点的连线构成了等值线；在三维设计空间内则构成等值面。

3. 设计约束

在优化设计中，对设计变量选取的限制条件称为设计约束。设计约束可以分为不等式约束和等式约束，分别可以用数学表达式 $g_u(x_1, x_2, \cdots, x_n) \leqslant 0 (u = 1, 2, \cdots, m)$

与 $h_v(x_1, x_2, \cdots, x_n) = 0 (v = 1, 2, \cdots, p)$ 表示。另一方面，设计约束还可以按照性质分为边界约束和性能约束。边界约束指规定设计变量的取值范围，即取值许可范围的上、下限。性能约束指对设计对象的某种设计性能或指标提出的约束条件。例如，对零件的工作应力、变形的限制，对运动学参数的限制等。

设计约束的几何意义是它将设计空间一分为二，形成了可行域与非可行域。将所有等式与不等式约束的边界组成一个复合约束边界，边界内的区域是设计空间中满足所有约束条件的部分，在该区域内选择的设计变量是允许采用的，称该区域为可行设计域，简称可行域，记为

$$D = \{ X \mid g_u(X) \leqslant 0, \quad u = 1, 2, \cdots, m; \quad h_v(X) = 0, \quad v = 1, 2, \cdots, p \} \qquad (4.1.3)$$

可行域以外的设计空间称为非可行设计区域，简称非可行域。

可行域内的任一设计点都代表了一种允许采用的设计方案，这样的设计点称为可行点，或内点，或称可行设计方案。对于处于不等式约束边界上的设计点，它们是可行点，同时也是约束所允许的极限设计方案，又称边界设计点或极限设计点。而在可行域以外的点，是不允许采用的非可行设计方案，称为非可行点或外点。

4.1.2 优化设计问题的分类[210]

1. 连续和离散优化问题

设计变量可以因连续或离散分为连续设计变量或离散设计变量。若设计变量是有界连续变化型量，则称其为连续设计变量。若设计变量是离散型量，则称其为离散设计变量。在连续优化问题中，基于设计空间以及目标函数和约束的连续性，我们可以从一个点处目标和约束函数的取值来估计该点可行邻域内的取值情况。进一步地，可以根据邻域内的取值信息来判断该点是否最优。离散优化问题则不具备这个性质，由于设计变量是在离散集合上取值，所以在实际问题中往往比连续优化问题更难以求解。因此连续优化问题的求解在优化设计中扮演着重要的角色。而对于离散优化问题，离散设计变量在优化设计过程中常是先被视为连续量，在求得连续量的优化结果后再进行圆整或标准化。

2. 单目标和多目标优化问题

目标函数可以作为优化问题的一个分类标准。若一个优化问题可以用一个目标函数来衡量，则称为单目标优化问题。若需要用多个目标函数来衡量，则称为多目标优化问题。

对于多目标优化问题，我们可以将优化设计的数学模型写成如下形式：

$$\begin{cases} \min\left[f_1(X), f_2(X), \cdots, f_N(X)\right], \quad X \in \mathbb{R}^n \\ \text{w.r.t. } x_{\min} \leqslant x \leqslant x_{\max} \\ \text{s.t. } g_u(X) \leqslant 0, \quad u = 1, 2, \cdots, m \\ h_v(X) = 0, \quad v = 1, 2, \cdots, p \end{cases} \tag{4.1.4}$$

其中，$f_1(X), f_2(X), \cdots, f_N(X)$ 为 N 个目标函数，也可称它们为子目标。

多目标优化问题中不同的子目标之间往往是互相竞争或者相互矛盾的。对于这些互相矛盾的子目标，一个子目标的改善可能会引起另一个或者另几个子目标的性能降低，也就是说，要同时使多个子目标一起达到最优值是几乎不可能的，而只能在它们中间进行折中处理，使得各个子目标都尽可能达到最优。因此，我们引出帕累托(Pareto)最优解的概念。

对于多目标问题的一个可行解 X^*，若不存在其他可行解 X，使得 $f_i(X) \leqslant f_i(X^*), \forall i = 1, 2, \cdots, N$ 成立，且其中至少有一个不等式严格成立，则称 X^* 为多目标优化问题的 Pareto 最优解，又称为 Pareto 解、非劣最优解。Pareto 解并不是唯一的，它们构成了多目标优化问题的最优解集合，称为 Pareto 解集。例如，假设某一优化问题存在两个目标函数，且均为二次项系数为正数的二次函数，记这两个二次函数的最小值点分别为 x_1, x_2，并假设 $x_1 < x_2$，则对任意 $x \in [x_1, x_2]$，x 均为该优化问题的 Pareto 解，$[x_1, x_2]$ 为该优化问题的 Pareto 解集。

空气动力学设计的很多实际问题事实上都是多目标优化问题。因此，很多时候我们需要根据实际问题对 Pareto 解集的解进行选择、取舍。

3. 无约束和约束优化问题

若 $m = 0, p = 0$，则说明该优化问题不受任何约束，我们称此类优化问题为无约束优化问题。对于无约束优化问题，可行域 $D = \mathbb{R}^n$。若可行域是 $\mathbb{R}^n$ 的真子集，则称此优化问题为约束优化问题。

4. 线性和非线性优化问题

若目标函数和约束函数都是线性的，则称优化问题是线性优化问题。若目标函数或约束函数中至少有一个是非线性的，则称优化问题是非线性优化问题。线性优化问题在约束优化问题中具有较简单的形式。类似于连续函数可以用分片线性函数来逼近一样，线性优化问题的理论分析和数值求解可以为非线性优化问题提供很好的借鉴和基础。

5. 凸和非凸优化问题

若目标函数(必须写成最小值问题形式)[①]和可行域分别是凸函数和凸集,则称优化问题是凸优化问题。若其中有一个或两者都非凸,则称优化问题是非凸优化问题。

对 $\mathbb{R}^n$ 中的两个点 $x_1 \neq x_2$,形如 $y = \theta x_1 + (1-\theta)x_2$ 的点形成了过点 x_1 和 x_2 的直线。当 $0 \leqslant \theta \leqslant 1$ 时,这样的点形成了连接点 x_1 和 x_2 的线段。若连接集合 D 中任意两点的线段都在 D 内,则称 D 为凸集,即

$$x_1, x_2 \in D \Rightarrow \theta x_1 + (1-\theta)x_2 \in D, \quad \forall 0 \leqslant \theta \leqslant 1 \tag{4.1.5}$$

常见的凸集有超平面、半空间、球、椭球、锥、多面体等(均为 n 维欧几里得空间里的)。关于这些几何体更为详尽的定义请参考文献[1]。

设 D 为 $\mathbb{R}^n$ 的一个凸子集, $f : D \to \mathbb{R}$ 为实值函数。称 f 为凸函数,对 $0 \leqslant \theta \leqslant 1$ 以及任意的 $x_1, x_2 \in D$,满足

$$f\left[\theta x_1 + (1-\theta)x_2\right] \leqslant \theta f(x_1) + (1-\theta)f(x_2) \tag{4.1.6}$$

凸优化问题的任何局部最优解都是全局最优解,因此有关凸优化问题的算法设计以及理论分析等相对于非凸优化问题更加简单。

6. 优化设计问题分类对空气动力学的指导意义

空气动力学设计的绝大多数优化问题都是连续的、有约束的、非线性的。罚函数机制可以帮助我们将约束优化问题转化为无约束优化问题。设计目标可能是单目标的,例如增大层流区的面积,也可能是多目标的,例如希望在提高升力系数的同时也能提高升阻比。我们希望优化问题尽可能是凸的,这样能更加方便我们找到全局极值。但是,对于空气动力学设计问题,由于其高度的非线性性,这种证明一般是困难的。因此,我们一般是将空气动力学设计问题视作非凸的。在4.5 节中,我们将会介绍一种鲁棒设计策略,这是一种将确定优化问题转化为随机优化问题的实例,提升了设计的鲁棒性。

4.1.3 最值和极值的概念[210]

我们记全局最小解(点)或称(全局)最优解为 $X^* = \begin{bmatrix} x_1^* & x_2^* & \dots & x_n^* \end{bmatrix}^{\mathrm{T}}$,也可称其为最优设计方案,它的定义是满足对任意 $X \in D$ 都有 $f(X^*) \leqslant f(X)$ 的 X^* 。

---

① 若将优化设计的数学模型的标准形式中的 min 改为 max,且目标函数和可行域分别为凹函数和凸集,则此时该优化问题也称为凸优化问题。这是因为对凹函数求极大值等价于对其相反数(凸函数)求极小值。

若存在 $\bar{X}$ 的一个 ϵ 邻域 $N_\epsilon\left(\bar{X}\right)$，使得 $f\left(\bar{X}\right) \leqslant f(X), \forall X \in N_\epsilon\left(\bar{X}\right) \bigcap D$，则称 $\bar{X}$ 为局部极小解(点)或局部最优点(解)。

进一步地，若 $f\left(\bar{X}\right) \leqslant f(X), \forall X \in N_\epsilon\left(\bar{X}\right) \bigcap D, X \neq \bar{X}$ 成立，则称 $\bar{X}$ 为严格局部极小解(点)。若一个点是局部极小解，但不是严格局部极小解，则称其为非严格局部极小解。图 4.1.1 给出了一个简单的函数的全局和局部极大(小)解。

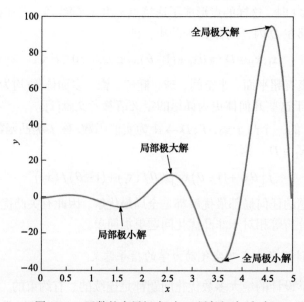

图 4.1.1　函数的全局极大(小)、局部极大(小)解

对于优化设计问题，我们期望得到的是全局最优解。但是有些时候由于实际问题的复杂性，我们可能只能得到其局部最优解。

4.1.4　收敛的概念[210]

对于一个优化问题，如果我们能用代数表达式给出其最优解，那么这个解称为显式解。能得到显式解的问题往往比较简单，比如二次函数在有界区间上的极小值问题。但是对于实际问题来说，显式解往往是很难求出的，我们更常使用的方法是迭代算法。

迭代算法的基本思想是：从一个初始点 X^0 出发，按照某种给定的规则进行迭代，得到一个序列 $\left\{X^k\right\}$。若迭代能在有限步以内终止，那么希望最后一个点就是优化问题的解；若迭代点列是无穷集合，那么我们希望该序列的极限点(或者聚点)为优化问题的解。为了能使算法在有限步以内终止，我们一般会通过一些收敛准则来保证迭代停止在问题的一定精度的计算解上。

对于无约束优化问题，常用的收敛准则有

$$\frac{f\left(X^k\right)-f^*}{\max\left\{\left|f^*\right|,1\right\}} \leqslant \epsilon_1, \quad \left\|\nabla f\left(X^k\right)\right\| \leqslant \epsilon_2 \tag{4.1.7}$$

其中，ϵ_1, ϵ_2 为给定的很小的正数；$\|\cdot\|$ 为某种范数(一般取 ℓ_2 范数)；f^* 为函数 f 的最小值(假设已知或者以某种方式估计得到)；$\nabla f\left(X^k\right)$ 表示函数 f 在点 X^k 处的梯度。

对于约束优化问题，还需要考虑可行域。具体来说，要求最后得到的点满足

$$g_u\left(X^k\right) \leqslant \epsilon_3, \quad u = 1,2,\cdots,m \tag{4.1.8}$$

$$\left|h_v\left(X^k\right)\right| \leqslant \epsilon_4, \quad v = 1,2,\cdots,p \tag{4.1.9}$$

其中，ϵ_3, ϵ_4 为很小的正数。

对于某一具体的算法，根据其设计的出发点，我们不一定能得到一个高精度的逼近解。因此，为了避免无用的计算开销，我们还需要设置停机准则来及时停止算法的运行，常用的停机准则有

$$\frac{\left\|X^{k+1}-X^k\right\|}{\max\left\{\left\|X^k\right\|,1\right\}} \leqslant \epsilon_5, \quad \frac{\left|f\left(X^{k+1}\right)-f\left(X^k\right)\right|}{\max\left\{\left|f\left(X^k\right)\right|,1\right\}} \leqslant \epsilon_6 \tag{4.1.10}$$

这两个准则分别表示相邻迭代点和其对应目标函数值的相对误差很小。它们可以反映迭代点列接近收敛，但是不能代表一定收敛到了优化问题的最优解。

优化设计方法的一个重要评判标准是算法产生的点列是否收敛到优化问题的解。考虑无约束的情形，对于一个算法，给定初始点 X^0，记其产生的点列为 $\left\{X^k\right\}$。若 $\left\{X^k\right\}$ 在某种范数 $\|\cdot\|$ 的意义下满足

$$\lim_{k\to\infty}\left\|X^k-X^*\right\| = 0 \tag{4.1.11}$$

且收敛的点 X^* 为一个局部(全局)极小解，那么我们称该点列收敛到局部(全局)极小解，称相应的算法为依点列收敛到局部(全局)极小解的。

进一步地，若初始点 X^0 具有任意性，则称该算法为全局依点列收敛到局部(全局)极小解的。我们如果记对应的函数值序列为 $\left\{f\left(X^k\right)\right\}$，则还可以类似地定义算法的(全局)依函数值收敛到局部(全局)极小解的概念。

对于凸优化问题，其任何局部最优解都是全局最优解。

4.2 正设计方法

4.2.1 优化算法

1. 引言

飞行器气动构型直接决定了飞行器的飞行性能与飞行品质。以前气动构型的选型是由设计者凭借经验进行试凑,然后在风洞中进行试验,确认是否满足气动要求。而用这种办法很难使其性能达到整体最优,且设计周期长、人力物力需求高。随着计算机技术的发展,应用 CFD 技术和优化算法相结合来进行气动构型优化设计,成为飞行器设计的主要手段之一[211]。现代大型民用飞机设计中,人们对飞机性能提出了更严苛的要求,在飞机的优化设计中有了更复杂的目标函数和约束条件[212],需要寻找、发展出效率更高的优化算法来解决这种复杂程度更高的优化问题。

2. 梯度下降法

梯度下降法广泛应用于各种损失函数的优化上,具有实现简单的优点。梯度下降法的优化思想是用当前位置负梯度方向作为搜索方向,因为该方向为当前位置的最快下降方向,所以也称"最速下降法"。具体实现方式如下所述。

考虑一个在 $\mathbb{R}^n$ 上的函数 $y = f(x)$ 具有一阶光滑性,则它的方向导数可以表示为

$$\frac{\mathrm{d}f(x)}{\mathrm{d}d} = d^{\mathrm{T}}\nabla f(x), \quad \forall \|d\| = 1 \tag{4.2.1}$$

这个方向导数表示了函数 f 在 d 方向上的增长率。由柯西不等式,有

$$\left[\nabla f(x)\, d\right] \leqslant \|\nabla f(x)\| \tag{4.2.2}$$

当且仅当 $d = \nabla f(x) / \|\nabla f(x)\|$ 时取等号。该式说明,在函数的某一点上,沿该点的负梯度方向函数减小速度最快。假设任意取一点作为起始点,记为 $x^{(0)}$,然后考虑在它的负梯度方向上的点 $x^{(0)} - \alpha \nabla f\left(x^{(0)}\right)$。由泰勒展开:

$$f\left[x^{(0)} - \alpha \nabla f\left(x^{(0)}\right)\right] = f\left(x^{(0)}\right) - \alpha \left\|\nabla f\left(x^{(0)}\right)\right\|^2 + o(\alpha) \tag{4.2.3}$$

假设梯度不为 0,对于足够小的 α,一定有

$$f\left[x^{(0)} - \alpha\nabla f\left(x^{(0)}\right)\right] < f\left(x^{(0)}\right) \tag{4.2.4}$$

这说明沿着负梯度的方向找到了一个更优的点。所谓梯度算法就是利用以下迭代法来使得序列 $\left\{x^{(k)}\right\} \in \mathbb{R}^n$ 逼近函数的极小值点：

$$x^{(k+1)} = x^{(k)} - \alpha\nabla f\left(x^{(k)}\right) \tag{4.2.5}$$

但梯度下降法的缺点也很明显，当等值面被"拉长"时，由于梯度方向和最小化方向几乎成直角，搜索轨迹呈现如图 4.2.1 所示的锯齿状，收敛缓慢，且解不保证是全局最优解。

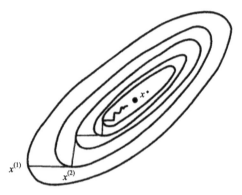

图 4.2.1　梯度下降法收敛过程

3. 牛顿法

最速下降法仅使用了函数的一阶导数信息，为提高搜索效率，牛顿法引入了更高阶的导数，在初始点合适的情况下效率更高。牛顿法的基本思想是利用迭代点的一阶和二阶导数信息对目标函数进行近似，然后使用近似函数的极小值点估计目标函数的极小值点，并把它作为迭代的下一项，反复如此直到达到终止条件，过程如图 4.2.2 所示。

对于有二阶连续性的实函数 $f: \mathbb{R}^n \to \mathbb{R}$，使用泰勒级数前三项作为近似函数，即有

$$f(x) \approx f\left(x^{(k)}\right) + \left(x - x^{(k)}\right)^{\mathrm{T}}g^{(k)} + \frac{1}{2}\left(x - x^{(k)}\right)^{\mathrm{T}}F\left(x^{(k)}\right)\left(x - x^{(k)}\right)q(x) \tag{4.2.6}$$

其中，$g^k = \nabla f\left(x^{(k)}\right)$；$F\left(x^{(k)}\right)$ 是目标函数的黑塞(Hessian)矩阵。对 q 考虑一阶必要条件，有

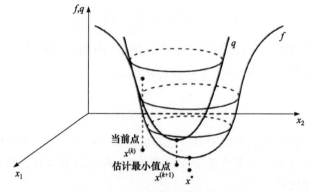

图 4.2.2 目标函数的抛物线近似

$$0 = \nabla q(x) = g^{(k)} + F\left(x^{(k)}\right)\left(x - x^{(k)}\right) \tag{4.2.7}$$

如果 $F\left(x^{(k)}\right) > 0$，则 q 在

$$x^{(k+1)} = x^{(k)} - F\left(x^{(k)}\right)^{-1} g^{(k)} \tag{4.2.8}$$

处取到极小值。牛顿法虽然收敛速度较最速下降法快，但也存在缺点，例如对初始点的选择有要求。如图 4.2.3 所示，当二阶导数小于 0 时，牛顿法不能收敛。此外，如果未知量过多，牛顿法每次迭代都要求一个庞大矩阵的逆，计算量巨大。

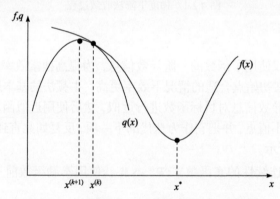

图 4.2.3 一元情况下二阶导数小于 0 时的牛顿法

4. 共轭方向法

共轭方向法是指以一组共轭方向作为搜索方向来求解无约束非线性规划问题的一类下降算法，以此为基础还发展了共轭梯度法。设 $n \times n$ 的实对称矩阵 Q，若对于一组非零的方向向量 $\left\{d^{(k)}\right\} \in \mathbb{R}^n, k \leqslant n-1$，满足

$$d^{(i)\mathrm{T}}Qd^{(j)}=0, \qquad \forall i \neq j \tag{4.2.9}$$

则称它们是关于 Q 共轭的，且它们线性无关。对于一个 n 维的抛物线型函数：

$$f(x)=\frac{1}{2}x^{\mathrm{T}}Qx - x^{\mathrm{T}}b \tag{4.2.10}$$

给定一个初始点和关于 Q 的共轭向量组 $\left\{d^{(k)}\right\} \in \mathbb{R}^n, k \leqslant n-1$，有迭代公式：

$$\begin{cases} x^{(k+1)} = x^{(k)} + \alpha_k d^{(k)} \\[2mm] \alpha_k = -\dfrac{g^{(k)}d^{(k)}}{d^{(k)\mathrm{T}}Qd^{(k)}} \\[2mm] g^{(k)} = \nabla f\left(x^{(k)}\right) = Qx^{(k)} - b \end{cases} \tag{4.2.11}$$

共轭方向法对于 n 阶对称正定矩阵 A，即 n 维优化目标，理论上至多只要 n 次迭代就能得到最优解。同时，在计算方面，共轭方向法不需要 $n \times n$ 维矩阵的储存空间。

5. 模式搜索算法

模式搜索算法是由 Hooke 和 Jeeves[213]提出的一种解决最优化问题的直接方法，在计算中不需要目标函数的导数。其基本思想如下：从初始基点开始，交替实施轴向搜索和模式搜索，其中轴向搜索用来确定新的基点和有利于函数值下降的方向，模式搜索用来使函数值下降更快。算法分析如下：令 $e_j = (0,\cdots,0,1,0,\cdots,0)^{\mathrm{T}}, j=1,2,\cdots,n_v$ 表示 n_v 个坐标轴方向。给定初始步长 δ、加速因子 α。任取初始点 x_1 作为第一个基点，以下用 x_j 表示第 j 个基点。在每一轮轴向搜索中，用 t_i 表示沿第 i 个坐标轴方向搜索时的出发点。

轴向搜索：令 $t_1 = x_1$，沿 e_1 方向搜索，如果 $f(t_1+\delta e_1) < f(t_1)$，则令 $t_2 = t_1 + \delta e_1$；如果 $f(t_1-\delta e_1) < f(t_1)$，则令 $t_2 = t_1 - \delta e_1$；否则令 $t_2 = t_1$。再从 t_2 出发，仿上沿 e_2 方向进行搜索得到 t_3，依次进行搜索，直到得到点 t_{n_v+1}。如果 $f(t_{n_v+1}) \geqslant f(t_1)$，则缩小步长 δ，仍以 x_1 为起点进行新的轴向搜索；否则，进行模式搜索。

模式搜索：如果 $f(t_{n_v+1}) < f(x_1)$，则令 $x_2 = t_{n_v+1}$。$x_2 - x_1$ 方向可能是有利于函数值下降的方向，因此下一步沿 $x_2 - x_1$ 方向进行模式搜索，即令 $t_1 = x_2 + \alpha(x_2 - x_1)$。为了判断模式搜索是否有效，以 t_1 为起点进行下一轮轴向搜索，所得的点仍记为 t_{n_v+1}，若 $f(t_{n_v+1}) < f(x_2)$，表明此次模式搜索成功，并令 $x_3 = t_{n_v+1}$，仿上继续进行迭代；$f(t_{n_v+1}) \geqslant f(x_2)$，表明此次模式搜索失败，返回

基点 x_2 ，进行下一轮轴向搜索。

6. 基于伴随方程的气动优化设计方法

1) 原理介绍

基于流动变分思想的分析手段在气动设计、网格误差修正等领域扮演着重要角色。Pironneau[214]首先在流体力学中引入了伴随方法，处理了斯托克斯(Stokes)流的阻力最小化问题。20 世纪 80 年代，Jameson 等[215]将其推广到欧拉(Euler)方程控制的气动优化中，并首次提出连续伴随方法[216]，解决了高效求解梯度的问题，使得优化设计的计算量与设计变量个数无关。

对于一组偏微分形式的流动方程，对应的伴随方程有两种形式，即连续和离散方式。连续伴随方程是对原微分形式的方程进行解析微分而得到的，然后对伴随方程进行离散化并进行数值求解。相比之下，离散伴随方程可以直接通过对流动方程的离散形式进行线性化而得到。

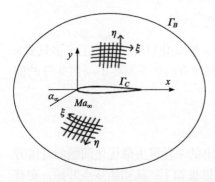

图 4.2.4　计算域与网格

典型的形状优化问题如下所示：

设 Ω 为 $\mathbb{R}^2$ 或 $\mathbb{R}^3$ 的子空间。目标是设计 Γ_C 的形状(由设计变量 b 控制)，如图 4.2.4 所示，使函数 I 在边界 Γ（其中 Γ 和 Γ_C 可以是不同的）上计算的值被最小化（或最大化）。

$$\begin{cases} \min I = I(w,b) = \int_{\Gamma} \varPhi(w,b)\mathrm{d}\Gamma = \left\langle \varPhi(w,b),1 \right\rangle_{\Gamma} \\ \text{s.t. } H(w,b)\big|_{\Gamma_C} = H^* \end{cases} \tag{4.2.12}$$

状态变量 w 在域 Ω 上由偏微分方程(控制方程)表示：

$$R(w,b) = 0, \quad 在 \Omega 上 \tag{4.2.13}$$

其边界条件为 $B(w,b)\big|_{\Gamma_C} = 0$ 。

通常，$H(w,b)$ 在空气动力学中是积分形式，例如升力或阻力。假设 $H(w,b) = \oint_{\Gamma_C} \varphi(w,b)\mathrm{d}\Gamma_C = \left\langle \varphi(w,b),1 \right\rangle_{\Gamma_C}$ 。使用控制理论，将流场的控制方程作为约束引入，使得梯度的最终表达式不需要多个流动解。引入两个伴随变量(拉格朗日乘数) $\varPsi$ 和 χ ，并将约束条件附加到成本函数，则优化问题变为

$$I = \left\langle \varPhi(w,b),1 \right\rangle_{\Gamma} - \left\langle \varPsi, R(w,b) \right\rangle_{\Omega} + \left\langle \chi, B(w,b) \right\rangle_{\Gamma_C} + \frac{\varTheta}{2}\left[H(w,b) - H^* \right]^2 \tag{4.2.14}$$

其中，$\langle,\rangle$ 表示内积。b 的变化 δb 导致 w 的变化 δw，并相应地产生目标函数的变化，因此目标函数的变分表达式如下：

$$
\begin{aligned}
\delta I = & \left\langle \partial_w \Phi(w,b), \delta w \right\rangle_\Gamma + \left\langle \partial_b \Phi(w,b), \delta b \right\rangle_\Gamma \\
& - \left\langle \Psi, L(\delta w) \right\rangle_\Omega - \left\langle \Psi, L(\delta b) \right\rangle_\Omega + \left\langle \chi, \partial_w B(w,b)\delta w \right\rangle_{\Gamma_C} \\
& + \left\langle \chi, \partial_b B(w,b)\delta b \right\rangle_{\Gamma_C} + \Theta\left[H(w,b) - H^\star \right]\left\langle \partial_w \varphi(w,b), \delta w \right\rangle_{\Gamma_C} \\
& + \Theta\left[H(w,b) - H^\star \right]\left\langle \partial_b \varphi(w,b), \delta b \right\rangle_{\Gamma_C}
\end{aligned}
\tag{4.2.15}
$$

其中，L 是 R 的线性化算子，即

$$
L(\delta w) + L(\delta b) = \frac{\partial R}{\partial w}\delta w + \frac{\partial R}{\partial b}\delta b
\tag{4.2.16}
$$

对于 Euler 方程，使用高斯公式，我们得到

$$
\left\langle \Psi, L(\delta w) \right\rangle_\Omega = \left\langle L_n^{\mathrm{T}}\Psi, \delta w \right\rangle_{\Gamma_B} + \left\langle L_n^{\mathrm{T}}\Psi, \delta w \right\rangle_{\Gamma_C} - \left\langle L^{\mathrm{T}}\Psi, \delta w \right\rangle_\Omega
\tag{4.2.17}
$$

其中，L_n 是在边界上的投影算子。例如，对于二维问题而言，如果空间算子 $L(w)$ 的形式为 $A\partial_x w + B\partial_y w$（$A$ 和 B 分别为 x、y 方向通量向量的雅可比矩阵），则其在边界上投影算子为 $An_x + Bn_y$，其中 (n_x, n_y) 是曲面的单位外法向量。因此目标函数的一阶变分可以写为

$$
\begin{aligned}
\delta I = & \left\langle \partial_w \Phi(w,b), \delta w \right\rangle_\Gamma + \left\langle \partial_b \Phi(w,b), \delta b \right\rangle_\Gamma - \left\langle L_n^{\mathrm{T}}\Psi, \delta w \right\rangle_{\Gamma_B} \\
& - \left\langle L_n^{\mathrm{T}}\Psi, \delta w \right\rangle_{\Gamma_C} + \left\langle L^{\mathrm{T}}\Psi, \delta w \right\rangle_\Omega - \left\langle \Psi, L(\delta b) \right\rangle_\Omega + \left\langle \chi, \partial_w B(w,b)\delta w \right\rangle_{\Gamma_C} \\
& + \left\langle \chi, \partial_b B(w,b)\delta b \right\rangle_{\Gamma_C} + \Theta\left[H(w,b) - H^\star \right]\left\langle \partial_w \varphi(w,b), \delta w \right\rangle_{\Gamma_C} \\
& + \Theta\left[H(w,b) - H^\star \right]\left\langle \partial_b \varphi(w,b), \delta b \right\rangle_{\Gamma_C}
\end{aligned}
\tag{4.2.18}
$$

这是流场变量的变分 δw 和翼型形状的变分 δb 的函数。正如 Jameson 已经提到的那样，除了 δw 之外，其他项都可以很容易地得到。为了减少计算量，控制理论要求梯度的计算中不再包含 δw。因此，选择 Ψ 满足以下伴随方程：

$$
L^{\mathrm{T}}(\Psi) = 0，\quad 在 \Omega 上
\tag{4.2.19}
$$

$$
L_n^{\mathrm{T}}\Psi = \partial_w \Phi(w,b)，\quad 在 \Gamma_B 上
\tag{4.2.20}
$$

$$
L_n^{\mathrm{T}}\Psi = \chi\partial_w B(w,b) + \partial_w \Phi(w,b) + \Theta\left[H(w,b) - H^\star \right]\partial_w \varphi(w,b)，\quad 在 \Gamma_C 上
\tag{4.2.21}
$$

目标函数变分的最终形式为

$$\delta I = \langle \partial_b \Phi(w,b), \delta b \rangle_\Gamma - \langle \Psi, L(\delta b) \rangle_\Omega + \langle \chi, \partial_b B(w,b) \delta b \rangle_{\Gamma_C}$$

$$+ \langle \partial_b \Phi(w,b), 1 \rangle_\Gamma - \left\langle \Psi, \frac{\partial R}{\partial b} \right\rangle_\Omega$$

$$= \left[\left\langle \chi \frac{\partial B(w,b)}{\partial b} + \Theta \left[H(w,b) - H^\star \right] \partial_b \varphi(w,b), 1 \right\rangle_{\Gamma_C} \right. \tag{4.2.22}$$

$$\left. + \langle \partial_b \Phi(w,b), 1 \rangle_\Gamma - \left\langle \Psi, \frac{\partial R}{\partial b} \right\rangle_\Omega \right] \delta b$$

$$= G^{\mathrm{T}} \delta b$$

可知

$$\delta I = G^{\mathrm{T}} \delta b$$

其中，G 是目标函数的梯度，梯度的转置是

$$G^{\mathrm{T}} = \left\langle \chi \partial_b B(w,b) + \Theta \left[H(w,b) - H^\star \right] \partial_b \varphi(w,b), 1 \right\rangle_{\Gamma_C}$$

$$+ \langle \partial_b \Phi(w,b), 1 \rangle_\Gamma - \left\langle \Psi, \frac{\partial R}{\partial b} \right\rangle_\Omega \tag{4.2.23}$$

这是状态变量 w、伴随变量 Ψ, χ 和设计变量 b 的函数，即

$$G = G(w,b,\Psi,\chi) \tag{4.2.24}$$

方程(4.2.21)的优点是消除了 δw，最终使得梯度的计算与设计变量的数量无关。由于伴随方程组与流动方程组具有相似的结构，单个设计循环的计算量大致相当于两次流动求解的计算量。一旦方程(4.2.23)成立，便可用于梯度优化，例如最速下降法：

$$\delta b = -\lambda G \tag{4.2.25}$$

其中，λ 为足够小的正数。然后目标函数的变分成为

$$\delta I = -\lambda G^{\mathrm{T}} G < 0 \tag{4.2.26}$$

对外形按照式(4.2.25)进行修改后，重新计算流场和梯度，并重复最速下降过程，直到达到目标函数的最小值。

2) 基于三维 Euler 方程的伴随优化方法

这里讨论在三维一般曲线坐标网格上的伴随方法。将直角坐标系转化为曲线坐标系，采用有限体积计算度规系数。为了精确处理边界条件，我们利用贴体曲线坐标系网格 (ξ,η,ζ)，坐标之间的变换为

$$
\xi = \xi(x, y, z)
$$
$$
\eta = \eta(x, y, z) \tag{4.2.27}
$$
$$
\tau = \tau(x, y, z)
$$

假设流动方程计算是在一般曲线坐标网格上进行的，网格保持贴体性。于是三维气动外形表面由 $\zeta = 1$ 表达，流动满足曲线坐标系 (ξ, η, ζ) 下三维守恒型 Euler 方程的定常解，并且满足流动相切条件。

$$
W = 0, \quad \text{在} B_w \text{上} \tag{4.2.28}
$$

在远场边界 B_f 上，采用黎曼(Riemann)不变量型远场无反射边界条件。

根据三维守恒形式的 Euler 方程，其对应的任意曲线坐标系下定常流动方程的弱形式为

$$
\int_D \left[\frac{\partial \Phi^{\mathrm{T}}}{\partial \xi} \hat{E} + \frac{\partial \Phi^{\mathrm{T}}}{\partial \eta} \hat{F} + \frac{\partial \Phi^{\mathrm{T}}}{\partial \zeta} \hat{G} \right] \mathrm{d}\xi \mathrm{d}\eta \mathrm{d}\zeta
$$
$$
= \int_{B_f} \Phi^{\mathrm{T}} \hat{G} \mathrm{d}\xi \mathrm{d}\eta - \int_{B_w} \Phi^{\mathrm{T}} \hat{G} \mathrm{d}\xi \mathrm{d}\eta \tag{4.2.29}
$$

式(4.2.29)对于任意测试函数 Φ 都成立。如果对式(4.2.29)采用分步积分，则可以得到微分形式的 Euler 方程。如果解不连续，则解可以分别在不连续面的两侧积分，以满足激波的跳跃关系。

现在假设希望通过改变形状来控制表面压力。在设计过程中保持计算区域不变时，设计条件自然不会改变。机翼形状的改变相应地使得 Euler 方程的守恒变量发生一个变化，对应地使表面压力有一个相应的变化。

引入目标函数如下：

$$
I = \frac{1}{2} \iint_{B_w} (P - P_d)^2 \, \mathrm{d}\xi \mathrm{d}\eta \tag{4.2.30}
$$

式(4.2.30)中的 P_d 为设计压力分布，现在设计问题被处理成了一个最优控制问题。

其中控制函数是机翼形状，我们要优化出合适的机翼形状来最小化目标函数 I，我们知道机翼形状的改变将导致流场变量发生一个改变 δw，从而使得压力有一个相应的改变 δP，同时目标函数也将发生一个相应的改变。

$$
\delta I = \iint_{B_w} (P - P_d) \delta P \mathrm{d}\xi \mathrm{d}\eta \tag{4.2.31}
$$

注意到，P 和 W 之间的依赖关系为状态方程，我们知道，δw 的变化也将使得通量函数产生一个相应的改变。如果假设计算区域的外边界固定，并且保持外

边界上网格的划分固定，这样在远场边界上，网格度规项的变分为零。

$$\delta\left(\frac{\xi_x}{J},\frac{\xi_y}{J},\frac{\xi_z}{J},\frac{\eta_x}{J},\frac{\eta_y}{J},\frac{\eta_z}{J},\frac{\zeta_x}{J},\frac{\zeta_y}{J},\frac{\zeta_z}{J}\right)\Bigg|_{B_f}=0 \tag{4.2.32}$$

另外，在整个设计过程中，设计条件是不会改变的。于是有

$$\delta\left(\hat{E},\hat{F},\hat{G}\right)\Big|_{B_f}=0 \tag{4.2.33}$$

这样，定常 Euler 方程的弱形式变为

$$\int_D\left[\frac{\partial\Phi^{\mathrm{T}}}{\partial\xi}\delta\hat{E}+\frac{\partial\Phi^{\mathrm{T}}}{\partial\eta}\delta\hat{F}+\frac{\partial\Phi^{\mathrm{T}}}{\partial\zeta}\delta\hat{G}\right]\mathrm{d}\xi\mathrm{d}\eta\mathrm{d}\zeta$$
$$=-\int_{B_w}\Phi^{\mathrm{T}}\delta\hat{G}\mathrm{d}\xi\mathrm{d}\eta \tag{4.2.34}$$

其中，

$$\delta\hat{E}=C_1\delta w+\delta\left(\frac{\xi_x}{J}\right)E+\delta\left(\frac{\xi_y}{J}\right)F+\delta\left(\frac{\xi_z}{J}\right)G$$

$$\delta\hat{F}=C_2\delta w+\delta\left(\frac{\eta_x}{J}\right)E+\delta\left(\frac{\eta_y}{J}\right)F+\delta\left(\frac{\eta_z}{J}\right)G \tag{4.2.35}$$

$$\delta\hat{G}=C_3\delta w+\delta\left(\frac{\zeta_x}{J}\right)E+\delta\left(\frac{\zeta_y}{J}\right)F+\delta\left(\frac{\zeta_z}{J}\right)G$$

对于任何可微测试函数 Φ，式(4.2.34)都应成立，将式(4.2.31)减去式(4.2.30)得到。

$$\delta I=\iint_{B_w}(P-P_d)\delta P\mathrm{d}\xi\mathrm{d}\eta$$
$$-\int_D\left[\frac{\partial\Phi^{\mathrm{T}}}{\partial\xi}\delta\hat{E}+\frac{\partial\Phi^{\mathrm{T}}}{\partial\eta}\delta\hat{F}+\frac{\partial\Phi^{\mathrm{T}}}{\partial\zeta}\delta\hat{G}\right]\mathrm{d}\xi\mathrm{d}\eta\mathrm{d}\zeta \tag{4.2.36}$$
$$-\iint_{B_w}\Phi^{\mathrm{T}}\delta\hat{G}\mathrm{d}\xi\mathrm{d}\eta$$

将式(4.2.35)代入式(4.2.36)后，可写为

$$\delta I=\iint_{B_w}(P-P_d)\delta P\mathrm{d}\xi\mathrm{d}\eta-\int_D\left[\frac{\partial\Phi^{\mathrm{T}}}{\delta\xi}C_1+\frac{\partial\Phi^{\mathrm{T}}}{\delta\eta}C_2+\frac{\partial\Phi^{\mathrm{T}}}{\delta\zeta}C_3\right]\delta w\mathrm{d}\xi\mathrm{d}\zeta$$

$$-\int_D \left\{ \begin{array}{l} \dfrac{\partial \boldsymbol{\Phi}^{\mathrm{T}}}{\partial \xi}\left[\delta\left(\dfrac{\xi_x}{J}\right)E + \delta\left(\dfrac{\xi_y}{J}\right)F + \delta\left(\dfrac{\xi_z}{J}\right)G\right] \\[3mm] +\dfrac{\partial \boldsymbol{\Phi}^{\mathrm{T}}}{\partial \eta}\left[\delta\left(\dfrac{\eta_x}{J}\right)E + \delta\left(\dfrac{\eta_y}{J}\right)F + \delta\left(\dfrac{\eta_z}{J}\right)G\right] \\[3mm] +\dfrac{\partial \boldsymbol{\Phi}^{\mathrm{T}}}{\partial \eta}\left[\delta\left(\dfrac{\zeta_x}{J}\right)E + \delta\left(\dfrac{\zeta_y}{J}\right)F + \delta\left(\dfrac{\zeta_z}{J}\right)G\right] \end{array} \right\} \mathrm{d}\xi\mathrm{d}\eta\mathrm{d}\zeta$$

$$-\iint_{B_w}\left(\boldsymbol{\Phi}_2\frac{\xi_x}{J} + \boldsymbol{\Phi}_3\frac{\xi_y}{J} + \boldsymbol{\Phi}_4\frac{\xi_z}{J}\right)\delta P\mathrm{d}\xi\mathrm{d}\eta$$

$$-\iint_{B_w}\left[\boldsymbol{\Phi}_2\delta\left(\frac{\zeta_x}{J}\right) + \boldsymbol{\Phi}_3\delta\left(\frac{\zeta_y}{J}\right) + \boldsymbol{\Phi}_4\delta\left(\frac{\zeta_z}{J}\right)\right]P\mathrm{d}\xi\mathrm{d}\eta \tag{4.2.37}$$

根据控制理论的要求，δI 不应含有与 δw 有关的量，所以式(4.2.37)中带双下划线的项必须消失，我们令 $\boldsymbol{\Phi}^{\mathrm{T}}$ 为下述方程的定常解：

$$\frac{\partial \boldsymbol{\Phi}^{\mathrm{T}}}{\partial t} - \frac{\partial \boldsymbol{\Phi}^{\mathrm{T}}}{\partial \xi}C_1 - \frac{\partial \boldsymbol{\Phi}^{\mathrm{T}}}{\partial \eta}C_2 - \frac{\partial \boldsymbol{\Phi}^{\mathrm{T}}}{\partial \zeta}C_3 = 0$$

上式两边取转置便有

$$\frac{\partial \boldsymbol{\Phi}}{\partial t} - C_1^{\mathrm{T}}\frac{\partial \boldsymbol{\Phi}}{\delta \xi} - C_2^{\mathrm{T}}\frac{\partial \boldsymbol{\Phi}}{\delta \eta} - C_3^{\mathrm{T}}\frac{\partial \boldsymbol{\Phi}}{\delta \zeta} = 0 \tag{4.2.38}$$

这就是伴随方程。

并且得到物面边界条件

$$\boldsymbol{\Phi}_2\frac{\zeta_x}{J} + \boldsymbol{\Phi}_3\frac{\zeta_y}{J} + \boldsymbol{\Phi}_4\frac{\zeta_z}{J} = P - P_d, \quad \text{在 } B_w \text{上} \tag{4.2.39a}$$

伴随方程的远场边界条件如下：

在外边界处，根据伴随方程(4.2.38)，我们知道，$\boldsymbol{\Phi}$ 的入流波对应于 δw 的出流波(即远场边界条件和 Euler 方程的远场边界条件类似，只是符号相反)。

在外边界处，选择伴随方程边界条件的原则是

$$n_i\boldsymbol{\Phi}^{\mathrm{T}}C_i\delta w = 0 \tag{4.2.39b}$$

其中，n_i 为边界的外单位法向量。这里我们使用与二维 Euler 方程的伴随方程边界条件相类似的方法来处理远场伴随边界条件(特征不变量型边界条件)。

于是我们得到最终的目标函数 I 的变分为

$$\delta I = -\int_D \left\{ \frac{\partial \boldsymbol{\Phi}^{\mathrm{T}}}{\partial \xi} \left[\delta\left(\frac{\xi_x}{J}\right) E + \delta\left(\frac{\xi_y}{J}\right) F + \delta\left(\frac{\xi_z}{J}\right) G \right] \right.$$

$$+ \frac{\partial \boldsymbol{\Phi}^{\mathrm{T}}}{\partial \eta} \left[\delta\left(\frac{\eta_x}{J}\right) E + \delta\left(\frac{\eta_y}{J}\right) F + \delta\left(\frac{\eta_z}{J}\right) G \right]$$

$$+ \frac{\partial \boldsymbol{\Phi}^{\mathrm{T}}}{\partial \zeta} \left[\delta\left(\frac{\zeta_x}{J}\right) E + \delta\left(\frac{\zeta_y}{J}\right) F + \delta\left(\frac{\zeta_z}{J}\right) G \right] \right\} \mathrm{d}\xi \mathrm{d}\eta \mathrm{d}\zeta \quad (4.2.40)$$

$$- \iint_{B_w} \left[\boldsymbol{\Phi}_2 \delta\left(\frac{\zeta_x}{J}\right) + \boldsymbol{\Phi}_3 \delta\left(\frac{\zeta_y}{J}\right) + \boldsymbol{\Phi}_4 \delta\left(\frac{\zeta_z}{J}\right) \right] p \mathrm{d}\xi \mathrm{d}\eta$$

上式告诉我们，目标函数的变分表达式中不再含有与流动变量的变分有关的项，这说明在一次设计循环中，不需要额外地求解流动方程，最终的目标函数变分中仅仅含有流场变量、伴随变量和网格度规系数的变分，度规系数的变分体现着几何外形的变化，与传统的优化设计方法相比，这样的设计过程大大节约了时间。

对式(4.2.40)第一、二、三项进行分部积分，并在第二项处应用周期性边界条件。最后代回式(4.2.40)进一步化简为

$$\delta I = \int_D \boldsymbol{\Phi}^{\mathrm{T}} \delta R_e' \mathrm{d}\xi \mathrm{d}\eta \mathrm{d}\zeta + \iint_{B_w} \boldsymbol{\Phi}^{\mathrm{T}} \delta \hat{G}' \mathrm{d}\xi \mathrm{d}\eta \quad (4.2.41)$$

其中，

$$\delta R_e' = \frac{\partial}{\partial \xi} \left[\delta\left(\frac{\xi_x}{J}\right) E + \delta\left(\frac{\xi_y}{J}\right) F + \delta\left(\frac{\xi_z}{J}\right) G \right]$$

$$+ \frac{\partial}{\partial \eta} \left[\delta\left(\frac{\eta_x}{J}\right) E + \delta\left(\frac{\eta_y}{J}\right) F + \delta\left(\frac{\eta_z}{J}\right) G \right]$$

$$+ \frac{\partial}{\partial \zeta} \left[\delta\left(\frac{\zeta_x}{J}\right) E + \delta\left(\frac{\zeta_y}{J}\right) F + \delta\left(\frac{\zeta_z}{J}\right) G \right] = f\left[w, \delta\left(\frac{\xi_x}{J}\right), \cdots, \delta\left(\frac{\zeta_z}{J}\right) \right]$$

$$\delta \hat{G}' = \delta\left(\frac{\zeta_x}{J}\right) \bar{E} + \delta\left(\frac{\zeta_y}{J}\right) \bar{F} + \delta\left(\frac{\zeta_z}{J}\right) \bar{G} = f\left[w, \delta\left(\frac{\xi_x}{J}\right), \cdots, \delta\left(\frac{\zeta_z}{J}\right) \right]$$

$$E = \bar{E} + \begin{bmatrix} 0 \\ P \\ 0 \\ 0 \\ 0 \end{bmatrix}, \quad F = \bar{F} + \begin{bmatrix} 0 \\ 0 \\ P \\ 0 \\ 0 \end{bmatrix}, \quad G = \bar{G} + \begin{bmatrix} 0 \\ 0 \\ 0 \\ P \\ 0 \end{bmatrix}$$

可见，$\delta I = f(w)$ 中，网格度规系数的变分与流动改变量无关。

假设机翼外形由设计变量 b_i 控制。于是梯度定义为

$$g(b_i) = \frac{\delta I}{\delta b_i} \tag{4.2.42}$$

于是，$\delta I = \dfrac{\delta I}{\delta b_i} \delta b = g \delta b$ 。

如果取 $\delta I = -\lambda g^{\mathrm{T}}$ ，就能得到 $\delta I = -\lambda g^{\mathrm{T}} g < 0$ 。可见本节所介绍的设计方法是收敛的。

3) 在 N-S 方程中的拓展

由于几个原因，黏性设计的计算成本至少比使用 Euler 方程的设计大一个数量级。首先，网格点的数量必须增加两倍或更多，才能准确模拟边界层。其次，还需要额外计算黏性项和湍流模型。

当推广至 N-S 方程控制的流动的优化中时，我们只需要将上面各式子中的无黏性项用无黏性项与黏性项的和来代替，而且伴随方程中的雅可比矩阵分别用无黏项与黏性项的雅可比矩阵的和来代替即可。

4) 非结构网格上的应用

只需要将原来结构网格上的流动方程和伴随方程的求解转化到非结构网格上，而且原结构网格上的度规系数用非结构网格上的网格面的法向量代替，法向量的大小等于面元的面积，方向向外。

5) 伴随方法在航空问题的气动优化中的应用

在本节中，我们将基于 Euler 方程的伴随优化方法的结果应用于实际设计问题，并导出伴随方程及其相关边界条件以及特定优化问题的梯度表达式。

A. 机翼外形优化

假设目标是在机翼表面上实现指定的压力分布 P_d 。目标函数如下：

$$I = \frac{1}{2} \int_{\varGamma_C} (P - P_d)^2 \, \mathrm{d}s = \left\langle \frac{1}{2}(P - P_d)^2, 1 \right\rangle_{\varGamma_C} \tag{4.2.43}$$

对应的伴随方程组(以二维为例)如下：

$$\frac{\partial \varPsi}{\partial t} - C_1^{\mathrm{T}} \frac{\partial \varPsi}{\partial \xi} - C_2^{\mathrm{T}} \frac{\partial \varPsi}{\partial \eta} = 0, \quad \text{在}\varOmega\text{上}$$

$$\left(\boldsymbol{A}^{\mathrm{T}} \frac{\eta_x}{J} + \boldsymbol{B}^{\mathrm{T}} \frac{\eta_y}{J} \right) \varPsi = 0, \quad \text{在}\varGamma_B\text{上}$$

$$\psi_2 \frac{\eta_x}{J} + \psi_3 \frac{\eta_y}{J} = -(P - P_d), \quad \text{在}\varGamma_C\text{上}$$

最终目标函数相对于设计变量的梯度可以写成

$$G^{\mathrm{T}} = -\left\langle \Psi, \frac{\partial R}{\partial b} \right\rangle_{\Omega} + \left\langle \chi \partial_b B(w,b), 1 \right\rangle_{\Gamma_C} \tag{4.2.44}$$

一旦进行了翼型参数化并计算了梯度,将沿负梯度方向修改机翼外形。

B. 升力约束下的阻力最小化

阻力最小化问题是气动优化中一个非常实用的问题。一般情况下,由于阻力与升力密切相关,在减小阻力的同时,升力也随之减小。可以通过将设计问题定义为最大化升阻比来解决这一问题。如我们所知,在设计过程中,即使增加升阻比, C_l 和 C_d 也可能同时减小。实际上,在巡航过程中,升力必须始终保持与飞机重量相同的值。所以减阻问题被定义为

$$\begin{cases} \max I = C_d \\ \text{s.t.} \quad C_l = C_l^* \end{cases}$$

在这里,自由来流马赫数 Ma_{∞} 和迎角 α 在设计过程中保持不变。对于纯减阻问题,我们可以定义 $I = C_d$ 。在实际设计中,我们只想对原翼型做一个小的修改,并在固定升力模式下减小其阻力,因此目标函数一般定义为

$$I = \frac{1}{2} \Omega_1 \oint_C (P - P_d)^2 \, \mathrm{d}s + \Omega_2 C_d \tag{4.2.45}$$

伴随方程组及对应的边界条件如下:

$$\frac{\partial \Psi}{\partial t} - C_1^{\mathrm{T}} \frac{\partial \Psi}{\delta \xi} - C_2^{\mathrm{T}} \frac{\partial \Psi}{\partial \eta} = 0, \quad \text{在} \Omega \text{上}$$

$$\left(A^{\mathrm{T}} \frac{\eta_x}{J} + B^{\mathrm{T}} \frac{\eta_x}{J} \right) \Psi = 0, \quad \text{在} \Gamma_B \text{上}$$

$$\psi_2 \frac{\eta_x}{J} + \psi_3 \frac{\eta_y}{J} = -N_2, \quad \text{在} \Gamma_C \text{上}$$

其中,

$$N_2 = \frac{2}{\gamma M_{\infty} \bar{C} P_{\infty}} \Big[\big(n_y \cos\alpha - n_x \sin\alpha \big) + \Theta \big(C_d - C_d^* \big) \big(n_x \cos\alpha - n_y \sin\alpha \big) \Big]$$

最终目标函数相对于设计变量的梯度可以写成

$$\begin{aligned} G^{\mathrm{T}} = {} & \left\langle \chi \partial_b B(w,b), 1 \right\rangle_{\Gamma_C} + \left\langle \partial_b \Phi(w,b), 1 \right\rangle_{\Gamma_C} \\ & + \Theta \big(C_d - C_d^* \big) \left\langle \partial_b \varphi(w,b), 1 \right\rangle_{\Gamma_C} - \left\langle \Psi, \frac{\partial R}{\partial b} \right\rangle_{\Omega} \end{aligned} \tag{4.2.46}$$

6) 控制论优化设计方法总结

(1) 控制论优化设计方法的每个设计循环只需要求解一次流动方程,以及一

次与流动方程相伴随的伴随方程，而且伴随方程与原流动方程性质相同，形式相似，所以计算时间相当。于是，控制论优化设计方法每个设计循环的计算量只相当于求解两次流动方程的计算量，而与设计变量的数目无关。

(2) 对于不同目标函数的优化问题，只需要改变伴随方程的物面边界条件和目标函数变分的最终表达式，其他项保持不变。

(3) 伴随方程的初始驱动力来源于当前设计值与目标值之间的差异。

7) 其他的计算梯度方法

工程上，除了上面的伴随方法外，还有如下两个有效地计算目标函数梯度的方法，即复步法和自动微分法。

A. 复数泰勒级数展开法

给定函数 f，复变量法将任意小的扰动参数 ε 引入特定输入参数的虚部。换句话说，$f(x)$ 变成 $f(x+i\varepsilon)$。相应的泰勒级数展开式为

$$f(x+i\varepsilon)=f(x)+\varepsilon\frac{\partial f}{\partial x}i-\frac{\varepsilon^2}{2}\frac{\partial^2 f}{\partial x^2}-\frac{\varepsilon^3}{6}\frac{\partial^3 f}{\partial x^3}i+\cdots \qquad (4.2.47)$$

我们通过使虚部相等来获得梯度：

$$\mathfrak{I}[f(x+i\varepsilon)]=\varepsilon\frac{\partial f}{\partial x}-\frac{\varepsilon^3}{6}\frac{\partial^3 f}{\partial x^3}+\mathcal{O}\left(\varepsilon^5\right)$$
$$\frac{\partial f}{\partial x}=\frac{\mathfrak{I}[f(x+i\varepsilon)]}{\varepsilon}+\mathcal{O}\left(\varepsilon^2\right) \qquad (4.2.48)$$

其中，ε 是一个纯虚阶。由于上述方程中没有减法，所以不存在减法抵消误差。因此，我们可以选择任意小的步长来减少截断误差到机器精度。鉴于这一优点，复步法对于计算总导数是有意义的。然而，仅有少数工程问题使用复步法计算偏导数。这主要是因为，为了实现复步法，CFD 代码中的所有浮点数据类型都需要替换为复数数据类型。这种修改通常会使代码比等效的实际代码慢 2～4 倍，部分原因是我们进行复数运算时需要比实数运算进行更多的算术运算。此外，编译器可能无法完全优化重载复数类型的操作。除了速度变慢之外，当在代码中用复数替换所有实数时，我们需要两倍的内存。

B. 应用自动微分的梯度计算方法

基于链式求导法则，自动微分(automatic differentiation,AD)法通过改写原程序模式代码，依赖机器自动构造不同的微分模式，分析求解函数的一阶或高阶导数，即在一系列预定微分规则下对不同程序对象做从代码到代码的自动微分转换。比起传统意义上的计算微分方法来，自动微分具有计算精度高、计算代价小及投入人力少等优点。自动微分方法以其合理的计算代价在无截断误差意义上求解函数

的数值导数，在科学和工程计算领域逐渐地被普遍重视和广泛应用。自动微分研究的基本内容包括：稀疏雅可比矩阵及黑塞矩阵，高阶导数求解，奇异微分，隐式方程求解，并行计算微分，微分代码的评价和优化等一系列问题。

自动微分法计算导数时有几个主要的特点：①没有截断错误；②直接对代码使用链式规则；③可适用于多种语言编写的函数计算代码。

给定一个合适的原始代码，AD 是自动生成计算原始函数梯度代码的过程。AD 的工作原理是利用链式法则来计算函数的导数，而无论原函数最初看起来有多复杂。

原始代码首先被分解成最基本的形式。每一个单独的操作都被标识为一个单独的语句。然后，在每个语句后面附加计算其派生的代码是一个相当简单的任务。例如，原始的函数：

$$f(x,y) = (x+y)\left(x^2 + \sin x + 3xy^2\right) \tag{4.2.49}$$

我们通过求导法则得到方程对 x 和 y 的偏导数：

$$\frac{\partial f}{\partial x} = (x+y)\left(2x + \cos x + 3y^2\right) + \left(x^2 + \sin x + 3xy^2\right) \tag{4.2.50}$$

$$\frac{\partial f}{\partial y} = (x+y)6xy + \left(x^2 + \sin x + 3xy^2\right) \tag{4.2.51}$$

或者，我们可以遵循 AD 所采用的策略。函数被分解到可以将微积分的最基本规则应用于单个运算的程度。表 4.2.1 中汇编了相应的代码列表。

表 4.2.1　计算函数值的代码列表[217]

对应代码	对应计算
$t_1 = x$	x
$t_2 = y$	y
$t_3 = t_1 + t_2$	$x+y$
$t_4 = t_1 * t_1$	x^2
$t_5 = \sin(t_1)$	$\sin x$
$t_6 = t_2 * t_2$	y^2
$t_7 = t_1 * t_6$	xy^2
$t_8 = 3 * t_7$	$3xy^2$
$t_9 = t_4 + t_5$	$x^2 + \sin x$
$t_{10} = t_9 + t_8$	$x^2 + \sin x + 3xy^2$
$t_{11} = t_3 + t_{10}$	$(x+y)(x^2 + \sin x + 3xy^2)$

　　然后对代码列表进行区分。在表 4.2.2 中，我们将代码列表的分配事件(t_1 和 t_2)与对应操作计算事件分开。因此，我们能够展示自变量(即输入参数)是如何通过导数代码传播的。

表 4.2.2　一阶偏导数代码列表[217]

切线代码列表	线性化 x	线性化 y
	$\nabla t_1 = 1$	$\nabla t_1 = 0$
	$\nabla t_2 = 0$	$\nabla t_2 = 1$
$\nabla t_3 = \nabla t_1 + \nabla t_2$	1	1
$\nabla t_4 = 2 * t_1 \nabla t_1$	$2x$	0
$\nabla t_5 = \cos t_1 \nabla t_1$	$x \cos x$	0
$\nabla t_6 = 2 * t_2 \nabla t_2$	0	$2y$
$\nabla t_7 = t_1 \nabla t_6 + t_6 \nabla t_1$	y^2	$2xy$
$\nabla t_8 = 3 * \nabla t_7$	$3y^2$	$6xy$
$\nabla t_9 = \nabla t_4 + \nabla t_5$	$2x + \cos x$	0
$\nabla t_{10} = \nabla t_9 + \nabla t_8$	$2x + \cos x + 3xy^2$	$6xy$
$\nabla t_{11} = t_{10} \nabla t_3 + t_3 \nabla t_{10}$	$\begin{aligned}&(x^2 + \sin x + 3xy^2)\\&+(x+y)(2x+\cos x+3xy^2)\end{aligned}$	$\begin{aligned}&(x^2 + \sin x + 3xy^2)\\&+(x+y)6xy\end{aligned}$

　　这个概念可以扩展到任何任意的计算机代码。只要知道微积分的最基本规则，就能够为非常复杂的算法编写导数代码。

　　正向自动微分的优点[218]有：①提供了数学上精确的导数信息；②在某种程度上是一种易于实现的算法，因为它的方法只涉及微积分基本规则的应用；③二阶和更高阶导数可以精确计算；④对于具有少量自变量的问题是有效的。对包含 n 个自变量的函数 f 进行微分的计算成本至少为 n，至多为 $4n$ 倍函数 f 的评估成本。

　　正向自动微分的缺点[218]有：①要求计算函数的源代码，以便对其进行更改，然而，仅涉及更改源代码的赋值语句，而其余部分的代码基本保持不变；②该算法需要定义一种新类型的变量，并重载与此新类型相关的操作；③并不是所有的编程语言都允许实现这样的过程。

　　自动微分的反向模式由 Linnainmaa[219]于 1976 年引入，并于 1980 年由 Speelpenning 首次使用[220]。它是对代码列表的自上而下的重建，相当于编写伴随灵敏度计算程序。虽然表面上并不是很明显，但反向模式的本质仍然是应用链式规则对代码进行转换。首先，以正常方式评估代码列表。然后，对依赖变量(即原始代码列表上的最后一句)相继求微分。在我们的例子中，只有一个因变量(f 或t_{11})，因此反向列表中的相应变量被设置为 1。然后相继对每句输出变量与其中间变量进行微分运算以组织反向列表。前面介绍的例子可以在反向模式下进行微分，见表 4.2.3。

表 4.2.3　反向伴随代码列表[217]

伴随代码列表	对应计算
$\dfrac{\partial t_{11}}{\partial t_{11}} = 1$	1
$\dfrac{\partial t_{11}}{\partial t_{10}} = t_3$	$x + y$
$\dfrac{\partial t_{11}}{\partial t_9} = \dfrac{\partial t_{11}}{\partial t_{10}} \dfrac{\partial t_{10}}{\partial t_7} = t_3$	$x + y$
$\dfrac{\partial t_{11}}{\partial t_8} = t_3$	$x + y$
$\dfrac{\partial t_{11}}{\partial t_7} = \dfrac{\partial t_{11}}{\partial t_8} \dfrac{\partial t_8}{\partial t_7} = 3 * t_3$	$3(x + y)$
$\dfrac{\partial t_{11}}{\partial t_6} = \dfrac{\partial t_{11}}{\partial t_7} \dfrac{\partial t_7}{\partial t_6} = 3 * t_3 * t_1$	$3x(x + y)$
$\dfrac{\partial t_{11}}{\partial t_5} = \dfrac{\partial t_{11}}{\partial t_9} \dfrac{\partial t_9}{\partial t_5} = t_3$	$x + y$
$\dfrac{\partial t_{11}}{\partial t_4} = \dfrac{\partial t_{11}}{\partial t_9} \dfrac{\partial t_9}{\partial t_4} = t_3$	$x + y$
$\dfrac{\partial t_{11}}{\partial t_3} = t_{10}$	$x^2 + \sin x + 3xy^2$
$\dfrac{\partial t_{11}}{\partial t_2} = \dfrac{\partial t_{11}}{\partial t_6} \dfrac{\partial t_6}{\partial t_2} + \dfrac{\partial t_{11}}{\partial t_3} \dfrac{\partial t_3}{\partial t_2} = 6 * t_3 * t_2 * t_1 + t_{10}$	$6xy(x + y) + \left(x^2 + \sin x + 3xy^2\right)$
$\dfrac{\partial t_{11}}{\partial t_1} = \dfrac{\partial t_{11}}{\partial t_7} \dfrac{\partial t_7}{\partial t_1} + \dfrac{\partial t_{11}}{\partial t_5} \dfrac{\partial t_5}{\partial t_1} + \dfrac{\partial t_{11}}{\partial t_4} \dfrac{\partial t_4}{\partial t_1}$ $= 3 * t_3 * t_6 + t_3 * \cos t_1 + 2 * t_3 * t_1 + t_{10}$	$(x + y)(2x + \cos x + 3y^2) + \left(x^2 + \sin x + 3xy^2\right)$

可以看出，$\dfrac{\partial t_{11}}{\partial t_1}$ 和 $\dfrac{\partial t_{11}}{\partial t_2}$ 分别对应于 $\dfrac{\partial f}{\partial x}$ 和 $\dfrac{\partial f}{\partial y}$。更重要的是，这两个导数都可以通过反向过程的一次求解来获得。我们可以将梯度表示为

$$\nabla f = \left[\frac{\partial f}{\partial x}, \frac{\partial f}{\partial y}\right] \tag{4.2.52}$$

切线-线性方法需要解决两个问题：

$$\frac{\partial f}{\partial x} = \sum_{k=1}^{n} \frac{\partial f}{\partial t_k} \frac{\partial t_k}{\partial x} \tag{4.2.53}$$

$$\frac{\partial f}{\partial y} = \sum_{k=1}^{n} \frac{\partial f}{\partial t_k} \frac{\partial t_k}{\partial y} \tag{4.2.54}$$

其中, n 是代码列表的长度(在我们的例子中 $n = 11$)；下标 k 指的是每个输入变量。而伴随只求解式(4.2.55)：

$$\frac{\partial f}{\partial t_j} = \sum_{k=1}^{j} \frac{\partial f}{\partial t_k} \frac{\partial t_k}{\partial t_j} \tag{4.2.55}$$

反向自动微分的优点[220]有：①提供数学上精确的导数；②反向自动微分算法在计算步骤的数量大时，效率高，这使得反向自动微分特别适用于具有大量自变量的问题；③内存需求较低，特别是，内存需求与变量的数量无关。

反向自动微分的缺点[220]有：①与正向自动微分类似，要求用户拥有计算函数的源代码，而且修改只涉及更改源代码的赋值语句部分，而代码的其余部分基本保持不变；②要实现反向自动微分，使用者还必须声明一种新类型的变量以及与此新类型相关联的重载运算符(运算符重载，就是对已有的运算符重新进行定义，赋予其另一种功能，以适应不同的数据类型)；③算法的实现涉及链表、二进制树和指针，它需要一种支持运算符重载的语言，如 Fortran 90、C++。

自动微分工具(表 4.2.4)的大量涌现显示了它在求解导数方面的巨大威力，同时也加速了自身在有效算法方面的发展。它们分别在处理的程序对象(Fortran77/90 、C 或 C++)、问题的方式方法(代码转换或算子重载、正向积分或反向积分)、问题的要求(一阶、二阶或任意阶)、并行及向量支持，以及其他有效降低自动微分计算代价的方法等方面略有差异。例如，使用软件 ADIFOR 进行自动微分计算比传统的差分方法计算效率高，见图 4.2.5；使用软件 ODYSSEE 进行自动微分计算时，无论变量维数多高，通常计算导数的时间成本都约为函数计算时长的五倍，见图 4.2.6。

表 4.2.4　常用的自动微分软件简介[221]

软件名	输入代码语言	编写语言	导数阶数	向量
GRESS/Adgen	F77	C	1	−
ADOL-C	C++	O	∞	+
ADIFOR	F77++	C	1.5	+
ADIC	C	C	1	+
TAMC	F77++	C	1	+

软件名	输入代码语言	编写语言	导数阶数	向量
ODYSSEE	F77	C	1	–
PADRE3	F77++	C	2	+
TADIFFF	C++	O	∞	–
PCOMP	F77–	C	1	–
TAF	F77++	C	1	+
Tapenade	F77++	C	1	–

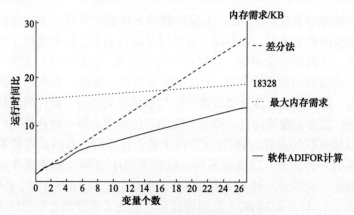

图 4.2.5　不同计算方法的时间对比[221]

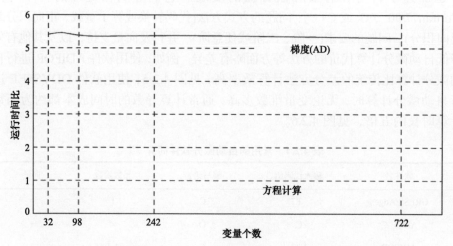

图 4.2.6　自动微分软件 ODYSSEE 的导数计算量与变量维数之间的关系[221]

7. 优化算法在气动优化中的应用

气动构型优化设计，本质上是在给定的设计空间中搜索满足设计目标的最理想构型的过程，所要解决的一般是以自变量参数表示的非线性函数的极值问题，同时自变量参数因实际情况的限制会受到若干线性或非线性约束。若需要在一定的设计空间内找到一个最理想的构型，则需要有合适的优化算法搜索最优解。使用的算法主要可分为两类。

一类是确定性算法，即对同样的输入会产生同样的输出。当目标函数可微并且梯度可求时，利用梯度信息可以高效解决问题。这类方法被广泛应用于早期的翼型设计[222]，它具有快速收敛的优点。但它也要求目标函数具有连续的一阶导数用于梯度计算，而气动优化问题中代理模型表示的函数关系是隐式的，很难确定设计空间是否连续可导，并且该方法对初始化非常敏感，在多局部极值问题中很容易陷入局部最优，这些都在很大程度上限制了这种方法在工程中的有效使用[223]。

另外一类是随机算法。这类方法可以避免梯度的求解，通过比较目标函数值的大小，按照不同的策略来改变搜索点，直到算法搜索到整个设计空间中目标函数值最大的位置。这类方法的适用范围广，限制较小，并且在搜索过程中加入了随机策略，不容易陷入局部最优解，因此越来越多地被用来解决航空航天领域的优化问题。例如，模拟退火(SA)算法、粒子群优化(PSO)算法和遗传算法(GA)，以及 GA 与神经网络或梯度方法的结合都常用于航空航天领域的优化问题，以上提及的算法将在 4.4.1 节展开介绍。但对高度非线性的气动构型优化问题来说，低成本、高效地寻找高置信度的全局最优，依然是传统优化方法面临的挑战。

4.2.2 代理模型

1. 简介

进入 21 世纪以来，基于高可信度计算流体力学的气动分析与优化设计方法已广泛应用于现代飞行器的构型设计[224]。然而，飞行器设计将面临更多的设计约束与更严苛的设计要求，设计变量规模也在不断扩大，同时各个学科之间可能存在复杂的耦合关系，存在数据采集困难、耗时长、优化难度大等问题。虽然传统的 CFD 方法能够进行高精度数值模拟，但计算代价非常昂贵，于是代理模型的方法应运而生，并逐渐成为多学科优化的重要分支和关键技术[225]。使用代理模型可以提高优化设计效率以及降低优化的复杂度，而且有利于滤除数值噪声和实现并行优化设计[226]。

2. 代理模型概述

代理模型是指在不降低精度的前提下，基于抽样方法获得的样本点构建的计算量小，但计算结果与原模型结果(数值分析或试验观测结果)相近的数学模型，也称为响应面模型、元模型或近似模型[227]。此外，在进行优化设计时，在难以用直观的函数表达式去表达目标函数时，也可用代理模型来替代目标函数。其基本原理如下所述。首先确定问题的设计变量 $x = (x_1, x_2, \cdots, x_n)^T$ 及变量上下限 (x_l, x_u)，通过抽样方法确定 m 个样本点位置 $X_i = (x_1^{(i)}, x_2^{(i)}, \cdots, x_m^{(i)})$；然后通过数值计算得到样本点 X_i 处响应 y_i，并逐一得到所有样本点处的响应 $Y_i = (y_1^{(i)}, y_2^{(i)}, \cdots, y_m^{(i)})$；最后针对样本点数据集 X 与样本点处响应 Y 构造代理模型，实现变量空间内任意 x 处的响应 $\hat{y} = f(x)$ 输出。为了提高模型精度，需要相应提高样本的数量，但也会导致计算量的增加。

目前，现有的代理模型已经发展了多项式响应面(polynomial response surface, PRS)模型、径向基函数(RBF)模型、Kriging 模型、人工神经网络(ANN)、空间映射(spatial mapping, SM)、支持向量回归(supported vector regression, SVR)、混沌多项式展开(polynomial chaos expansions, PCE)以及移动最小二乘法(moving least square method, MLSM)等多种代理模型方法。这些模型最初是被作为大量数值仿真的简单替代模型，降低计算成本。随着研究的不断深入，人们发展了基于加点准则的代理模型，构成了一种可以基于历史数据来驱动新样本的加入，并逼近局部或全局最优解的优化算法[226]。构建思路也是先抽样进行实验设计，获得样本点的响应值，构建初始的模型，求解由优化加点准则定义的子优化问题，得到新的样本点并加入样本数据集中，循环更新代理模型，直到所产生的样本点序列逼近局部或全局最优解。

3. 常见代理模型

常见的代理模型有 PRS 模型、Kriging 模型、SVR 模型、MLSM 等，此外还有神经网络随机森林、PCE 等方法，它们在不同的使用对象上各有优缺点，但是本质上都是数据拟合及预测的方法。

1) PRS 代理模型

PRS 代理模型是采用多项式来拟合设计变量值与目标函数值之间的复杂关系。以二次响应面代理模型为例，其完备数学表达式为

$$\hat{y}(x) = \beta_0 + \sum_{i=1}^{k} \beta_i x_i + \sum_{i=1}^{k} \beta_{ii} x_i^2 + \sum_{i=1}^{k-1} \sum_{j>1}^{k} \beta_{ij} x_i x_j \tag{4.2.56}$$

式中，β_0、β_i、β_{ii}、β_{ij} 为未知系数；x_i 为第 i 个设计变量；$\hat{y}(x)$ 是 $y(x)$ 的预测值；k 为变量维数。当训练样本数多于未知系数的个数时，上述未知系数可采用最小二乘估计法求取。在变量维数较少时，代理模型的形式可取如式(4.2.56)

所示的完备二次多项式，但若变量维数较高时，采用完备二次多项式的待估参数个数将急剧增加，计算效率大幅下降。为提高计算效率，可采用无交叉项二次多项式响应面作为代理模型。但对于高度非线性问题，该代理模型的预测值与真实值误差较大。

刘明等[228]将 PRS 代理模型应用于直升机飞行性能计算，有效解决了计算精度和计算量之间的矛盾。图 4.2.7 为分别使用 PRS 代理模型和直接计算两种方法的可行域边界求解结果，两者求得的可行域边界基本一致，代理模型满足优化计算的要求，同时计算时间大幅降低，极大地提高了计算速度，具有很高的工程实用价值。

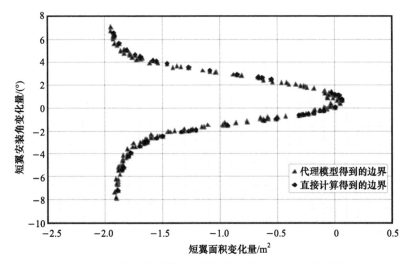

图 4.2.7　使用代理模型和原始模型的计算结果对比[228]

2) Kriging 代理模型

Kriging 代理模型是利用已知样本点的线性加权获得未知位置处的函数值，通过求解加权系数插值得到变量空间内任一点的函数值，表达式如下：

$$\hat{y}(x) = \sum_{i=1}^{n} \lambda_i y_i \tag{4.2.57}$$

式中，λ 为加权系数，$\lambda = [\lambda_1 \cdots \lambda_i \cdots \lambda_n]$；$y_i$ 为样本点响应值。加权系数需满足无偏性，即

$$E\left[\hat{y}(x_i) - y(x_i)\right] = 0 \tag{4.2.58}$$

并且需满足估计值的方差最小：

$$D\left[\hat{y}(x_0) - y(x_0)\right] = 2\sum_{i=1}^{n} \lambda_i \gamma(x_i, x_0) - \sum_{i=1}^{n}\sum_{j=1}^{n} \lambda_i \lambda_j \gamma(x_i, x_j) \tag{4.2.59}$$

式中，γ 为相关函数。将式(4.2.57)代入式(4.2.58)中，得到

$$\sum_{i=1}^{n} \lambda_i = 1 \tag{4.2.60}$$

式(4.2.60)的求解需要引入拉格朗日算子 φ，由此得到式(4.2.59)优化问题的解为

$$\sum_{j=1}^{n} \lambda_i \gamma\left(x_i, x_j\right) + \varphi = \gamma\left(x_0, x_j\right), \quad i = 1, 2, \cdots, n \tag{4.2.61}$$

在 Kriging 模型中，加权系数 λ 的求解涉及相关函数的 $\gamma\left(x_i, x_j\right)$ 值的计算，求得加权系数后，指定位置的响应估计值可以利用式(4.2.57)求得，γ 是只与空间距离有关的相关函数，满足距离为 0 时相关函数值为 1，距离为无穷大时为 0，相关性随距离的增大而减小，目前，较为常用的是"高斯指数模型"：

$$\gamma\left(x_i, x_j\right) = \exp\left(-\theta_i \left|x_i - x_j\right|^{p_i}\right), \quad 1 \leqslant p_i \leqslant 2, \ \theta_i > 0 \tag{4.2.62}$$

式中，θ_i、p_i 为相关函数参数。只有合适的参数取值能够获得最大的插值精度，在选用 Kriging 代理模型的时候，将 θ_i，p_i 作为优化参数进行优化，能够大大提高 Kriging 代理模型的鲁棒性。Kriging 代理模型提出后，更为简便且在特殊情况下具备高精度的 Co-Kriging 与分层 Kriging 代理方法也被开发出来。Kriging 代理模型在样本数据具有较大成分的噪声的时候，拟合精度会降低，在运用 Kriging 代理模型之前进行数据归一化及噪声处理，能够明显提高模型的精度[229]。

任庆祝和宋文萍[230] 在翼型气动优化设计中引入 Kriging 代理模型，以面积、升力、力矩等作为约束条件，进行减阻设计，发展了一套高效、稳定的气动优化设计程序。图 4.2.8 为某工况下优化前后的翼型表面压力分布，优化后的翼型激

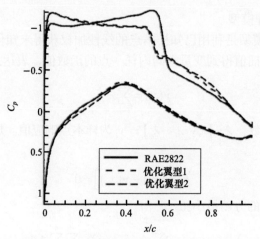

图 4.2.8　优化前后的翼型表面压力分布[230]

波强度与原始翼型相比明显减弱，翼型的前缘几何构型有了明显变化。经过优化后，两个设计状态的阻力系数分别下降了 2.83%和 10.98%，证明了在翼型气动优化设计中引入 Kriging 代理模型不仅可行而且高效、实用，并具有较强的工程应用价值。

3) SVR 代理模型

SVR 以统计学理论为基础，根据结构化最小化风险为目标进行，提高了机器学习的泛化能力，较好地解决了小样本、非线性、高维数、局部极小值等实际问题。对于非线性数据集 (x_i, y_i)，SVR 采用如下决策函数来计算任意 x 处的响应：

$$\hat{y}_i = \sum_{i=1}^{n} (\alpha_i - \alpha_i^*) K(x, x_i) + b \tag{4.2.63}$$

式中，α_i，α_i^* 为未知参数；$K(x, x_i)$ 为核函数，通常有多项式核函数、径向基核函数、sigmoid 函数。未知参数的求取是根据 KKT(Karush-Kuhn-Tucker)条件：

$$\min \frac{1}{2} \sum_{i,j}^{n} (\alpha_i - \alpha_i^*)(\alpha_j - \alpha_j^*)(x_i \cdot x_j) + \sum_{i=1}^{n} \alpha_i (\varepsilon - y_i) + \sum_{i=1}^{n} \alpha_i^* (\varepsilon + y_i)$$

$$\text{s.t.} \begin{cases} \sum_{i=1}^{n} (\alpha_i - \alpha_j) = 0 \\ \alpha_i, \alpha_j \in [0, C] \end{cases} \tag{4.2.64}$$

式中，ε 为不敏感带损失函数，用来考虑数据噪声的影响；C 为一正常数，称为惩罚因子。

实践表明，SVR 代理模型在数据预测方面具有很高的精度。孙智伟等[231]建立了 SVR 代理模型，对测试函数和翼型阻力进行预测，并对某型运输机机翼进行优化设计。表 4.2.5[231] 为 30 个训练样本时 Kriging 模型和 SVR 模型的阻力系数预测误差，结果表明，基于 SVR 的代理模型在小样本情况下具有较好的泛化能力，并且能够快速准确地预测气动特性，在飞机优化设计中，可以提高工作效率，优化结果可靠、可控。

表 4.2.5　训练样本 30 个时代理模型近似精度[231]

C_D 预测误差	误差值	
	Kriging 模型	SVR 模型
AAE(average absolute error)	0.000178	0.000059
ARE(average relative error)	0.017970	0.005959
RMSE(root mean square error)	0.000242	0.000076
MAE(mean absolute error)	0.000574	0.000199
R^2	0.964329	0.972516

4) MLSM

MLSM 是近些年发展的一种高效的曲面拟合方法,克服了传统最小二乘法以全局残差作为收敛标准而导致局部精度难以保障的问题,其数学表达式如下:

$$\hat{y}_i = p^{\mathrm{T}}(x)a_m(x) \tag{4.2.65}$$

式中,$p^{\mathrm{T}}(x) = \left[p_1(x), p_2(x), \cdots, p_m(x) \right]$ 是多项式基函数,当变量维数为二维时,可采用以下形式:

(1) 线性基函数

$$p^{\mathrm{T}}(x) = [1, x_1, x_2], \quad m = 3$$

(2) 二次基函数

$$p^{\mathrm{T}}(x) = \left[1, x_1, x_2, x_1^2, x_1 x_2, x_2^2 \right], \quad m = 6$$

这里,m 为基函数项数;a_m 为待求系数矩阵,当样本点数目大于基函数项数时,可以通过最小二乘法求解:

$$a_m(x) = \left[p^{\mathrm{T}}(x)w(x)p(x) \right]^{-1} p(x)^{\mathrm{T}} w(x)y \tag{4.2.66}$$

其中,w 为权函数,$w = \mathrm{diag}\left[w_1(x), w_2(x), \cdots, w_n(x) \right]$,权函数 w 为一对角阵,其元素满足:x_i 影响 r_i 半径内为非零实数,在影响半径 r_i 之外为零。求得待求系数矩阵 a_m 后,待估点 x 处的响应可以利用式(4.2.65)求得。

周志高等[232]针对一体化飞行器高度耦合的非线性气动问题,提出了一种基于 MLSM 的气动力数据建模方法,图 4.2.9 为移动最小二乘法关于不同气动系数的建模结果,其中"ErrCA"表示轴向力系数在对应样本点的预测误差值,结果表明:MLSM 的预测误差较小,效果较优,满足现代飞行器对宽速域和大空域的需求。

5) 变可信度代理模型

变可信度代理模型又称变复杂度模型,其核心思想是使用大量低可信度样本建模来反映函数正确变化趋势,并采用少量高可信度样本来对之进行修正,从而大幅减少构造精确代理模型所需的高可信度样本点数,提高建模和优化效率,主要可以分为以下 3 类。

(1) 基于修正的变可信度气动优化设计方法。该方法以低可信度模型为基础,通过乘法标度、加法标度或混合标度引入低可信度样本数据,辅助构建高可信度模型的近似模型。

(2) 基于空间映射的变可信度气动优化设计方法。通过改变低可信度函数的设计空间,使得低可信度函数的最优解能够逼近高可信度函数的最优解。这样只需在低可信度模型上进行优化，再通过高、低可信度函数的空间映射关系便可得到高可信度函数的近似最优解。

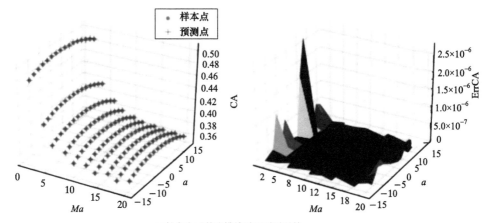

(a)轴向力系数建模结果及预测误差

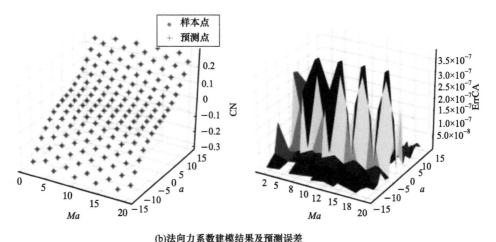

(b)法向力系数建模结果及预测误差

图 4.2.9　优化前后的翼型表面压力分布[232]

(3) 基于 Co-Kriging 模型和分层 Kriging 模型的变可信度气动优化设计方法。Co-Kriging 模型基于贝叶斯理论，通过建立自回归模型将不同可信度的数据进行融合，利用交叉协方差来衡量不同可信度层之间的相关性。

4. 基于代理模型的优化设计

基于代理模型的优化在气动优化设计领域的应用可以追溯到 20 世纪 90 年代末[225]，近年来国内外发表的关于基于代理模型的气动优化设计的论文数量呈快速增长趋势，代理优化方法已经成为气动优化设计领域的研究热点[227]。对于气动设计领域的优化设计，往往是多目标优化问题，其数学模型在 4.1 节中给出。

图 4.2.10 给出了代理优化算法求解优化问题的基本框架[226]。具体的求解过程为：通过试验设计方法在设计空间内选取 n 个初始样本，即 $S = \left[x^{(1)}, x^{(2)}, \cdots, x^{(n)} \right]^{\mathrm{T}}$ $\in \mathbb{R}^{n \times m}$，并对这些样本点进行数值分析(如 CFD 分析)，得到目标函数 $y(x)$ 和约束函数 $g(x)$、$h(x)$ 响应值；然后基于样本数据集 (S, y_S) 建立代理模型 $\hat{y}(x)$、$\hat{g}(x)$、$\hat{h}(x)$。

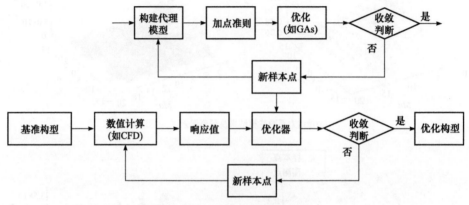

图 4.2.10　代理优化算法框架[226]

经过近 20 年的研究和发展，多种新型代理模型被提出，基于代理模型的优化方法研究目前已取得了长足进步。Martins 团队发展了基于偏最小二乘的梯度增强 Kriging 模型、离散伴随方法、气动/结构耦合伴随方法等，并开展了基于梯度优化算法的 CRM(common research model)机翼、CRM 翼身组合体、飞翼布局、风力机叶片等气动优化设计。Zingg 团队主要发展了基于伴随方程的气动优化设计方法，开展了自然层流机翼、飞翼及新型气动布局的气动与多学科优化设计研究。国内，孙刚团队主要发展了人工神经网络代理模型方法，开展了基于人工神经网络方法的气动优化设计、气动/噪声综合优化设计方法研究。白俊强团队主要发展了基于伴随方法的气动与多学科优化方法、设计空间降维和本征正交分解方法，开展了翼型、大型民机机翼、翼梢小翼的单点、多点气动优化设计，并发展了机翼气动/结构一体化设计、稳健优化设计方法，应用于多项工程设计中[227]。

然而，随着飞行器设计指标的不断提升，设计变量规模不断扩大，代理优化算法的发展遇到了瓶颈：由于气动特性对气动构型的变化往往十分敏感，所以气动优化设计需要大量独立设计变量来描述飞行器构型，出现了维数灾难问题[226]。主要体现在：一方面，由于设计变量数多，利用少量初始样本点建立的代理模型不精确, 新产生的样本点序列收敛较慢, 需调用更多次 CFD 分析才能找到设计空间内的最优解; 另一方面, 精细化气动优化设计对 CFD 数值模拟可信度的要求不断提升, 计算成本也不断增加。这两方面共同作用, 导致计算量急剧增加, 难以在有限的时间内找到全局最优解。为了进一步提高代理优化的效率, 人们引入了低可信度样本数据或梯度信息来辅助建立代理模型, 用更少的高可信度样本, 实现更高的全局代理模型精度, 从而大幅度提高优化效率。

5. 自适应动态代理模型辅助进化计算方法

1) 基于变搜索区间的自适应动态代理模型优化方法

在飞行器的气动优化设计中, 随着飞行器的流动环境越来越复杂, 设计要求也越来越精细, 这就导致设计变量的维数和目标函数的非线性度相应变高, 优化目标具有明显的多极值性。全局搜索的优化算法在高维设计空间的搜索效率非常低, 工程应用价值大打折扣。同时, 基于代理模型的优化方法也面临着样本点数量需求过大、拟合精度严重下降等问题。为解决面向高维设计空间优化时所遇到的这些问题, 以及提高普通代理模型应对高维问题的能力, 这里介绍基于变搜索区间的自适应代理模型优化方法[233]。

A. 样本数量与模型精度和变量维数之间的关系

代理模型是指在不降低精度的情况下构造的一个计算量小、计算周期短, 但计算结果与数值分析或物理试验结果相近的数学模型。Kriging 模型是由 Krige 提出的一种估计方差最小的无偏估计模型[234, 235]。

$$\varepsilon' = \frac{\sqrt{\dfrac{\displaystyle\sum_{i=1}^{n}(y_i - \hat{y}_i)^2}{n}}}{y_{\max} - y_{\min}} \times 100\% \tag{4.2.67}$$

以如下测试函数为例, 统计得到 N 与 m, ε' 的具体关系如图 4.2.11 所示。

$$y = f(x) = \frac{1}{m}\sum_{i=1}^{m}\left(\sum_{j=1}^{i}\frac{x_j}{i}\right)^2, \quad |x_i| \leqslant 10, \ i = 1,2,\cdots,m \tag{4.2.68}$$

由图 4.2.11 可以得到如下结论:

(1) 设计变量的维数越高或拟合误差越小(即拟合精度越高), 需要的样本数量越多。

(2) 当拟合精度较低(即拟合误差较大)时, 所需样本数量与设计变量维数近似呈线性关系。

(3) 随着拟合误差的减小(即拟合精度的提高), 所需样本数量随着设计变

量的维数呈指数增长。拟合精度越高，样本数量随设计变量维数的指数上升曲
线越陡。

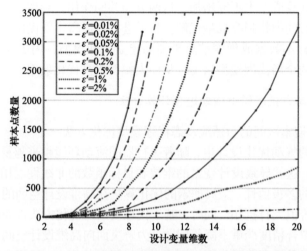

图 4.2.11　样本点数量与变量维数、误差精度的关系[233]

(4) 对于更高维度的设计变量，构建高精度静态代理模型所需的样本数量将
会非常大，几乎无法承受。

从以上结论可以看出，基于代理模型的优化方法在面对高维设计空间时存在
以下难点：

(1) 随着设计变量维数的增加，构建静态代理模型所需的样本数量通常呈指
数级增长，这需要大量的 CPU 时间来完成采样。

(2) 在构造代理模型时，需要对矩阵进行逆运算。当样本数量较大时，高阶
矩阵逆运算的 CPU 时间可能难以承受，从而导致建模失败。

(3) 高维设计空间的全局搜索能力会变差，这将严重降低优化效率。

(4) 由于代理模型在样本数量有限的情况下难以获得较好的局部精度，因此
不可能得到更好的高维气动外形优化结果。

综上所述，高维设计空间的优化已成为基于代理的优化方法的瓶颈。如果能
够开发出一种自适应的样本细化策略，则基于代理的优化方法将实现跨越式发
展，并促进其在复杂实际工程领域的应用。

B. 变搜索空间自适应代理模型算法的原理

代理模型通常分为静态和动态两种模式：静态代理模型在一次采样后直接应
用于优化，为了获得较高的全局拟合精度，需要大量的样本来填充搜索空间。而
动态代理模型的样本集是不断更新的，按照一定的规则只添加有限数量的样本，
可以有效提高模型的局部拟合精度。最常用的动态代理方法是 EGO 算法[236, 237]。

通过前文分析表明，在高维设计空间中构建高精度静态代理模型所需的样本量将非常大，可能难以承受。因此，有必要开发动态自适应代理模型，以更少的样本获得更高的拟合精度。

实际上，优化中最重要的问题是获得高精度的最优解，而不是在全局搜索空间中构造高精度的代理模型。为了避免高维设计空间中对高精度代理模型拟合的大量样本需求所带来的"维度灾难"，这里提出了一种基于局部搜索空间连续变化的自适应动态代理优化模型。受信赖域优化算法启发，局部搜索空间随当前最优解移动。也就是说，只需要在当前最优解附近较小的局部搜索空间上构造元模型，然后根据所构造的代理模型通过优化算法更新局部最优解。其基本思想是放弃对大量样本所执行的全局搜索空间的高精度拟合，而专注于搜索最优解所在的较小局部区域。然后，在当前最优解所在的局部区域对样本进行细化，提高局部搜索的精度，并不断移动局部搜索区域，直到找到高精度的全局最优解。

这是一种处理高维搜索空间优化问题的有效方法，因为:①在较小的局部搜索空间中构建代理模型所需的样本数量比在较大的全局空间中构建代理模型所需的样本数量要少；②在较小的局部搜索空间中构建低精度代理模型比在较大的全局空间中构建高精度代理模型更准确。算法原理如图 4.2.12 所示，具体流程如下:

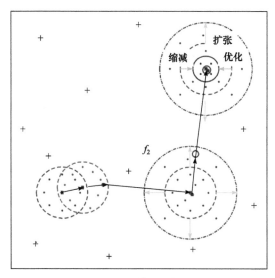

图 4.2.12　算法原理图

(1) 对全局设计空间采用拉丁超立方(LHS)[238]进行少量采样，构建初始粗略的 Kriging 代理模型，用遗传算法[239]寻优。

(2) 以找到的响应面全局最优点为中心，划一个局部搜索邻域，在此区域内采样加密，并加入上一步找到的最优点，重新构建代理模型，用遗传算法寻找当地最优点。

(3) 以上一步找到的当地最优点为中心，重新划一个局部搜索邻域(即搜索空间随当地最优点而移动)，在这个更新的区域再次细化样本，添加上一步找到的局部最优解。重新构建代理模型，用遗传算法寻找更新后的邻域内的当地最优点。

(4) 重复步骤 3，直至当地最优点不再移动。

(5) 扩大搜索空间，以步骤 2 中方式寻找当地最优点。若当地最优点有变化，则重复步骤 2～5；若当地最优点不改变，则转下一步。

(6) 缩小搜索空间，并对样本点加密，求得更为精确的最优值。

对不断更新的较小局部搜索区域进行采样细化时，仍保留该较小区域内的已有样本。以上步骤就是完整的基于变搜索空间的自适应代理辅助优化算法，其搜索流程如图 4.2.13 所示。对于那些难以收敛到唯一最优解的优化问题，应结合其

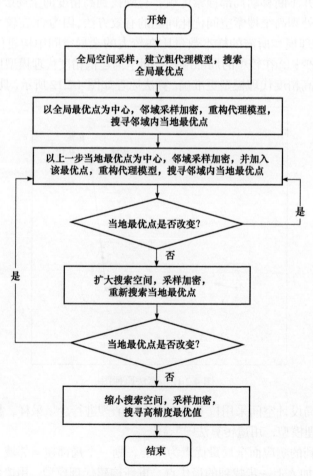

图 4.2.13　基于变搜索空间的自适应代理模型算法优化流程

实际情况、预期精度和 CPU 成本来确定自适应次数。值得注意的是，当存在多个最优解或搜索接近最优解时，由于局部搜索区域大小选择不当或代理模型精度较低，可能出现搜索振荡，可通过减小局部搜索区域大小来避免。此外，遗传算法本身也可能存在陷入局部最优解的缺点。Kriging 代理模型具有很好的近似高维空间中任意非线性函数的能力。本节基于自适应动态代理模型的变搜索空间优化算法可以有效改善遗传算法的早熟现象，大大提高计算效率。

综上所述，本节发展的基于变搜索空间自适应代理模型的优化算法具有如下优点：

(1) 有效解决高维设计空间下样本点数量过多导致的"维度灾难"问题，提高计算效率；

(2) 此自适应策略适用于所有代理模型，而非 Kriging 模型一种；

(3) 不需要复杂公式推导，易于编程实现；

(4) 有效减少动态代理模型的重构次数，从而降低复杂矩阵运算的时间成本；

(5) 在小区间内寻优，遗传算法效率更高，更容易规避早熟现象的发生；

(6) 优化结果的精度高，有效解决普通静态代理模型局部精度难以提高的问题；

(7) 基于搜索空间移动、邻域采样加密的自适应代理模型构建方法，有利于处理未知搜索空间的优化问题。

2) 变搜索区间代理模型优化算法的测试与验证

A. ZDT1-f2 函数测试

以如下 ZDT1-f2 函数为例：

$$
\begin{cases}
g(x) = 1 + \dfrac{9}{m-1}\sum_{i=2}^{m} x_i \\
h(x) = 1 - \sqrt{x_1/g} \quad , \quad 0 \leqslant x_i \leqslant 1, \ m = 20 \\
f(x) = g(x)h(x)
\end{cases}
\tag{4.2.69}
$$

ZDT1 是一个经典的双目标优化测试函数，在此取了其中的 f_2 目标函数，变量维数取为 20，全局最小值：$x_1 = 1$，$x_2 \sim x_{20} = 0$，$\min f_2 = 0.0$。在基于自适应代理模型的优化流程中，初始样本点个数为 300，加密样本点个数为 300。为验证自适应代理模型方法的效率、精度，另外取 200～4000 个样本点构建普通的代理模型，比较二者优化结果如表 4.2.6 所示，自适应历程中每一步的搜索结果如表 4.2.7 所示，与自适应代理模型结合的遗传算法收敛历程如图 4.2.14 所示，自适应最后一步与 4000 个样本点构建的普通高精度代理模型的遗传算法收敛历程的对比如图 4.2.15 所示。对比表中数据可知，构建高精度的静态代理模型花费了 4000 个样本点，优化结果与理论值仍存在一定误差；而以本节发展的方法花费 600 个样本点就可构建更高结果精度的自适应代理模型，样本数量仅为前者的 15%。

表 4.2.6　自适应代理模型与静态代理模型结果对比[233]

模型	样本点数量	偏移率λ	预测最优值	实际值
真实函数	—	0%	—	0.0
Kriging	200	17.0992%	0.6109	0.6016
Kriging	400	14.7854%	0.6066	0.5007
Kriging	700	13.8912%	0.5965	0.3983
Kriging	1500	7.6945%	0.3505	0.1985
Kriging	2000	5.7813%	0.3307	0.1642
Kriging	2500	7.5033%	0.2963	0.1572
Kriging	3000	5.4905%	0.2660	0.1326
Kriging	4000	5.1949%	0.2153	0.1096
自适应 Kriging	600	0.0491%	0.0026	5.7949×10^{-4}

表 4.2.7　自适应历程每一步的搜索结果[233]

自适应历程	添加的样本点数量	偏移率λ	预测最优值	实际值
步骤 1	300	15.8424%	0.7488	0.5637
步骤 2	100	6.7914%	0.1802	0.1258
步骤 3	100	1.0610%	0.0254	0.0118
步骤 4	100	0.0491%	0.0026	5.7949×10^{-4}

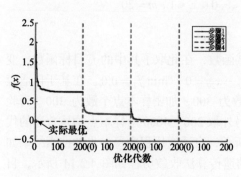

图 4.2.14　自适应代理模型预测值随遗传算法代数收敛历程[233]

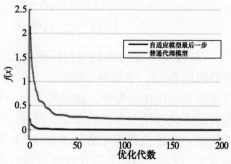

图 4.2.15　自适应最后一步与普通代理模型的遗传算法收敛历程对比[233]

由上述测试结果可知：同等样本点数量下，自适应代理模型的优化结果精度远超过普通代理模型的优化结果精度。在 ZDT1-f2 函数中，与同等精度的普通代理模型相比，自适应代理模型节省了 85%的样本点数量。由此可见变搜索空间自适应代理模型算法的优越性。

B. 在全局搜索空间未知的优化问题中的测试

在飞行器优化设计的实际工程应用中，首要的工作便是对飞行器进行合理的参数化建模，使得设计变量能精确地反映飞行器的气动外形。优化的任务即从所有变量的取值区间中找到一组设计参数，使得对应外形的飞行器具有最优的目标性能，因此，确定每个变量的边界范围是进行采样或直接优化的预先工作。如果变量范围取得过大，则基于代理模型的优化方法需要大量的样本点，且优化算法效率下降，容易早熟陷入局部最优。如果变量范围取得过小，则容易错过性能更出色的个体。在未知优化结果的前提下，如何合理地确定每个变量的搜索空间成为难以解决的问题，如果能发展一种不需要事先指定变量范围的优化方法，则将极具工程应用价值。

所提出的基于变搜索空间的自适应代理模型算法，其核心在于移动的搜索空间、重构的代理模型。将之应用于不明确指定搜索空间的优化问题中，初始在一个小区间内采样、建立代理模型、寻优，然后根据当前最优值调整采样区间，如此样本空间内每个变量的取值区间是根据当前最优解自适应调整的，无须一开始就指定变量范围，带来了极大的便利。以一个二维的 Camel 多峰函数来测试该算法应用于变量无边界范围优化问题的效果，函数表达式如下：

$$f(x) = \left(4 - 2.1x_1^2 + \frac{x_1^4}{3}\right)x_1^2 + x_1 x_2 + (-4 + 4x_2^2)x_2^2 \tag{4.2.70}$$

情况一：初始样本区间落在最优值附近。

初始的样本区间是随机确定的，可能落在最优值附近，也可能远离最优。对于靠近最优点的情况，不同优化步数下拟合曲面与原函数的对比以及样本点的分布见图 4.2.16，与自适应代理模型结合的遗传算法收敛历程见图 4.2.17，每一步的搜索结果如表 4.2.8 所示。可见，根据当前最优点的改变，搜索空间很快移向理论最优值附近，同时所需的样本点数量较少。

情况二：初始样本区间远离最优值。

对于初始样本区间远离最优点的情况，不同优化步数下拟合曲面与原函数的对比以及样本点的分布见图 4.2.18，与自适应代理模型结合的遗传算法收敛历程见图 4.2.19，每一步的搜索结果如表 4.2.9 所示。可见，搜索空间随当前最优很快移向极值点附近，在扩大搜索空间后又跳出局部最优解，移向理论最优值附近，扩大的搜索空间需要抽取相对更多的样本点。

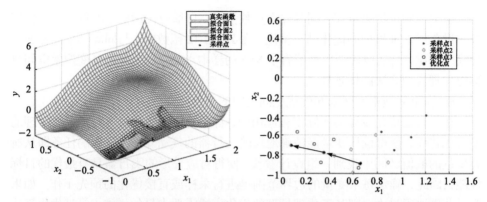

图 4.2.16　情况一：自适应代理模型拟合曲面与原函数对比以及样本点分布[233]

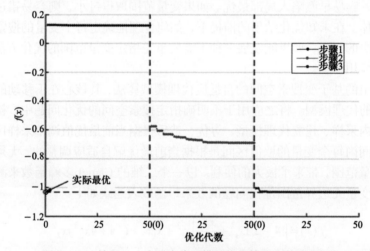

图 4.2.17　情况一：自适应代理模型优化算法收敛历程[233]

表 4.2.8　情况一：自适应历程每一步的优化结果[233]

步数	样本数量	最优点	偏移率λ	预测最优值	实际值
原函数	—	[0.0898,−0.7126]	0%	—	−1.031628
第一步	5	[0.6530,−0.9001]	20.99%	0.1254	0.1468
第二步	5	[0.3531,−0.7838]	9.64%	−0.6892	−0.7577
第三步	5	[0.0841,−0.7100]	0.22%	−1.0305	−1.0315

　　总体来看，在面对不事先指定搜索空间的优化问题时，通过自适应代理模型算法，样本区间随当地最优移动，花费较少数量的样本点就可搜寻到精度足够的最优值。在本节函数算例中，考虑了初始样本区间离理论最优点距离远近的不同

情况，并分别进行了优化测试，均取得不错的效果，本书发展的新方法能取得理想的加速效率。

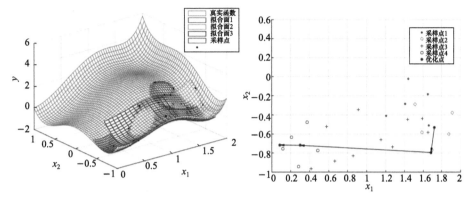

图 4.2.18　情况二：自适应代理模型拟合曲面与原函数对比以及样本点分布[233]

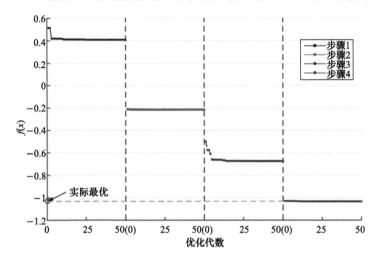

图 4.2.19　情况二：自适应代理模型优化算法收敛历程[233]

表 4.2.9　情况二：自适应历程每一步的优化结果[233]

步数	样本数量	最优点	偏移率 λ	预测最优值	实际值
原函数	—	[0.0898, −0.7126]	0%	—	−1.031628
第一步	5	[1.7210, −0.5335]	58.02%	0.4089	0.3535
第二步	5	[1.6834, −0.7949]	56.42%	−0.2141	−0.2117
第三步	10	[0.3000, −0.7201]	7.44%	−0.6741	−0.8714
第四步	5	[0.0861, −0.7176]	0.22%	−1.0330	−1.0314

C. 超临界机翼气动外形优化设计应用

为了进一步验证该方法在更高维设计空间中解决实际工程优化问题的实用性，本节将其应用于超临界机翼剖面形状的气动优化设计，机翼的外形参数和模型结构如图 4.2.20 所示。机翼的所有总体外形参数中，展长、各位置弦长、展弦比、后掠角均保持不变，安装角、扭转角、上反角等均取为 0，只优化三个剖面翼型形状。沿展向取翼根、联结处、翼梢三个站位的剖面作为翼型设计面，翼型外形采用 CST[240]方法生成，以此来参数化机翼，共 30 个设计变量。翼根、联结处、翼梢三个控制剖面均采用 RAE2822 翼型作为初始翼型，在 10km 高空巡航状态下对其进行带约束条件的减阻优化设计。设计问题定义如下：

$$Ma = 0.785, \quad \alpha = 2.24°, \quad Re = 2.5 \times 10^7$$
$$\min \quad C_d \tag{4.2.71}$$
$$\text{s.t.} \quad C_l \approx C_{l0}, \quad S_1 \geqslant S_{10}, \quad S_2 \geqslant S_{20}, \quad S_3 \geqslant S_{30}$$

初始机翼的升力系数 $C_{l0} = 0.498392$，阻力系数 $C_{d0} = 0.0192807$，机翼的几何平均弦长为 3.3523m，平均气动弦长为 3.7485m，翼根、联结处、翼梢三个站位的翼型剖面面积分别为 $S_{10} = 2.95504 \text{m}^2$，$S_{20} = 1.13095 \text{m}^2$，$S_{30} = 0.17904 \text{m}^2$。优化目标为最小化机翼阻力系数，约束条件为升力系数基本不变，三个控制剖面翼型的截面积不减小。流场分析采用 S-A 湍流模型在结构网格上求解保守 N-S 方程，网格总数为 236 万，如图 4.2.21 所示。

自适应代理模型预测阻力系数 C_d 随遗传算法代数收敛的历程如图 4.2.22 所示，每一次优化的流程：变搜索空间采样加密、重构代理模型、重新寻优。初始样本点个数为 492，自适应加密的样本点总数为 175，共花费了 667 个样本点。初始的代理模型精度较低，所以预测的最优 C_d 偏离其真实值较远；随着样本点自适应加密，搜索区间内的误差大大减小，预测的最优 C_d 逐渐接近其真实值；每次搜索的最优 C_d 呈上升趋势是因为模型拟合误差在不同的等级上，反映的是精度的逐步提高。

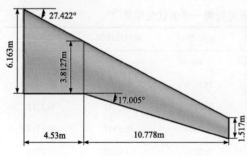

图 4.2.20　机翼几何外形参数[233]

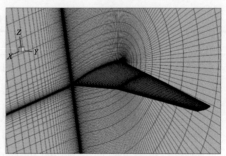

图 4.2.21　机翼结构网格[233]

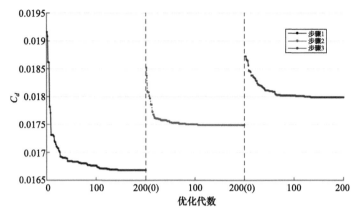

图 4.2.22　自适应代理模型预测 C_d 随遗传算法代数收敛的历程[233]

优化结果与初始机翼对比如表 4.2.10 所示，目标值和各约束值都有了有效的改善。优化后的机翼阻力系数降低了 6.09%(减少 11.7counts)，升力系数提高了 0.55%，三个控制剖面翼型的面积分别增大了 0.75%、0.73%、0.50%。以上结果表明，本节发展的基于自适应代理模型优化方法在高维非线性设计空间下拥有出色的寻优性能，同时花费的样本点数量在可承受范围之内。

表 4.2.10　优化结果与初始机翼对比[233]

计算结果	初始机翼	优化机翼	改善效果
C_d	0.0192807	0.0181073	−6.09%
C_l	0.498392	0.501129	+0.55%
S_1	2.95504	2.97735	+0.75%
S_2	1.13095	1.13917	+0.73%
S_3	0.17904	0.17994	+0.50%

本节采用基于可变搜索空间的动态自适应代理模型的优化方法解决了飞机气动外形设计优化问题。结果表明，与基于静态全局代理模型的传统优化方法相比，该方法在相同样本数下可以获得更好的形状。同时，与基于高保真流场模拟的优化相比，可以显著减少所需的流场计算次数，从而大大降低气动外形设计优化的 CPU 消耗。此外，该方法能够解决面向高维非线性设计空间下高精度优化结果所带来的样本点数量灾难问题。

3) 扩展到求解多目标优化问题

A. 自适应动态代理辅助多目标进化优化算法

与单目标问题的优化不同，这里使用的是多目标进化算法，如 NSGA-Ⅱ[241]。同时，单目标优化中待细化样本的动态子区域以当前最优解为中心，而多目标优化中设计变量的子空间包含整个当前 Pareto 最优解集。步骤如下所述。

(1) 利用拉丁超立方法对全局搜索空间进行粗采样,用较少的样本点构造所有目标和约束的初始代理模型。然后采用 NSGA-Ⅱ求解当前最优 Pareto 前沿。

(2) 以初始代理模型上优化的最优 Pareto 前沿为中心,选取一个局部搜索邻域,对该局部区域内的样本进行细化。细化方式与步骤 1 相同,也可以使用不同的样本来构造对应于每个目标或约束函数的局部代理模型。再加入上一步中得到的 Pareto 最优解,重建该局部搜索区域的局部代理模型。然后利用 NSGA-Ⅱ算法在当前邻域内搜索最优 Pareto 前沿。

(3) 围绕上一步搜索到的临时 Pareto 前沿,重新定义一个局部搜索区域(即局部搜索区间随着临时最优 Pareto 前沿移动),在更新后的区域内再次精化样本,并添加上一步得到的当前 Pareto 最优解。然后重构局部代理模型,利用 NSGA-Ⅱ在更新后的局部区域内搜索最优 Pareto 前沿。

(4) 重复步骤 3,直到最优 Pareto 前沿不再改变。

(5) 以不变的最优 Pareto 前沿为中心,在搜索区域过小只能得到部分 Pareto 前沿的情况下,将搜索区域进行放大。然后对样本进行优化,利用 NSGA-Ⅱ算法在扩大的搜索空间中搜索最优 Pareto 前沿。如果 Pareto 前沿发生改变,则重复步骤 3~5。如果最佳 Pareto 前沿保持不变,则转到下一步。扩大局部搜索区域的策略是将搜索区域的规模扩大到原来的 1.5~2 倍。

(6) 缩小搜索空间,进一步细化样本,得到更准确的最优 Pareto 前沿。

B. 自适应动态代理辅助算法在多目标优化问题中的应用

考虑下面有两个目标的优化问题:

$$\begin{cases} \min_{(x,y)} f_1(x,y) = (x-1)^2 + (x-y)^2 \\ \min_{(x,y)} f_1(x,y) = (y-4)^2 + (x-y)^2 \end{cases}, \quad (x,y) \in [-5,5] \otimes [-5,5] \quad (4.2.72)$$

首先,在全局搜索空间中使用拉丁超立方进行粗采样,如图 4.2.23 所示,共选取 100 个样本。其次,计算这 100 个样本点上函数 f_1 和 f_2 的对应值,利用这些样本构造 Kriging 代理模型。然后采用多目标进化算法(如 NSGA-Ⅱ)求解初始逼近模型的当前最优 Pareto 前沿。将以上步骤优化结果各设计变量的最大聚集子集作为新的搜索区域,如图 4.2.24 蓝色虚线框所示。然后对该局部区域的样本进行精化(如增加 45 个样本),动态构造该局部搜索区域的 Kriging 模型。接着再次使用 NSGA-Ⅱ算法在局部约简区域上搜索当前最优 Pareto 前沿。最后,进一步缩小局部搜索区域,并根据当前最优 Pareto 前沿进行移动,如图 4.2.25 蓝色虚线框所示。在这个新的局部搜索区域再次细化样本,例如增加 18 个样本。重复上一步的工作,得到最终的 Pareto 前沿,图 4.2.26 和图 4.2.27 给出了优化后的 Pareto 前沿与理论的 Pareto 前沿在搜索空间和解空间的对比图。

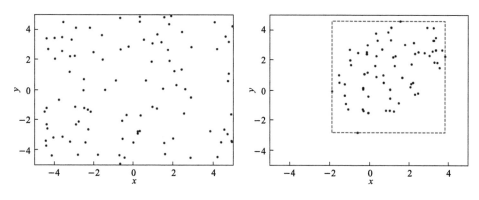

图 4.2.23　全局搜索空间上的 100 个初始粗样本[233]

图 4.2.24　在收缩搜索区间内对样本进行第一次自适应动态细化，在第一次采样的基础上增加 45 个样本[233]

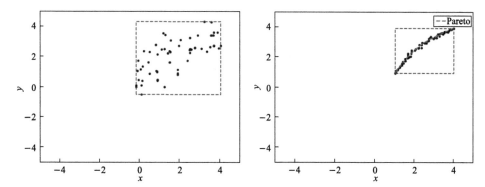

图 4.2.25　进一步缩小搜索区间，对样本进行二次自适应动态细化，在第二次采样基础上增加 18 个样本[233]

图 4.2.26　搜索空间中 Pareto 前沿优化值与理论值比较[233]

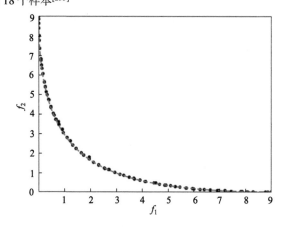

图 4.2.27　目标空间中 Pareto 前沿优化值与理论值对比[233]

4.3　反设计方法

4.3.1　引言

不同于优化设计方法，反设计方法通常需要给定期望气动参数(如表面压力系数 C_p 分布、速度分布等)，通过求解流动控制方程，逐步逼近给定的气动状态，获取满足给定流场的气动构型。由于壁面压力分布反映了许多流场特征，如层流分离、转捩、湍流再附等，常作为目标流场分布被预先给定。该方法具有效率高、利于工程使用的特点，在给定优秀目标流场分布后能够很快得到满意的气动构型。但反设计方法存在目标流场分布难以给定、对设计经验依赖度高的问题，如果给定的目标分布不太合理，则解可能不收敛，甚至发散，无法获得与目标分布对应的实际翼型[242]。

4.3.2　反设计方法简介

反设计方法是以预先设计的飞行器流场参数或分布为目标，通过计算不断修正飞行器的构型，使其流场分布的计算结果与目标相近，从而得到飞行器构型的一种设计方法。

反设计思想的提出可追溯到 20 世纪 30 年代 NACA-6 系列翼型的设计，将流场分析理论逆向应用于翼型设计，即根据目标气动特性求解翼型几何构型。Lighthill 最早提出了基于保角变换的翼型反设计方法，之后 Takanashi 发展了余量修正法及其改进方法，该方法是工程中常用的反设计方法之一。余量修正法流程如图 4.3.1[243]所示：在给定目标压力分布的条件下，基于初始翼型的目标压力差量计算翼型修正量，叠加在初始翼型上，反复迭代求得翼型。Takanashi 余量修正法正反问题的求解相互独立，能够直接利用正计算程序的输出结果，当与更高精度的 N-S 方程流场计算程序组合时设计精度也得到提高，但存在难以给出合理的目标压力分布的缺点。

本征正交分解(proper orthogonal decomposition，POD)方法是一种分析系统模态的方法，即对于一组给定的数据，找出其中的主导特征。Bui-Thanh 等基于 POD 发展了 Gappy POD 翼型反设计方法，避免了余量修正迭代法在使用上的诸多限制，适用于各种设计工况；与此同时，基于最小二乘法逼近目标压力分布的过程也避免了使用优化方法进行反设计时对流场求解器的反复调用，故收敛速度快、效率高。Gappy POD 反设计方法对目标压力分布合理性没有要求，计算效率高，但最佳模态数量的选择对于 Gappy POD 翼型反设计方法影响极大，设计方法具有一定的不确定性。此外，常用的反设计方法还有直接表面曲率迭代法（direct iterative surface curvature，DISC）、直接表面流线迭代法（constrained direct iterative surface curvature，CDISC）等。

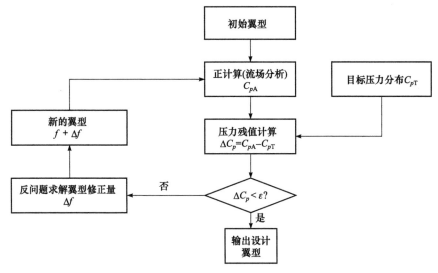

图 4.3.1 余量修正法流程[243]

反设计方法求解经典的空气动力反问题，通常比直接优化设计方法效率高、计算时间短，已广泛应用于许多不同的领域，其中包括 CFD 领域。其基本思想是：将壁面上的静压等物理量作为已知边界条件，求解几何型面，此类方法是CFD 领域重要的研究方向。图 4.3.2[244]显示了反设计过程的一般过程。反设计过

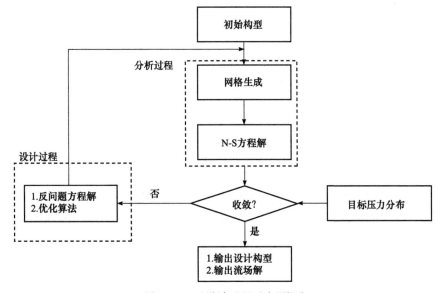

图 4.3.2 反设计过程示意图[244]

程主要由两个相互独立的过程组成：一个是分析过程，包括网格生成和流动模拟；另一个是设计过程。流动模拟求解描述物理现象的微分方程，也可以使用风洞测试数据。设计部分则包括了反问题的求解方案，以及用于寻找目标气动构型的算法。

4.3.3　基于性能指标和流场分布的反设计方法

反设计方法的本质是将气动构型转化为一个反问题求解。因反问题本身所具有的不适定性，特别是求解过程的不稳定性，反设计方法在气动构型的设计中虽然效率很高，但具有需要预先给定新设计构型的流场分布、难以保证目标流动分布是最优解等问题。中外学者发展了多种反设计方法，并应用于进排气系统、翼型、叶型、短舱等设计中。

赵小虎和阎超[245]将 CFD 与反设计技术结合，借助于几何和流动控制方程，通过数值计算反复迭代求解反问题，获得给定流场的翼型。白俊强等[242]针对 Gappy POD 方法进行了改进，根据迭代压力分布和实际压力分布误差，引入迭代校正法，提高了反设计精度。

杜磊和宁方飞研究了一种基于共轭方程法求解黏性反问题的简化方法[246]，主要是从给定压力分布的黏性气动反问题出发，考虑简化用于获得目标函数对设计变量敏感性导数的共轭方程，该简化方法的使用取得了较高的精度并减少了总的计算耗时。

近年来，机器学习技术不断发展并被应用到翼型反设计领域。韩少强等[247]将 Kriging 代理模型应用到气动反设计中，将翼型反设计问题转换为优化问题，取得了较好效果。李秀娟等[248]将遗传算法应用于翼型反设计的优化中，有效提高了设计效率。随着机器学习技术的不断发展，有研究者尝试将其应用到翼型反设计领域，利用数据驱动的思想，构建翼型反设计模型。单志辉[249]将高斯过程回归用于翼型反设计，使用压力分布和构型数据训练模型，以预测新的压力分布对应的翼型。Sun 等[250]基于人工神经网络开展了翼型反设计研究。何磊等[251]建立了一种基于深度学习的翼型反设计方法，如图 4.3.3[251]所示，将翼型曲线及其对应的压力分布图像作为训练学习对象，建立其内在联系的模型，实现通过卷积神经网络提取压力分布图像的特征，计算获得翼型曲线。该方法在前期通过大量数据训练建立模型后，在预测阶段可以直接多次使用，耗时短，且避免了传统方法中烦琐耗时的数值计算过程，也能够有效解决由输入变量过多和样本数的增大而带来的算法复杂度急剧增加的问题。但基于神经网络，尤其是深度神经网络的反设计方法还存在模型训练复杂、训练时间长等问题。

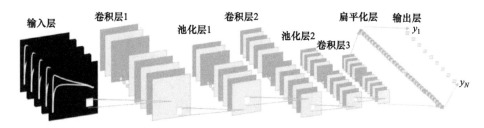

图 4.3.3　基于卷积神经网络的翼型反设计模型结构示意图[251]

可逆神经网络(invertible neural network, INN)作为新兴的神经网络模型，具有良好的逆映射效果，可以被用来实现翼型的快速反设计。Glaws 等利用 INN 模型实现了风力涡轮机翼型形状的快速反设计。训练后的 INN 代理模型能够对给定翼型形状的气动和结构特征进行正向预测，也可以对具有特定气动和结构特征的翼型形状进行反向恢复。

为了解决一般逆问题中逆映射不唯一的问题，通过在 INN 的输出空间中附加一组潜在空间变量来参数化逆像，这些变量用 $z \in \mathbb{R}^{m-n}$ 表示，其中 m,n 分别表示输入和输出维数。这些变量通过使每个可逆块具有恒定宽度来确保网络的可逆性，从而发挥作用。模型输出为

$$f_{\text{INN}}(x,\Theta)=\begin{bmatrix} f \\ z \end{bmatrix} \tag{4.3.1}$$

其中，可训练的网络参数用 Θ 表示，则逆映射可表示为

$$f_{\text{INN}}^{-1}\left(\begin{bmatrix} f \\ z \end{bmatrix};\Theta\right)=x \tag{4.3.2}$$

模型的可逆性由网络中的可逆块保证，可以将每一个块看作是 INN 的一层，但是每个块可以包含一个或多个传统前馈层。网络输入包括翼型形状(由 CST 参数定义)、攻角和雷诺数，输出各种气动和结构参数，如升阻比、失速裕度等。网络结构如图 4.3.4 所示。

作为先进的机器学习方法之一，生成对抗网络(generative adversarial network, GAN)近年来已成为空气动力学优化领域的一种流行方法，流程图如图 4.3.5[252] 所示。GAN 由生成网络和判别网络组成，x 是来自 CFD 计算的样本，z 是一组拟合高斯分布的噪声样本(0,1)，并且是发生器的输入，概率分布为 $p_z(z)$。生成器接收随机变量 z 并生成假样本数据 $G(z)$，生成器的目的是使生成的样本与真实样本相同。鉴别器的输入由两部分组成，实数数据 x 和数据 $G(z)$ 由生成器生成，其输出通常是一个概率值，表示鉴别器确定输入为实分布的概率。输入来自真实数据，输出为 1，否则为 0。鉴别器的输出被馈送到生成器以指导其训练。理想情

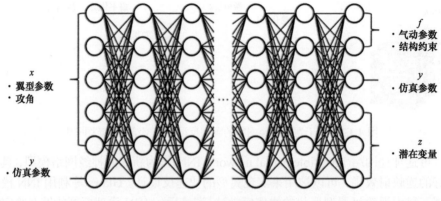

图 4.3.4　INN 网络结构

况下，当模型最优时，鉴别器无法区分输入数据是来自真实数据 x 还是生成的数据，即鉴别器输出的概率值为 1/2。Wu 等[252]提出了 ffsGAN 模型，该模型将 GAN 的特性与卷积神经网络(CNN)模型相结合，对流场结构进行有效预测。通过该方法可以直接建立参数化超临界翼型与其参数空间上相应的跨声速流场剖面的一对一映射。

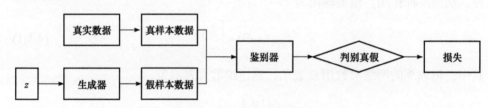

图 4.3.5　GAN 模型流程图[252]

　　上述空气动力学设计方法大多是在翼型设计案例中实现的，对短舱设计的研究方面，Wang 等[253]提出了基于改进生成对抗网络的短舱逆设计框架；如图 4.3.6 所示，利用 CFD 得到的压力分布数据库对 GAN 模型进行训练，利用训练良好的发生器产生大量样本，搜索最优压力分布；并改进 GAN 模型，建立了压力分布-气动参数 ANN 模型和压力分布-几何参数 ANN 模型,评价目标分布的气动性能，得到目标分布对应的短舱几何形状；分别应用于旋成形短舱和非旋成形短舱，取得了较好的设计效果。

　　基于前文罗列的反设计方法可以看出：在过去的几十年里，反设计方法取得了长足的进步，在代理模型、优化方法、设计变量降维等多个方面都有了改进。在后续的进一步研究中，发展反方法时必须以尽可能先进和准确的正方法为基础，使反方法的准确性尽量提高；反方法最好与正方法相互独立，能够与多种正方法耦合，跟上正方法发展的水平；反方法对正方法的依赖要尽量小，最好直接使用正方法的输出结果，而无须对已有的正方法进行改动。

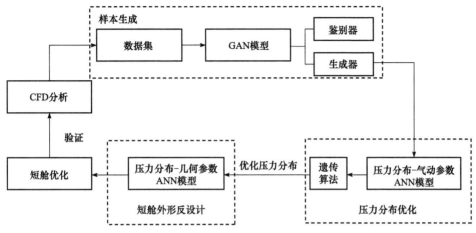

图 4.3.6　机舱的反向设计框架[253]

4.4　先进的人工智能方法

受到人类智能、生物群体社会性或自然现象规律的启发，人们发明了很多智能优化算法(又称为现代启发式算法)来解决大型的复杂优化问题，主要包括：模仿自然界生物进化机制的遗传算法[254]；模拟鸟群和鱼群群体行为的粒子群优化算法[38]；源于固体物质退火过程的模拟退火算法[39]；等等。这些算法有一个共同的特点：它们都是通过模拟或揭示某些自然界的现象和过程或生物群体的智能行为而得到发展，故称为智能优化算法。它们具有简单、通用、便于并行处理等特点。

另一方面，通过模拟人类大脑神经元的行为，科学家构造了神经网络这一人工智能模型。神经网络通过自我学习的方式自动提取特征。在气动优化领域，神经网络(例如 BP 神经网络、径向基函数神经网络等)能够用于构造代理模型，拥有较好的预测精度，且降低计算成本。

4.4.1　基于人工智能的寻优方法

1. 遗传算法

1) 遗传算法的理论及流程[254]

遗传算法是模仿自然界中生物遗传进化机制的启发式算法，是一种进化算法。遗传算法使用群体搜索技术。遗传算法中，优化问题的可行解称为个体(individual)。个体的属性通过编码(encoding)的方式表达为一个变量序列，称为染色体(chromosome)或基因型(genotype)。个体的集合称为种群(population)，是一组可行解集。

　　染色体是个体的属性通过编码得到的变量序列，是个体属性的表达。个体、染色体和基因型是一一对应的，在后文的表述中我们不做区分。基因(gene)是染色体的分量。用数学表达式来表达如下：设计变量

$$X = [x_1,\ x_2,\ \cdots,x_n]^{\mathrm{T}} \triangleq X_1 X_2 \cdots X_n \tag{4.4.1}$$

　　将每一个 $X_i(i=1,2,\cdots,n)$ 看作一个基因，它的所有可能取值称为等位基因。X 就被视为由 n 个基因所组成的一个染色体。式(4.4.1)所示过程即为编码。常用的编码机制有二进制编码、十进制编码(实数编码)等。例如，二进制编码时，等位基因由 0 或 1 的符号串组成，相应的染色体就是一个二进制符号串。解码(decoding)是编码的逆运算，用于将符号串转换为设计变量。在遗传算法中，X 组成了可行域。对问题最优解的搜索是通过对染色体 X 的搜索过程来完成的。

　　首先，遗传算法会随机生成一定数量的个体，得到初始种群，该过程称为初始化(initialization)。种群规模 NP 会影响遗传优化的结果和遗传算法的效率。当种群规模较小时，遗传算法容易陷入局部最优解；而种群规模过大会导致计算复杂度高。一般种群规模取设计变量数目的 20 倍左右。操作者可以干预这个随机生成的过程，以提高初始种群的质量。在每一代(generation)中，都会对每一个个体进行适应度(fitness)的计算，并按照适应度数值的大小将个体从高到低进行排序。适应度函数(fitness function)是用于评价个体优劣的数学函数，函数值即为适应度。遗传算法在进化搜索中基本不用到外部信息，仅以适应度函数作为依据。个体 X 的适应度与其目标函数值相关联，X 越接近于目标函数的最优点，其适应度越大；反之，适应度越小。

　　下一步是产生下一代个体并组成新一代种群。这个过程是通过选择(selection)和繁殖(reproduction)等一系列遗传操作(genetic operation)完成，其中繁殖包括交叉(crossover)和变异(mutation)。由于这一系列操作的目标是选择好的个体产生下一代，而逐步淘汰适应度低的个体，因此新一代的个体向整体适应度增加的方向发展。选择、交叉和变异算子的具体算法如下所述。

　　(1) 选择操作。

　　根据个体的适应度，按照一定的规则或方法，从第 t 代种群 $P(t)$ 中选择出一些优良的个体遗传到下一代种群 $P(t+1)$ 中的操作称为选择。适应度是选择操作的重要评判标准，但不是唯一标准，因为单纯选择适应度高的个体可能导致遗传算法快速收敛至局部最优解而非全局最优解。作为折中，选择操作的原则是：适应度越高，则被选择的概率越高；适应度越低，则被选择的概率越低。Holland[255]提出的"轮盘赌"选择法是遗传算法中最早提出的一种选择方法，由于其简单实用而被广泛采用。该方法是一种基于比例的选择。若某个个体 i 的适应度为 f_i，

种群大小为 NP ，则它被选择的概率为

$$p_i = \frac{f_i}{\sum\limits_{i=1}^{NP} f_i} \quad (i = 1, 2, \cdots, NP) \tag{4.4.2}$$

另一种常用的选择方法是锦标赛选择法[256]：每次从种群中取出一定数量的个体(放回抽样)，然后选择样本中最好的一个或几个个体进入子代种群，重复该操作直至新的种群规模达到原来的种群规模。

(2) 交叉操作。

将种群 $P(t)$ 中选中的个体随机搭配,每一对个体以交叉概率 P_c 交换它们之间的部分染色体的操作称为交叉。交叉操作一般分为以下几个步骤：首先，取出要交配的一对个体；然后，根据染色体的符号串长度 L ，将要交叉的一对个体，随机选取 $[1, L-1]$ 中的一个或多个整数作为交叉位置；最后，根据交叉概率 P_c (一般取 $0.25 \sim 1.00$)实施交叉操作，这一对个体在交叉位置处，相互交换各自的部分基因，从而形成了新的一对个体。二进制编码的主要交叉操作包括单点杂交、多点杂交、均匀杂交等。以单点杂交为例，设亲代染色体符号串为 10010|111 和 00101|010, 其中"|"表示交叉位置，则子代染色体分别为 00101|111 和 10010|010。通过交叉操作，遗传算法的搜索能力得以飞跃提高。

(3) 变异操作。

对群体中的每个个体，以变异概率 P_m (一般取 $0.001 \sim 0.1$)将某一个或一些基因的基因值改变为其他的等位基因值。对于二进制编码来说，变异操作即为基因值的取反操作；对于实数编码来说，变异操作为将该基因的基因值用取值范围内的其他随机值替代。变异操作能够维持遗传多样性(genetic diversity)，可以有效防范算法掉入局部极值。

不断对新一代种群重复上述步骤，直到满足终止条件为止。终止条件一般有以下几种：

① 进化代数限制；

② 一个个体已经满足了最优解条件，即最优解已经找到；

③ 适应度已经达到饱和，继续进化不会产生适应度更好的个体；

④ 计算耗费的资源限制。

遗传算法的基本流程如图 4.4.1 所示。

经过数十年的发展，传统遗传算法也有了诸多改进算法，例如，多岛遗传算法(multi-island genetic algorithm, MIGA)[258]是由传统遗传算法发展而来的一种基于群体分组的并行性遗传算法。该方法将整个种群划分为若干子群，各子群被相互隔绝于不同的"岛屿"上独立地进化。不同"岛屿"的进化机制不一定相同，

但是各个"岛屿"之间会以一定的时间间隔进行"迁移"操作，以完成信息交换。MIGA 能够有效地提高运算速度和种群的遗传多样性，有利于找到全局最优解。

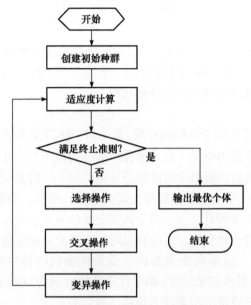

图 4.4.1 遗传算法的基本流程[257]

2) 遗传算法的特点

(1) 遗传算法直接以目标函数值作为搜索信息。它只需要由目标函数值变换得到的适应度函数值，就可以确定进一步的搜索方向与范围，而不需要目标函数的导数等辅助信息。对于目标函数难以求导甚至无法求导的优化设计问题，遗传算法具有高度的优越性。

(2) 遗传算法是一种基于概率的自适应搜索技术。随着进化过程的进行，尽管会出现一些适应性不高的个体，但是也总会在新的群体中产生出优良的个体。遗传算法拥有较好的灵活性和鲁棒性，参数对搜索结果的影响较小。

(3) 遗传算法具有自组织、自适应和自学习的特性。并且，遗传算法具有可扩展性，易与其他算法相结合，生成综合双方优势的混合算法。

3) 遗传算法在空气动力学设计中的使用实例

复旦大学的陈婉春[259]基于遗传算法，对 RAE2822 翼型进行了单目标优化设计。流场条件设置为：迎角 $\alpha = 2.5°$，马赫数 $Ma = 0.71$，雷诺数 $Re = 2.1 \times 10^7$。以升阻比为适应度函数。在第 30 代左右时，个体间的平均距离已近似为零，在第 82 代左右时，适应度函数值已完全收敛。最终设计效果良好，翼型升阻比提高了 8.1%。RAE2822 翼型在优化前后的几何外形对比图和压力系数分布对比图如图 4.4.2 和图 4.4.3 所示。

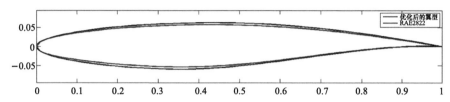

图 4.4.2　RAE2822 在优化前后的几何外形对比图(遗传算法，黑线、红线分别为优化前、后的几何外形)[259]

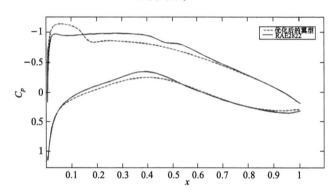

图 4.4.3　RAE2822 在优化前后的压力系数分布对比图(遗传算法，实线、虚线分别为优化前、后的数据)[259]

2. 粒子群优化算法

1) 粒子群优化算法的理论及流程

粒子群优化算法思想的起源可以追溯到 1987 年生物学家 Reynolds 提出的鸟群聚集模型[260]。Reynolds 在他的模型中使用了三条规则，即每一只"鸟"都遵循：①避免和邻域个体发生冲撞，即远离最近的个体；②向自己认为的群体中心靠近，即靠近邻近个体的平均位置；③与自己周围的"鸟"的速度保持一致，即靠近群体的平均速度。"鸟群"中的每一只"鸟"在初始状态下位置随机，且并没有特定的飞行目标，只是使用简单的规则确定自己的初始飞行速度。这三条规则非常接近地模拟出了鸟群的飞行现象。1990 年，生物学家 Heppner[261]提出了鸟类被吸引飞到栖息地的模型：随着时间的推移，"鸟群"体现出了群聚行为，当有一只"鸟"飞到栖息地时，它周围的"鸟"也会跟着飞向栖息地，最终整个"鸟群"都会落在栖息地。

1995 年，在 Heppner 的模型的基础上，Kennedy 和 Eberhart[38]共同提出了粒子群算法。粒子群算法模拟鸟类的觅食行为，求解问题的搜索空间被比作鸟类的飞行空间。每一只鸟被抽象为一个没有质量和体积的粒子。每个粒子都以一定的速度在解空间运动，并向自身历史最佳位置 $p_{\text{best}i}$ 和邻域历史最佳位置 g_{best} 聚集，实现对候选解的进化。

假设在一个 D 维的目标搜索空间中，有 N 个粒子组成一个群落，第 i 个粒子的位置表示为一个 D 维的向量：

$$X_i = (x_{i1}, x_{i2}, \cdots, x_{iD}), \quad i = 1, 2, \cdots, N \tag{4.4.3}$$

第 i 个粒子的"飞行"速度也是一个 D 维的向量，记作

$$V_i = (v_{i1}, v_{i2}, \cdots, v_{iD}), \quad i = 1, 2, \cdots, N \tag{4.4.4}$$

第 i 个粒子迄今为止搜索到的最优位置称为个体极值，记作

$$p_{\text{best}i} = (p_{i1}, p_{i2}, \cdots, p_{iD}), \quad i = 1, 2, \cdots, N \tag{4.4.5}$$

整个粒子群迄今为止搜索到的最优位置称为全局极值，记作

$$g_{\text{best}} = (g_1, g_2, \cdots, g_D) \tag{4.4.6}$$

在得到个体极值和全局极值后，粒子需要更新自己的速度和位置。我们现在常用的标准粒子群算法的更新方式是 1998 年由 Shi 和 Eberhart[262] 提出的：

$$v_{ij}(t+1) = w \cdot v_{ij}(t) + c_1 r_1(t) \left[p_{ij}(t) - x_{ij}(t) \right] + c_2 r_2(t) \left[g_i(t) - x_{ij}(t) \right] \tag{4.4.7}$$

$$x_{ij}(t+1) = x_{ij}(t) + v_{ij}(t+1) \tag{4.4.8}$$

式中，$i = 1, 2, \cdots, N$，$j = 1, 2, \cdots, D$；c_1 和 c_2 为常数，称为学习因子；r_1 和 r_2 为 $[0,1]$ 范围内的均匀随机数；v_{ij} 为速度分量，$v_{ij} \in [-v_{\max}, v_{\max}]$，这里 $v_{\max}$ 是常数，用于限制粒子的速度；w 为惯性权重，表示粒子在多大程度上保留原来的速度。w 较大时，算法的全局收敛能力较强，局部收敛能力较弱；w 较小时，算法的全局收敛能力较弱，局部收敛能力较强。在搜索过程中，我们可以对 w 进行动态调整，算法开始时取较大的 w，并随着搜索的进行，w 逐步减小。常用的动态惯性权重值为 Shi 和 Eberhart[262] 提出的线性递减权值策略：

$$w = w_{\max} - \frac{(w_{\max} - w_{\min}) \cdot t}{T_{\max}} \tag{4.4.9}$$

式中，$T_{\max}$ 表示最大进化代数；$w_{\min}$ 表示最小惯性权重；$w_{\max}$ 表示最大惯性权重；t 表示当前迭代次数。一般取 $w_{\max} = 0.9$，$w_{\min} = 0.4$。对于式(4.4.7)，第一部分为"惯性"部分，代表粒子维持原有运动的趋势；第二部分为"认知"部分，反映粒子对自身历史经验的记忆，使粒子有向自身历史最佳位置逼近的趋势；第三部分为"社会"部分，反映粒子间的协同合作与知识共享，代表粒子有向群体或邻域历史最佳位置逼近的趋势。第一部分用于保证算法的全局收敛性能；第二、三部分使得算法具有局部收敛能力。

最优位置的更新规则为

$$p_{\text{best}i}(t+1) = \begin{cases} p_{\text{best}i}(t), & f\left[X_i(t+1)\right] \geqslant f\left[p_{\text{best}i}(t)\right] \\ X_i(t+1), & f\left[X_i(t+1)\right] < f\left[p_{\text{best}i}(t)\right] \end{cases} \tag{4.4.10}$$

$$g_{\text{best}} = \begin{cases} g_{\text{best}}, & f(p_{\text{best}i}) \geqslant f(g_{\text{best}}) \\ p_{\text{best}i}, & f(p_{\text{best}i}) < f(g_{\text{best}}) \end{cases}, \forall i \tag{4.4.11}$$

式中，f 为适应度函数。粒子群优化算法的流程如下：首先初始化粒子群，包括群体规模 N、粒子的位置 X_i 和速度 V_i；然后计算每个粒子的适应度值，并按照更新规则更新个体和全局极值；迭代更新粒子的速度和位置并处理边界条件；最后判断算法是否进入循环或结束算法。图 4.4.4 展示了粒子群算法的基本流程。

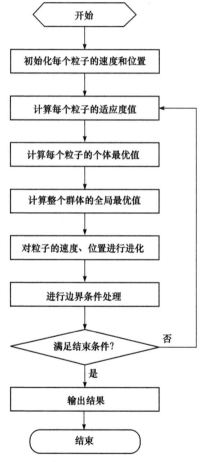

图 4.4.4　粒子群优化算法的基本流程[257]

2) 粒子群优化算法的特点

(1) 粒子群优化算法是一种高效的并行优化算法。

(2) 粒子群优化算法可以通过保存的个体极值得到除最优解外若干较好的次优解，给出多种有意义的方案。

(3) 粒子群优化算法对种群的大小不敏感，即使种群数目下降时，性能下降也不是很大。

3) 基于粒子群优化算法的超临界翼型优化设计

复旦大学的陈婉春[259]基于粒子群优化算法对 RAE2822 翼型进行了以升阻比为设计目标的单目标优化设计(图 4.4.5～图 4.4.7)。流场条件设定为：迎角 $\alpha = 2.5°$，马赫数 $Ma = 0.71$，雷诺数 $Re = 2.1 \times 10^7$。粒子群优化算法的参数设置为：粒子个数为 15，最大迭代次数为 100，惯性因子取 0.5，学习因子 $c_1 = c_2 = 2$，适应度函数为升阻比。取得了较好的优化结果：翼型升阻比得到了明显提高，增加了 7.3%。

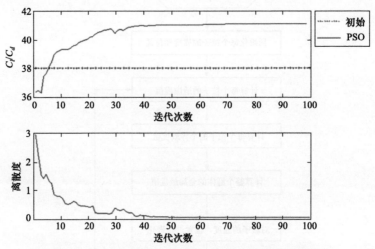

图 4.4.5　升阻比均值与离散度随迭代次数的变化曲线[259]

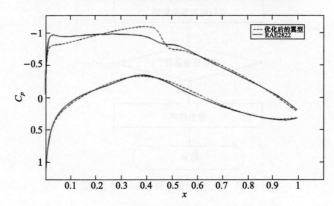

图 4.4.6　RAE2822 在优化前后的压力系数分布对比图(粒子群优化算法，实线、虚线分别为优化前、后的数据)[259]

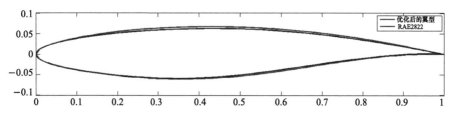

图 4.4.7　RAE2822 在优化前后的几何外形对比图(粒子群优化算法,黑线、红线分别为优化前、后的几何外形)[259]

3. 模拟退火算法

1) 模拟退火算法的理论及流程

模拟退火算法是 Kirkpatrick 等[39]于 1983 年发明的一种优化算法,Černý[263]也在 1985 年独立发明了该算法。模拟退火算法是基于固体退火原理的一种具有较强局部搜索能力的优化算法。当物体被加热到一定程度时,物体内的分子将不规则且不稳定地移动。当高温物体开始缓慢冷却时,固体中的分子逐渐变得有序并最终结晶。物理退火过程的能量、粒子状态和能量最低态分别对应模拟退火算法的目标函数、解和最优解。与物理退火类似,模拟退火算法也分为三个步骤:加热过程、等温过程和冷却过程。

加热过程是算法初始化过程,其中给出了算法的初始温度和解。等温过程中,在相同温度下,算法进行多次迭代以更新解的向量。记 T 为当前温度;t 为初始温度;X_i 和 X'_i 分别为解的当前向量和产生随机小扰动情况下的解;r 为[-1,1]中的均匀分布的随机数;v_i 为单位向量;ΔE 为目标函数值的变化。若 X'_i 相比于 X_i 更优,则接受新的解向量;否则,将按照一定概率接受新的解向量。新的解向量的计算方式和接受概率分别见式(4.4.12)和式(4.4.13)。

$$X'_i = X_i + r \cdot v_i \cdot \frac{t}{T} \tag{4.4.12}$$

$$P(\Delta E) = \begin{cases} 1, & \Delta E < 0 \\ e^{-\frac{\Delta E}{T}}, & \Delta E > 0 \end{cases} \tag{4.4.13}$$

若在该温度下未充分搜索(达到最大迭代次数),则生成新的扰动并再次进行等温过程;若已在该温度下充分搜索,则可进行后续的降温过程。降温过程是对温度 T 进行降低的过程,T 减小会使得较差解的接受概率降低。降温过程如式(4.4.14)所示:

$$T_{K+1} = T_K \cdot \theta \tag{4.4.14}$$

其中,T_K 和 T_{K+1} 分别为第 K 轮和第 $K+1$ 轮迭代时的温度,θ 为控制 T 下降速度的一个常数，一般取 0.95 ~ 0.99。模拟退火算法的基本流程如图 4.4.8 所示。

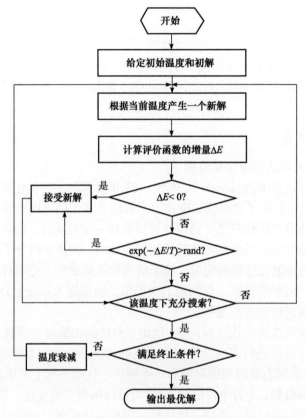

图 4.4.8　模拟退火算法的基本流程[257]

2) 模拟退火算法的特点

(1) 以一定的概率接受恶化解，增添了算法的灵活性和适用范围。

(2) 引入算法控制参数，提高模拟退火算法全局最优解的可靠性。

(3) 对目标函数要求少，只需要目标函数值即可，不需要更多的信息。

3) 基于模拟退火算法的垂直轴风机翼型优化设计

赖怡等[264]基于模拟退火算法对 NACA0018 翼型进行了优化设计(图 4.4.9～图 4.4.12)，设计目标是翼型的最大升阻比。结果表明，优化后的翼型的启动能力得到了提升，最大升力系数提高了 2%，升阻比峰值提高了 5.22%，最大切向力系数提高了 6.77%，有效改善了翼型的失速性能。

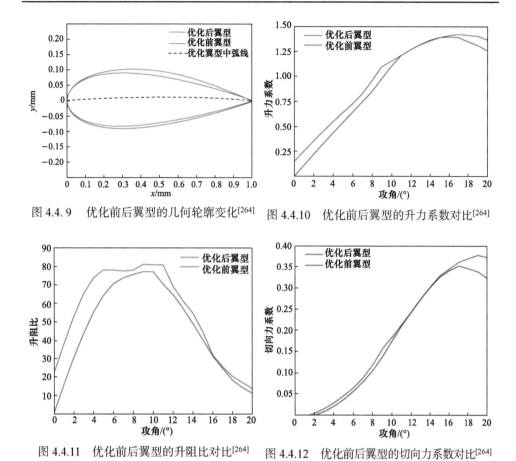

图 4.4. 9　优化前后翼型的几何轮廓变化[264]　　图 4.4.10　优化前后翼型的升力系数对比[264]

图 4.4.11　优化前后翼型的升阻比对比[264]　　图 4.4.12　优化前后翼型的切向力系数对比[264]

4.4.2　基于人工智能的代理模型

　　近年来，机器学习技术不断发展并被应用到优化设计领域。其中，神经网络模型是人工智能最基础的模型，它的创新是受益于科学家对大脑神经元的研究。神经网络通过自我学习的方式自动提取特征，在气动优化领域构建数学模型或计算模型取得了极大的突破。神经网络模型由输入层单元、输出层单元和隐藏层单元组成。输入层单元接受外部数据，输出层单元实现系统处理结果的输出，隐藏层单元处于输入和输出单元之间，是神经网络中进行数据处理的部分。下面介绍三种常用的神经网络，以及其在气动优化设计方面的应用。

　　1. BP 神经网络模型

　　BP(back propagation, BP)神经网络是一种人工神经网络，可分为前向传播与反向传播两个过程，利用梯度下降法来实现对不同神经层权重的调整，以实现输入特征向量、输出连续值的效果。ANN 是基于生物神经网络传感的基本原理，模拟人脑的神经系统对复杂信息的处理机制的一种数学模型，该模型具有高容错性、并行分布、智能化和自学习等能力，其输入 x 与输出 y 的关系可以描述为

$$\hat{y}_i = f\left(\sum_{i=1}^{n} w_{ij} x_i - \theta_i\right) \tag{4.4.15}$$

式中，x_i 为神经元的输入信号；w_{ij} 为权重函数；θ_i 为阈值；f 为激励函数。在实际应用中，由于人工神经网络代理模型的精度依赖于权重系数与阈值参数的选取，而 BP 神经网络作为一种单向传播多层前馈网络，采用最小二乘误差原理，通过调节权重函数与阈值使输出误差最小。只要有足够多的隐藏层单元，这种网络能以任意精度逼近任何一个连续函数。

典型的 BP 神经网络由输入层（n 个神经元）、隐藏层（p 个神经元）和输出层（m 个神经元）组成，各层之间单元连接方式均为权相连，同层单元之间互不连接，如图 4.4.13 所示。其中 x_i 为神经网络输入；h_k 为隐藏层输出；v_{ki} 为连接输入层和隐藏层权值矩阵的元素；o_j 为神经网络期望输出；w_{kj} 为连接隐藏层和输出层权值矩阵的元素。

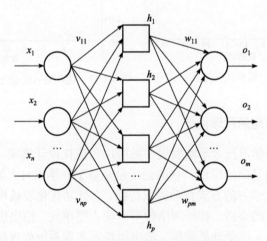

图 4.4.13　BP 神经网络的拓扑结构示意图

Chen 等[265]将 BP 神经网络应用于翼型的气动设计，如表 4.4.1 所示，经过训练后，BP 神经网络可以对翼型气动参数进行有效的预测，预测误差较小。此外，周期设计时间显著减少，经过优化的翼型具备良好的气动效率。

表 4.4.1　BP 网络预测结果[265]

	Mc_l / c_d	c_l=0.7 时攻角/(°)	c_d	c_m
实际值	78.6281	1.32	$3.000×10^{-4}$	−0.1083
预测值	77.3100	1.38	$2.899×10^{-4}$	−0.1135
相对误差/%	−1.68	4.54	−3.37	4.80

2. RBF 神经网络模型

径向基函数(RBF)是一种离散多元数据插值模型，其函数值依赖于样本点到待测点的欧几里得(Euclidean)距离，通过线性叠加基函数值得到径向基函数模型，径向基函数基本表达式如下：

$$\hat{y}(x) = \sum_{i=1}^{n} \lambda_i \phi\left(\|X - X_i\|\right) \tag{4.4.16}$$

式中，λ_i 是第 i 个变量的权重系数；$\|X - X_i\|$ 是向量待测点与样本点的欧几里得距离；n 为变量个数；$\phi(r)$ 是径向基核函数。

1988 年，Broomhead、Lowe 以及 Moody 和 Darken 最早将 RBF 用于神经网络设计。RBF 神经网络是一类常用的三层前馈网络，既可用于函数逼近，也可用于模式分类。与其他类型的人工神经网络相比，RBF 神经网络有结构简单、学习速度快、逼近性能和泛化能力优良等特点。如图 4.4.14 所示，RBF 神经网络也是由输入层、隐藏层和输出层组成，输入层由信号源节点组成，隐藏层节点数视所描述问题的需要而定，神经元的变换函数即 RBF 是对中心点径向对称且衰减的非负线性函数，该函数是局部响应函数，具体的局部响应体现在其可见层到隐藏层的变换跟其他的网络不同。在图 4.4.14 中，C_k 和 σ_k 分别为隐藏层基函数高斯(Gauss)函数中心和函数宽度，隐藏层的变换函数为非负非线性的函数 RBF。输出层对输入模式作出响应，输出层神经元的作用函数为线性函数，对隐藏层神经元输出的信息进行线性加权后输出，作为整个神经网络的输出结果。

RBF 神经网络用 RBF 作为隐单元的"基"构成隐藏层空间，隐藏层对输入矢量进行变换，将低维的模式输入数据变换到高维空间内，使得在低维空间内的线性不可分问题在高维空间内线性可分。其具有很强的局部逼近能力，只要隐藏层基函数的中心选择得当，仅需少量神经元就能获得很好的逼近效果。RBF 神经网络的非线性映射能力由隐藏层基函数体现，常见的隐藏层基函数有：高斯函数、薄板样条函数、多元二次多项式等，其中最常用的是高斯函数。

RBF 神经网络可以根据具体问题确定相应的网络拓扑结构，具有自学习、自组织、自适应功能，它对非线性连续函数具有一致逼近性，学习速度快，可以进行大范围的数据融合,可以并行高速地处理数据。RBF 神经网络的优良特性使得其显示出比 BP 神经网络更强的生命力,正在越来越多的领域内替代 BP 神经网络。

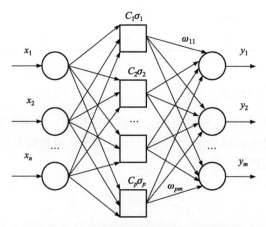

图 4.4.14　RBF 神经网络的拓扑结构示意图

　　Zhu 和 Guo[266]设计了一个基于迁移学习的 RBF 代理模型,迁移学习过程如图 4.4.15 所示,首先使用 XFOIL 程序基于大量样本训练原始模型,然后基于 CFD 模拟结果,以相对较少的样本集进行二次训练来生成 RBF 代理模型,有效地减少了代理模型的生成时间,同时保持了模型的准确性。经验证,该模型可以有效地替代流场计算,在多个设计点的情况下,优化效率提高了 89.90%。

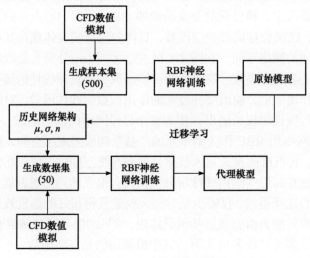

图 4.4.15　迁移学习过程[266]

3. DNN 模型

深度神经网络(deep neural network, DNN)是一种多层无监督神经网络，将上一层的输出特征作为下一层的输入进行特征学习，通过逐层特征映射后，将现有空间样本的特征映射到另一个特征空间，以此来学习更好的特征表达方式。神经网络是基于感知机的扩展，而 DNN 可以理解为有很多隐藏层的神经网络，因此 DNN 有时也称为多层感知机(multi-layer perceptron, MLP)。深度神经网络具有多个非线性映射的特征变换，可以对高度复杂的函数进行拟合。如果将深层结构看作一个神经元网络，则深度神经网络的核心思想可总结为以下三点：

(1) 每层网络的预训练均采用无监督学习；

(2) 无监督学习逐层训练每一层，即将上一层输出作为下一层的输入；

(3) 有监督学习来微调所有层(加上一个用于分类的分类器)。

DNN 内部的神经网络层可以分为三类：输入层、隐藏层和输出层，如图 4.4.16 示例，一般来说第一层是输入层，最后一层是输出层，而中间的层数都是隐藏层。层与层之间是全连接的，第 i 层的任意一个神经元一定与第 $i+1$ 层的任意一个神经元相连。

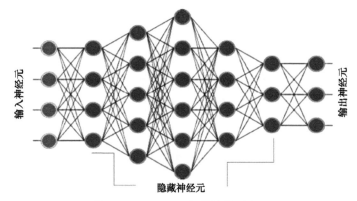

图 4.4.16 DNN 的拓扑结构示意图

从小的局部模型来说，DNN 模型呈线性关系：

$$z = \sum w_i x_i + b \tag{4.4.17}$$

其中，w_i 为权重参数。DNN 将每一个神经元的输出通过一个非线性函数(激活函数)，对 x 的加权增加偏置项，再在外层加上激活函数，实现神经元的去线性化。常见的激活函数有如下几种。

(1) sigmoid 函数，即

$$f(x) = \frac{1}{1 + e^{-x}} \tag{4.4.18}$$

在特征相差不大的时候使用 sigmoid 函数效果比较好,但激活函数计算量大;容易出现梯度消失:当数据分布在曲线平滑位置的时候很容易出现梯度消失,梯度容易饱和。

(2) tanh 函数,即

$$f(x) = \frac{e^x - e^{-x}}{e^x + e^{-x}} \tag{4.4.19}$$

tanh 函数可以看成是一个放大的 sigmoid 函数,比 sigmoid 函数更为常用,但存在梯度容易消失、在曲线水平的区域学习非常慢的缺点。

(3) ReLU 函数,即

$$f(x) = \max(0, x) \tag{4.4.20}$$

ReLU 函数对于梯度收敛有巨大加速作用;只需要一个阈值就可以得到激活值而节省计算量,常用于 DNN 隐藏层,但可能使节点数据置零,此节点后相关信息全部丢失。

DNN 与传统神经网络的主要区别在于训练机制,为了克服传统神经网络容易过拟合及训练速度慢等不足,DNN 整体上采用逐层预训练的训练机制,而不是采用传统神经网络的反向传播训练机制,且 DNN 的深层建模能更细致高效地表示实际的复杂非线性问题。

Renganathan 等[267]通过 DNN 构建降阶模型,图 4.4.17 为训练好的 DNN 模型

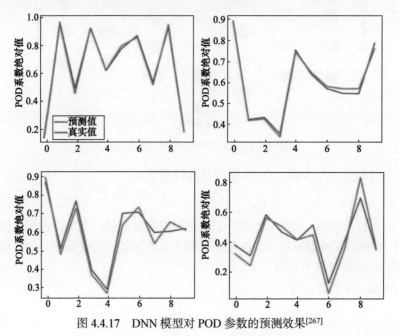

图 4.4.17　DNN 模型对 POD 参数的预测效果[267]

对 POD 参数的预测效果，研究表明，在应用于无黏跨声速飞行条件下通过 RAE2822 翼型的流动时，DNN 模型预测精度较好，且计算成本低，在工程中有良好的应用前景。

4.5　设　计　策　略

在 4.2～4.4 节中，我们介绍了常用的翼型设计方法：正设计方法和反设计方法。本节将在设计方法的基础上，对设计策略进行介绍。设计策略可以提高空气动力学设计的效率和准确率，在空气动力学设计中有非常重要的地位。

本节会首先对两轮优化设计策略、多点优化策略和鲁棒设计策略作介绍。这三种设计策略较为简单，也较容易理解。它们能在一定程度上提升设计的鲁棒性。此外，我们还会详细介绍纳什策略在多目标优化设计中的应用，并给出实例。设计策略是可以在优化问题中结合使用的。

4.5.1　两轮优化设计策略

相较于传统翼型，超临界翼型由于能够减轻跨声速飞行产生的波阻效应，目前已经广泛用于 B787、A300 等民航客机以及运-20、C-17 等军用战略运输机当中。由中国商用飞机有限责任公司(COMAC)研发的支线客机 ARJ21 和窄体干线客机 C919 也采用了超临界翼型设计。但是，现有的超临界翼型往往不是层流翼型。如果能设法增加超临界翼型的层流区，就可以减少湍流的产生，提高速度。但是另一方面，层流超临界翼型的压力分布拥有转捩点后会存在弱激波，进而增加波阻的特点。因此，为了提高层流区的比例，同时减少激波的产生，南京航空航天大学的邢宇等[268]提出了一种两轮优化设计策略。

邢宇等在第一轮优化中，使用基于代理模型的遗传算法得到了较好的层流超临界翼型。第一轮优化的目标是：在满足设计升力系数、升阻比、翼型厚度和翼型前缘半径的前提下，尽量提高层流区域的比例。由于为了获得层流翼型，需要在整个设计空间进行搜索，因此，邢宇等采用了遗传算法这一全局寻优算法。又因为遗传算法收敛速度较慢，计算量太大，而该轮优化的目标只是为第二轮优化提供一个较好的初始解，不对精度有较高要求，因此第一轮优化利用了最优拉丁超立方方法采样建立代理模型。

第二轮优化的目标是：在第一轮优化的基础上，对第一轮优化得到的翼型进行细微的调整，在保证层流区域的比例的前提下，尽量减少或者消除激波，以进一步提升翼型的升阻比。第二轮优化对精度有较高的要求，因此邢宇等直接调用了 CFD 程序进行计算。

两轮优化的目标、约束和设计变量对比如表 4.5.1 所示。

表 4.5.1　两轮优化的目标、约束和设计变量对比[268]

	第一轮优化	第二轮优化
目标	翼型上下表面的层流区域最大	升阻比最大
约束	①设计升力系数 ②升阻比 ③翼型厚度 ④翼型前缘半径	①设计升力系数 ②翼型上下表面层流区域比例 ③翼型厚度 ④翼型前缘半径
设计变量	①翼型参数 ②迎角	①翼型参数 ②迎角

采用两轮优化的设计策略,可以充分利用代理模型、遗传算法和梯度优化算法的优点,高效且稳健地获得超临界层流翼型。初始和两轮优化后的设计变量、设计目标和翼型外形对比如表 4.5.2、图 4.5.1、图 4.5.2 所示。

表 4.5.2　初始翼型和两轮优化后设计变量和设计目标对比[268]

	初始翼型	第一轮优化后	第二轮优化后
升阻比	59.3	76.05	81.87
迎角	0.3°	0.148°	0.148°
上表面层流区域比例	25.1%	50.3%	55.5%
下表面层流区域比例	38.5%	47.0%	47.0%

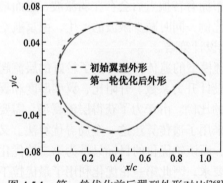
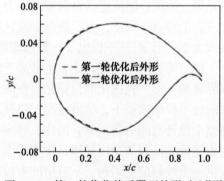

图 4.5.1　第一轮优化前后翼型外形对比[268]　　图 4.5.2　第二轮优化前后翼型外形对比[268]

4.5.2　多点优化策略

在优化设计过程中,我们通常需要在优化过程中植入一系列的约束条件。但是,约束条件及设计指标的数学描述仍然是难题。复旦大学的叶骏和孙刚[269]基于以上思考，提出了多点优化策略方法。多点优化策略可以弱化约束条件的限制，通过策略的方法弥补约束条件及设计指标难以数学描述的不足，从而提高优化设计的效率和准确性。

我们假设优化问题的目标函数为

$$f: X \otimes B \to \mathbb{R} \tag{4.5.1}$$

这里，$x \in X$ 表示决策变量，是由设计者控制的输入量；$b \in B$ 表示不定量，是不由设计者控制的输入量；当 b 确定时，$f(x,b)$ 确定了设计值和精确值之间的误差。我们的目标是找到 $x^* \in X$，对任意给定的 $b \in B$，满足

$$f\left(x^*,b\right) \leqslant f(x,b), \quad \forall x \in X \tag{4.5.2}$$

那么，多点优化策略的模型可以表示为

$$\min \sum_{i=1}^{n} w_i f_i(x,b_i), \quad x \in \mathbb{R}^n, \quad b_i \in B, \quad \sum_{i=1}^{N} w_i = 1 \tag{4.5.3}$$

其中，w 表示权重系数，$\forall w_i \geqslant 0$，$N = 1, 2, \cdots, n$。

若 $n=2$，且权重系数 $w_1 \gg w_2$，目标函数 f 表示以气动参数为自变量的函数，而非设计点函数的抽象，则上述模型可以表示零点优化。零点优化的关键在于适应度函数的选取。例如，$f = A \cdot \left(C_l - C_{l_{wb}}\right) + B \cdot C_d$，其中 $A \gg B > 0$。由于 A 的数量级远大于 B，根据线性逼近的理论，$C_l - C_{l_{wb}}$ 对函数值的影响远大于 C_d。因此，欲使目标函数值最小，必须使升力系数尽可能逼近设计工况点升力系数，而且阻力系数最小。因此，零点优化方法简单，耗时少，效率高。但是，零点优化可能存在设计盲点，无法达到设计要求。

$n=1$ 和 2 时，该模型分别表示单点优化和两点优化。单点优化是在单一设计点对目标进行优化，两点优化是同时在两个设计点对目标进行优化。两点优化相较于单点优化，拥有更高的设计精度，但也会带来更低的效率。

例如，分别使用零点优化、单点优化和双点优化的优化策略对超临界机翼巡航阶段进行设计。根据经验，飞机的巡航马赫数为 0.785，阻力发散马赫数为 0.805。三种优化策略的数学模型分别可以表示为

(1)零点优化

$$\begin{aligned} &\min C_{dMa=0.785} \\ &\text{s.t. AoA} = \text{const} \\ &C_{l_{wb}} = \text{const} \end{aligned} \tag{4.5.4}$$

(2) 单点优化

$$\min C_{d\,Ma=0.785}$$
$$\text{s.t.}\ C_{l_{wb}} = \text{const}$$

(4.5.5)

(3) 双点优化

$$\min C_{d\,Ma=0.785}$$
$$\min C_{d\,Ma=0.805}$$
$$\text{s.t.}\ C_{l_{wb}} = \text{const}$$
$$C_{d\,Ma=0.785} - C_{d\,Ma=0.805} < 0.002$$
$$\frac{\mathrm{d}C_d}{\mathrm{d}Ma} < 0.1$$

(4.5.6)

事实上，Hicks 和 Vanderplaats[270]的研究表明，对一个马赫数处的阻力进行单点优化设计，将会增加其附近马赫数的阻力。两点优化设计甚至多点优化设计可以一定程度上解决这个问题，使得优化设计更具有鲁棒性。对于大型民用客机的翼型优化设计，两点优化设计已经可以大大提高飞机巡航阶段设计的鲁棒性。直升机的旋翼也是多点优化设计常见的设计对象。直升机的旋翼能帮助直升机在空中完成悬停、前飞、机动等多种飞行姿态。不同的飞行姿态对旋翼的性能提出了不同的要求。因此，若要得到直升机旋翼翼型在多个飞行状态下都尽可能优的性能，常对直升机的旋翼使用三点甚至更多点的优化设计[271]。

接下来给出一个单点和两点优化设计的实例。张宇飞等[272]分别采用了单点优化和两点优化方法对运输类飞机的机翼-发动机短舱进行了一体化设计，设计目标是在高亚声速巡航条件下使得阻力最小化。单点优化得到的超临界机翼的压力分布形态是无激波的，阻力系数随马赫数变化较为剧烈，且在一定扰动下阻力系数会大于原始方案。两点优化得到的超临界机翼的压力分布形态是弱激波的，设计的机翼具有较好的鲁棒性。

4.5.3　鲁棒设计策略

多点优化设计已经能够在一定程度上使得设计更具有鲁棒性。但是，该方法严重依赖于设计点和权重的选取。Wu 等[273]从数学上证明，需要保证多点优化设计的设计点数大于表示翼型的设计变量个数，否则将无法避免在非设计状态下翼型性能的恶化。另一方面，因为气动分析的代价，设计点数不能过多。因此，虽然两点优化等多点优化策略仍然广泛使用并能得到很好的成果，但是我们需要找到一种新的策略以解决非设计状态翼型性能恶化的问题。

鲁棒(robust)设计策略，又称稳健设计策略，是一种适合空气动力学设计的理念和方法。鲁棒设计策略既要求提高产品的性能，也要求降低产品对于不确定性因素的敏感性，使得产品能在随机因素的变化区域内具有良好的性能和稳定性。也就是说，一般情况下鲁棒设计是多目标设计问题，一般应用于部分设计状态中存在不确定参数或者扰动的情况。例如，大型客机的巡航马赫数为 0.785，阻力发散马赫数为 0.805，这一速度差仅有 5.9m/s，在实际飞行中很容易因为气流的扰动而产生该速度差。而一旦达到阻力发散马赫数，翼型的阻力就会急剧增加。因此，我们抽象出鲁棒设计策略的数学模型。鲁棒设计的目标是，在给定马赫数的变化范围（$Ma_{min} \leqslant Ma \leqslant Ma_{max}$）内，减小翼型的阻力，并且保证翼型性能的波动尽可能小，即减小阻力系数的均值和方差。西北工业大学的丁继锋等[274]采用了下述鲁棒模型：

$$\begin{cases} \min_D \left(\mu^2 + \sigma^2 \right) \\ \text{s.t.} D \in F \\ C_l \left(D, M, \alpha \right) = C_l^*, \forall M \end{cases} \tag{4.5.7}$$

其中，C_l^* 为翼型需要满足的升力系数；D 是设计变量，即表示翼型几何形状的 m 维参数向量；F 是满足翼型几何约束的集合；C_l 和 C_d 分别表示翼型的升力系数和阻力系数，它们都是马赫数 Ma 和迎角 α 的函数。对于给定的翼型和马赫数，改变迎角使得翼型满足升力系数条件。阻力系数的均值 μ 和方差 σ^2 定义如下：

$$\mu = E\left(C_d \right) = \int_{Ma_{min}}^{Ma_{max}} C_d \left(D, M, \alpha \right) P(Ma) \mathrm{d}Ma \tag{4.5.8}$$

$$\sigma^2 = \int_{Ma_{min}}^{Ma_{max}} \left[C_d - E\left(C_d \right) \right]^2 P(Ma) \mathrm{d}Ma \tag{4.5.9}$$

其中，$P(Ma)$ 为马赫数的概率密度函数。考虑到气动性能分析需要的庞大计算量。丁继锋等建立了阻力系数关于翼型参数和马赫数的 Kriging 响应面，并用响应面的预测值代替真实值，得到 $\mu^2 + \sigma^2$ 的近似值。

丁继锋等[274]最后利用遗传算法对 RAE2822 翼型进行了鲁棒优化设计。设计马赫数为 0.7～0.8 的均匀分布，雷诺数为 6.5×10^6。约束为翼型最大厚度不小于0.11，升力系数等于 0.6。最终，在要求的马赫数变化范围内得到了较好的设计结果，如表 4.5.3、图 4.5.3 和图 4.5.4 所示。

表 4.5.3 RAE2822 与鲁棒优化翼型统计性能比较[274]

	RAE2822	鲁棒优化翼型
阻力系数均值	0.01907	0.0111
阻力系数方差	1.5334×10^{-4}	7.1557×10^{-6}

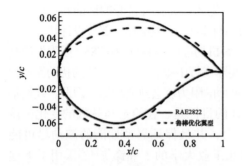
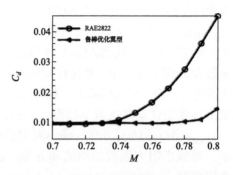

图 4.5.3　RAE2822 与鲁棒优化翼型的形状　　　图 4.5.4　RAE2822 与鲁棒优化翼型的性能
　　　　　　比较[274]　　　　　　　　　　　　　　　　比较[274]

4.5.4　纳什均衡与多目标气动优化

在过去的十年里，纳什(Nash)均衡理论[275]成为解决空气动力学[276, 277]和其他相关领域[278, 279]中的多目标优化(MCO)问题的有效工具。在竞争性博弈的理念下，可以将 MCO 问题的解看作是一个纳什均衡。这里介绍四种计算 MCO 问题纳什均衡的常用算法，并展示以算法Ⅳ计算的实例。

1. 纳什均衡

设 N 为目标数量，每个目标 $v \in \{1, 2, \cdots, N\}$ 控制变量 $x^v \in \mathbb{R}^{n_v}$，设 $x = (x_1, x_2, \cdots, x_N)^T \in \mathbb{R}^n$ 为由所有这些决策变量组成的向量，其中 $n \triangleq n_1 + n_2 + \cdots n_N \geqslant N$，为了强调向量 x 中的第 v 个目标的变量，我们有时会写作 $x = (x_v, x_{-v})^T$，其中 x_{-v} 包含了所有其他目标的变量。设 $J_v: \mathbb{R}^n \mapsto \mathbb{R}$ 是第 v 个目标的目标函数。我们假设这些目标函数至少是连续的，并且进一步假设函数 $J_v(x) = J_v(x_v, x_{-v})$ 在变量 x_v 上是凸的。在经典的纳什均衡问题(NEP)中，变量 x_v 属于一个非空、闭、凸集 X_v，其中 $X_v \subseteq \mathbb{R}^{n_v}$，$v = 1, 2, \cdots, N$，设

$$X \triangleq X_1 \otimes X_2 \otimes \cdots \otimes X_N \tag{4.5.10}$$

为每个目标的策略集的笛卡儿乘积。

定义 1(纳什均衡问题)　以其他目标的策略 x_{-v} 作为外生变量，每个目标 $v = 1, 2, \cdots, N$ 求解最小化问题：

$$P_v(x_{-v}): \min_{x_v} J_v(x_v, x_{-v}) \tag{4.5.11}$$

其中，$x_v \in X_v \subseteq \mathbb{R}^{n_v}$，$J_v$ 是目标 v 的给定目标函数。

定义 2(纳什均衡)　　向量分量 $x^{\star}$ 称为纳什均衡问题的解，其中对任意 $v=1,2,\cdots,N$，块分量 $x_v^{\star}$ 满足

$$J_v(x_v^{\star},x_{-v}^{\star}) \leqslant J_v(x_v,x_{-v}^{\star}), \quad \forall x_v \in X_v \qquad (4.5.12)$$

定义 3(真实博弈和虚拟博弈)　　一般来说，对于任何 $i,j \in [1,2,\cdots,N]$，如果 $J_i=J_j=J$ 或 J' 存在子集 J_i'，使得当 $J_i'>0$ 时 $\sum_{i=1}^{N}J_i'=J$，我们称上面的博弈为虚拟博弈；如果 $\exists i,j \in [1,2,\cdots,N]$，当 $i \neq j$ 时 $J_i \neq J_j$，我们称上面的博弈为真实博弈。

定理 1(纳什，1950 年)　　对于任何具有有限数量的目标(或目标种群)的正常形式的博弈，每个博弈都具有有限数量的纯策略，那么博弈中都存在一个纳什均衡。

命题 1(纳什均衡的性质)　　策略对 $(x_v^{\star},x_{-v}^{\star})$ 称为纳什均衡：

$$\left.\frac{\partial J_v}{\partial x_v}\right|_{(x_v^{\star},x_{-v}^{\star})}=0, \quad \forall v=0,1,\cdots,N \qquad (4.5.13)$$

2. 求解纳什均衡的算法

在本节中，我们引入纳什均衡的理论来研究 MCO 问题，并给出计算几个相互冲突的目标的纳什均衡的算法。

1) 求解纳什均衡的算法的一般公式

求解一个纳什均衡的过程可以总结如下。

假设有两个目标优化问题

$$\text{目标1：}\min_{x_1 \in X_1}J_1(x_1,x_2) \qquad \text{目标2：}\min_{x_2 \in X_2}J_2(x_1,x_2) \qquad (4.5.14)$$

在 $N=2$ 的博弈中，向量 x_1 和 x_2 是设计变量 x 的子向量。$x_1 \in X_1 \subseteq \mathbb{R}^{n_1}$ 和 $x_2 \in X_2 \subseteq \mathbb{R}^{n_2}$，$n_1+n_2=n \geqslant N$，$x=(x_1,x_2) \in X=X_1 \otimes X_2 \subseteq \mathbb{R}^n$。纳什均衡可以迭代计算如下：

设 $x^{m-1}=(x_1^{m-1},x_2^{m-1})$ 是 $m-1$ 次设计迭代中最优的设计向量(元素为设计变量)。在步骤 m 中，目标 1 从 x_1^{m-1} 开始优化子向量 x_1，以实现更好的选择 x_1^m，同时使用 x_2^{m-1} 来评估 J_1。同时，目标 2 从 x_2^{m-1} 开始优化子向量 x_2，以实现更好的选择 x_2^m，同时使用 x_1^{m-1} 来评估 J_2。也就是说，每个目标运行从 x_v^{m-1}，$v=1,2$ 迭代实现 x_v^m。在这种情况下：

$$x_1^m = \left\{ x_1 \in \mathbb{R}^{n_1} \,\Big|\, J_1 = \inf_{x_2 \in \mathbb{R}^{n_1}} J_1(x_1, x_2^{m-1}) \right\}$$

$$x_2^m = \left\{ x_2 \in \mathbb{R}^{n_2} \,\Big|\, J_2 = \inf_{x_2 \in \mathbb{R}^{n_2}} J_2(x_1^{m-1}, x_2) \right\}$$

(4.5.15)

然后，目标对称地交换其精英信息，形成 $x^m = (x_1^m, x_2^m)$。

当目标 1 和目标 2 都不能通过重复上述过程来进一步改进自己的目标时，就达到了纳什均衡。

假设 A　对于 $\nu = 1, 2, \cdots, N$，集合 X_ν 是非空的、封闭的、凸的，并且对于每个确定的 $x_{-\nu} \in X_{-\nu}$，函数 $J_\nu(\bullet, x_{-\nu})$ 是可微的和凸的。

2) 算法 I：纳什遗传算法(交换的精英信息为设计变量)

该算法思路为将遗传算法(GA)和纳什博弈结合在一起，通过遗传算法构建纳什均衡。

设 $x = (x_1, x_2)$ 是双目标优化问题(4.5.14)的潜在解。因此，正如在纳什理论中所介绍的那样，目标 1 通过修改 x_1 来优化第一个目标，x_2 则由目标 2 来确定。对称地，目标 2 通过修改 x_2 来优化第二个目标，而 x_1 则由目标 1 确定。然后，创建两个独立的 EAs 种群，每个目标对应一个。目标 1 的优化任务是在种群 1 上执行的，而目标 2 的优化任务是在种群 2 上执行的。使用 EAs 来构建纳什均衡的过程见图 4.5.5。

图 4.5.5 中，K 为信息交换频率数，$E_{\text{Volutinary Algorithms}}^{J_\nu}$ 为 GA 在 J_1 上搜索的最佳 x_ν^k。

该算法在二维搜索空间中的数值迭代过程见图 4.5.6。

3) 算法 II：纳什确定性优化方法(交换的精英信息为设计变量)

该算法在计算纳什均衡过程中引入了确定性优化方法。在这里，基于梯度的确定性方法提供了一个便捷的优化工具，而纳什博弈非常适合于分布式计算，并提供了一个与 MCO 问题的冲突目标相关联的特殊场景。使用确定性优化方法来构建纳什均衡的过程见图 4.5.7。

图 4.5.7 中，λ 为步长，计算梯度 $G_{\text{rad}}^{\text{player } \nu} = \left[\dfrac{\partial J_\nu}{\partial x_1}, \dfrac{\partial J_\nu}{\partial x_2} \right]^{\mathrm{T}}$，$\nu \in [1, 2]$，梯度 $G_{\text{rad}}^{\text{player } \nu}$

分别映射到子空间 $X_\nu \in \mathbb{R}^{n_\nu}$，得到 $g_{\text{rad}}^{\text{player } \nu} = \dfrac{\partial J_\nu}{\partial x_\nu}$。

该算法在二维搜索空间中的数值迭代过程见图 4.5.8。

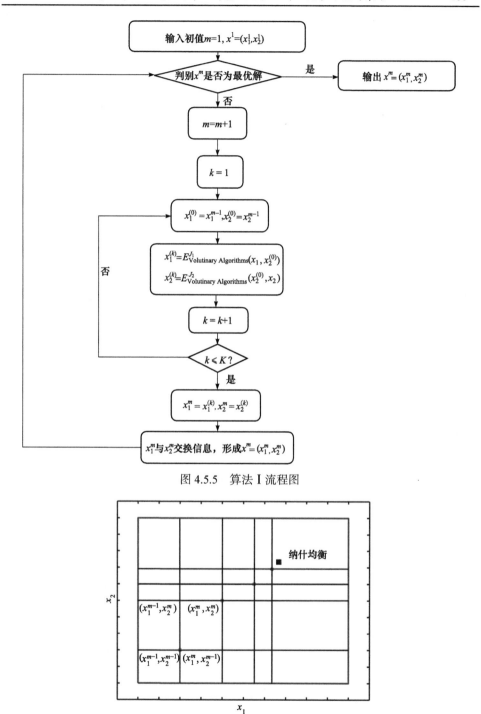

图 4.5.5　算法 I 流程图

图 4.5.6　在二维搜索空间内的算法 I 示意图[280]

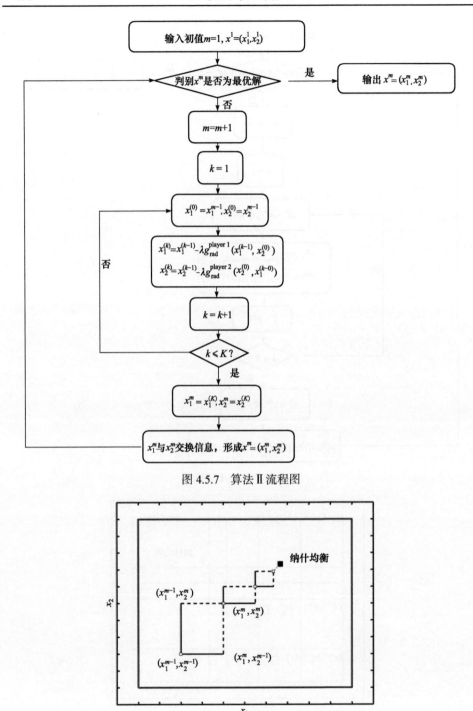

图 4.5.7　算法 Ⅱ 流程图

图 4.5.8　二维搜索空间中的算法 Ⅱ 示意图[280]

4) 算法Ⅲ：纳什确定性优化方法(交换的精英信息为偏导数)

与上述算法Ⅱ不同的是，算法Ⅲ用每个目标的偏导数来代替设计变量作为对称交换的精英信息。使用算法Ⅲ构建纳什均衡的过程见图 4.5.9。

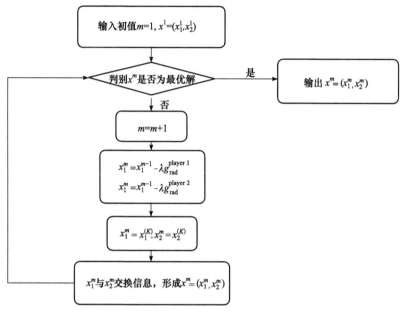

图 4.5.9　算法Ⅲ流程图

实际上，算法Ⅲ是算法Ⅱ的一个特例。该算法在二维搜索空间中的数值迭代过程见图 4.5.10。

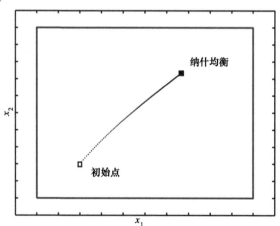

图 4.5.10　二维搜索空间中的算法Ⅲ示意图[280]

5) 算法Ⅳ：纳什进化/确定性混合优化方法(交换的精英信息为设计变量)

在许多 MCO 问题中，多个目标并不具备同一属性。例如，有些目标是连续的和可微的函数，而有些目标是不连续的和/或离散的函数，适用不同的算法。此外，确定性算法计算速度快，但由于需要选择赋的初始值，使用者经验对计算影响较大，且该算法结果容易落入局部最优解；遗传算法能保证解为全局最优解，但计算耗时长。

算法Ⅳ的思路是结合算法Ⅰ和算法Ⅱ的优点，以有效地解决复杂的 MCO 问题。目标 1 通过在种群 $X_1 \subseteq \mathbb{R}^m$，$x_1 \in X_1$ 上使用遗传算法来优化第一个目标 J_1，而 x_2 则由目标 2 固定。然而，目标 2 使用确定性优化方法对第二个目标进行优化，而 x_1 由目标 1 确定。目标 1 的优化是对种群进行的，而目标 2 的优化是通过基于梯度的方法进行的。使用算法Ⅳ构建纳什均衡的过程见图 4.5.11。

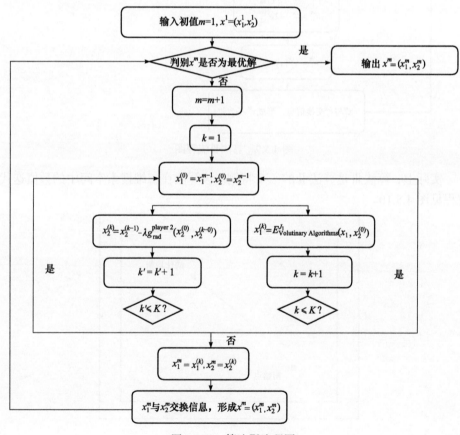

图 4.5.11　算法Ⅳ流程图

该算法在二维搜索空间中的数值迭代过程见图 4.5.12。

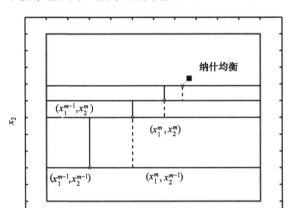

图 4.5.12　二维搜索空间中的算法Ⅳ示意图[280]

3. 在气动力学优化中的应用

在本小节中，我们展示一个典型的机翼优化问题，它包括在跨声速状态(Ma_∞=
0.785)下使翼身融合体的阻力系数 C_D(图 4.5.13)最小，同时保持恒定的升力系数
C_L。流场采用黏性边界层修正的可压缩的全位势流进行模拟。该机翼优化问题
由最小化一个目标函数 $J = C_D$ 组成，它取决于机翼外形 Γ 和状态变量 Φ。在参
数化方法中，机翼外形 Γ(在本节中，只有机翼可以自由优化)由设计变量
$x = (x_i), i = 1, 2, \cdots, n$ 定义。因此，优化问题可以定义如下：

$$\begin{cases} \min_{x} J = C_{D_{\text{wing+fuselage}}}[x, \Phi(x)] \\ C_{L_{\text{wing+fuselage}}} = \text{const} \end{cases} \tag{4.5.16}$$

机翼外形由 8 个剖面定义，如图 4.5.13 所示。每个剖面由两条 Bézier 曲线组
成，一条表示上翼面，另一条表示下翼面。剖面外形由 2×13 个控制点决定，位
于前缘和后缘的控制点是固定的。此外，在优化过程中，各剖面的上反位置和扭
转角也可以自由改变。因此，我们使用了两组参数，即全局参数和局部参数。机

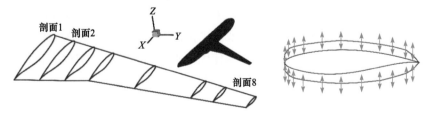

图 4.5.13　民用机翼身融合体参数化[280]

翼的全局参数为各剖面的上反位置和扭转角。机翼的局部参数由机翼剖面定义，每个剖面外形由 22 个控制点确定，见图 4.5.13。同时，在优化过程中调整迎角，进行升力约束。因此，总共有 193 个设计变量。

文献[281]显示分别优化局部和全局参数要比作为整体优化有效得多，因此我们使用虚拟纳什博弈这种耦合局部和全局外形参数优化的方法。纳什博弈是基于区域分解的概念，即将设计变量分成两组，每一组都由一个所谓的目标独立优化。两个目标将有相同的目标函数：

$$目标1: \quad \min_{\text{global parameter}} J = C_{D_{\text{wing+fuselage}}}[x, \Phi(x)]$$

$$目标2: \quad \min_{\text{local parameter}} J = C_{D_{\text{wing+fuselage}}}[x, \Phi(x)] \tag{4.5.17}$$

这种策略可以显著降低计算成本，因为每个目标优化都是在一个低维的设计空间中进行的，由于它们是相互独立的，所以可以并行求解。目标 1 通过对 16 个全局设计变量的总体使用遗传算法进行优化，目标 2 使用基于梯度的优化方法如 BFGS(Broyden-Fletcher-Goldfarb-Shanno)算法进行优化，在优化中有 176 个设计变量，其中梯度是通过有限差分计算的，因此，我们使用纳什算法Ⅳ来求解优化问题(4.5.17)。

在优化过程中保持了机翼的平面外形不变，初始机翼没有扭转和上反。表4.5.4 给出了优化后各段机翼外形的扭转角和上反位置，这表明优化后得到了合理的扭转角和上反位置。根部附近的扭转角增大，而尖部的扭转角减小，有利于载荷集中在根部附近。初始机翼和优化机翼外形的比较如图 4.5.14 所示。我们发现，纳什博弈的使用能更有效地耦合局部和全局优化，在不增加计算成本的情况下产生更好的目标函数值。初始机翼和纳什优化翼身融合体的气动性能如表 4.5.5 所示。由于翼身融合体的阻力系数 $C_{D_{\text{WF}}}$ 在优化后从 0.02160 明显降低到 0.01749，因此翼身融合体的巡航因子 $Ma* L/D$ 从 20.55 明显提高到 25.350。在优化过程中，我们通过调整迎角来保持升力，初始飞行状态为 Ma_∞=0.785，α=2.625°，优化结束时改为 Ma_∞=0.785，α=1.920°，翼身融合体的升力系数仍为 $C_{L_{\text{WF}}}$=0.5654。在保持升力不变的情况下，诱导阻力 $C_{D_{\text{IND}}}$ 变化不明显，但通过进行适当的扭转角分布，纳什优化机翼的翼展方向升力分布更加合理。图 4.5.15 展示出了基于翼展方向上的翼根弦长的升力系数的分布。翼身融合体的波阻 $C_{D_{\text{WAVE}}}$ 从 0.00359 明显降低到 0.00021，这可以从初始机翼和纳什优化机翼上的压力图和压力分布反映出来，即图 4.5.16 和图 4.5.17，其中在纳什优化机翼的上翼面上实现了显著的激波减少。型阻 $C_{D_{\text{PD}}}$ 也从 0.00704 降低到 0.00645。

表 4.5.4　优化机翼中八个剖面的扭转角和上反位置[280]

剖面	扭转角/(°)	上反位置/m
剖面 1	2.97989	0.00000
剖面 2	2.15384	0.16001
剖面 3	1.35065	0.32002
剖面 4	0.64539	0.47351
剖面 5	−0.25439	0.80060
剖面 6	−1.32771	1.20009
剖面 7	−1.80831	1.36010
剖面 8	−2.00647	1.60012

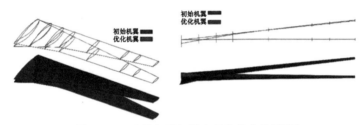

图 4.5.14　比较初始机翼和纳什优化机翼[280]

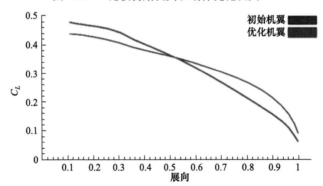

图 4.5.15　初始机翼和纳什优化机翼的展向升程分布的比较[280]

表 4.5.5　优化后翼身融合体的气动参数[280]

	飞行状态	$Ma*L/D$	$C_{L_{WF}}$	$C_{D_{WF}}$	$C_{D_{IND}}$	$C_{D_{WAVE}}$	$C_{D_{FO}}$
初始机翼	Ma_∞=0.785, α=2.625°	20.55	0.5654	0.02160	0.01097	0.00359	0.00704
优化机翼	Ma_∞=0.785, α=1.920°	25.35	0.5650	0.01749	0.01084	0.00021	0.00645

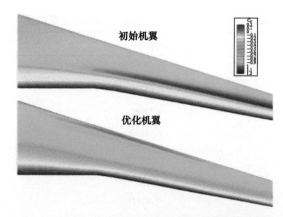

图 4.5.16   初始机翼和纳什优化机翼上表面的压力图[280]

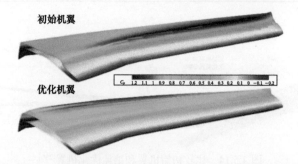

图 4.5.17   初始机翼和纳什优化机翼上的压力分布比较[280]

4.6   优化设计的实现过程案例[282]

    本节将在第 2～4 章的基础上,给出一项三维的典型空气动力学设计案例的详细实现过程。该设计利用差分进化算法,基于 EFFD 参数迭代,进行了跨声速自然层流短舱气动外形优化设计。该设计由复旦大学孙刚教授课题组完成。

    课题组首先在三维短舱内外表面分别建立两个 EFFD 控制体,内表面与外表面分别嵌入以上两个控制体内。结合几何特征在控制体内布置流场控制点,用来控制作为优化设计对象的外表面几何形状。优化控制点被用来实现短舱外表面的变形以控制短舱外罩前段的曲面的变化。对应短舱外表面上半面的 3 组控制点组从前往后分别命名为第 0 组、第 1 组和第 2 组;对应短舱外表面下半面的 3 组控制点组从前往后分别命名为第 3 组、第 4 组和第 5 组。短舱优化控制点组的移动(方向默认垂直于短舱表面)所可以产生的曲面变形效果如图 4.6.1 所示。通过参数扰动方法获得的各组优化控制点的位移所对应的设计变量即对应一个新的短舱模型。每个控制点的位移大小限定在一个数值范围内

(不仅需要考虑短舱自身尺寸的限制、轴所在竖直面的两边对称性、短舱体腔厚度的限制，而且需要考虑位移变化与短舱表面的压力分布(例如激波的位置和强弱等)的关系)。

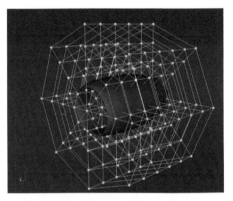 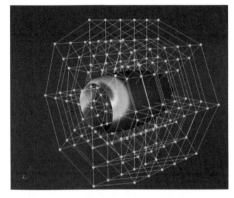

图 4.6.1　短舱外表面控制体模型与调控单组控制点所产生的短舱表面变形效果[282]

在得到了设计变量后，课题组根据设计目标需求给出该优化设计的数学模型。该优化设计为综合考虑层流面积的增加和总阻力的减小的双目标优化问题。课题组首先将双目标用加权因子单一化，其计算方式与优化目标以及各控制点组的关于变化范围的设计约束为

$$P = c_1 \cdot R_{\Delta A_{lam}} + c_2 \times R_{\Delta D}, \quad \text{fitness} = 1/P$$
$$\text{objective}: \min . \text{fitness} \tag{4.6.1}$$
$$\text{s.t.} |A_{opt}(i)| \leqslant 0.05, \quad i = 0, 1, \cdots, 5$$

式中，P 为单一化后的气动性能；c_1、c_2 是加权因子(分别取 0.6 和 0.4)；$R_{\Delta A_{lam}}$ 为层流面积增加的比例，即层流面积的增加量占初始短舱层流面积的比值；$R_{\Delta D}$ 为阻力减小的比例，即阻力的减小量与初始短舱阻力的比值，如果阻力增大，则阻力减小量为负值，反之亦然；适应度(fitness)取优化目标 P 的倒数；$A_{opt}(i)$ 是优化中的各组优化控制点组所代表的设计变量值。数量级上 $R_{\Delta A_{lam}}$ 和 $R_{\Delta D}$ 接近两者的数据通过 FLUENT 的接口脚本获取。

最后，课题组使用遗传算法领域中新兴的差分进化(differential evolution)算法进行优化，各子代的最优个体的代际残差收敛情况如图 4.6.2 所示，到第30 步适应度残差下降到 0.01 以下。最终优化结果和初始相比的曲面变化如图4.6.3 所示。

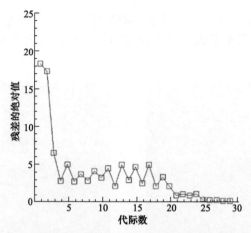

图 4.6.2　差分进化优化每个子代的最优个体的代际残差收敛情况[282]

　　带动力跨声速自然层流短舱曲面外形优化结果见表 4.6.1。较优化前，优化后跨声速自然层流短舱层流区域外表面占比从 13.16%增加到 26.67%，阻力系数减小 10.74count。

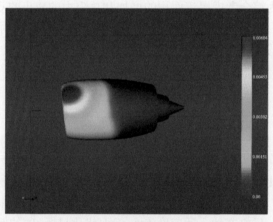

图 4.6.3　最终优化结果和初始短舱相比的曲面变化幅度[282]

表 4.6.1　总体性能比较[282]

	阻力系数/count	层流区域外表面占比/%
初始短舱	813.747	13.16
优化后短舱	803.010	26.67

　　飞机气动性能对诸如实际巡航迎角、实际来流马赫数等不确定性因素的影响较为敏感，这在跨声速飞机的飞行中体现得尤为明显。因此，必须在跨声速飞机

设计的初级阶段将不确定性因素纳入考虑范围，以增强气动性能鲁棒性。

针对不同迎角下的鲁棒性分析，本书选取工况迎角 $\alpha_i (i=1,2,\cdots,5)$，对优化后短舱进行气动性能的计算。在迎角的选择上，既考虑了上文优化中的设计点($5°$)附近的点($4.8°$、$5.2°$)，也考虑了较远处的点($3.5°$ 和 $5.5°$)。为了考虑短舱气动性能(阻力系数、层流面积)随迎角变化的鲁棒性情况，定义对应迎角的气动性能的鲁棒性 Robust_{α_i}

$$\text{Robust}_{\alpha_i} = W_{\alpha_i} - W_{\alpha_{5°}}, \quad i=1,2,3,4$$

$$W_{\alpha_i} = \frac{P_{\alpha_i} - P_{\alpha_{i+1}}}{(\alpha_i - \alpha_{i+1}) \times P_{\alpha_{5°}}}, \quad i=1,2,3,4 \tag{4.6.2}$$

其中，W_{α_i} 是对应迎角下的气动性能随迎角变化的变化率；P_{α_i} 是对应迎角下的气动性能(包括阻力系数和层流面积)；$P_{5°}$ 是对应 $5°$ 迎角下的相应气动性能。阻力系数鲁棒性和层流面积鲁棒性的分析结果见表 4.6.2。

表 4.6.2　短舱气动性能在各迎角下的鲁棒性比较[282]

工况编号 i	迎角 $\alpha/(°)$	阻力系数鲁棒性	层流面积鲁棒性
1	3.5	−4.12%	−8.04%
2	4.5	−2.09%	−2.24%
3	4.8	0.00%	0.00%
4	5.2	0.20%	−7.47%
5	5.5	—	—

4.7　本章习题

1. 简述优化方法中的设计变量、目标函数和设计约束的概念。
2. 简要说明空气动力学设计的概念。
3. 迭代算法的基本思想是什么？什么是全局最优解和局部最优解？
4. 从有无导数的角度出发，优化算法可以分为哪几类？各有什么特点？
5. 简要说明多目标优化方法的特征及决策方法。
6. 建立优化模型时需要考虑哪些要素？分析优化模型最优解的存在性、迭代算法的收敛性及迭代停止准则。
7. 与使用导数的最优化方法相比，无导数最优化方法的特点是什么？

8. 什么是翼型正设计和反设计？各有什么特点？

9. 分别使用牛顿法、最速下降法和共轭梯度法找出函数 $f(x,y)=5x^4+4x^2y-xy^3+4y^4-x$ 的极小值。

10. 使用牛顿法找出函数 $f(x,y)=\mathrm{e}^{-x^2y^2}+(x-1)^2+(y-1)^2$ 的极小值，尝试不同初始条件并比较结果。

11. 使用共轭梯度法找出下列函数的极小值，保留 5 位有效数字。

(1) $f(x,y)=x^4+2y^4+3x^2y^2+6x^2y-3xy^2+4x-2y$；

(2) $f(x,y)=x^6+x^2y^4+y^6+3x+2y$。

12. 以下面的约束优化问题为例，假设流动控制方程为二维 Euler 方程，试推导控制论优化设计中对应的伴随方程及其边界条件、梯度的计算公式。

$$\begin{cases} I=I(\omega,b)=\int_\Gamma \Phi(\omega,b)\mathrm{d}\Gamma=\left\langle \Phi(\omega,b),1\right\rangle_\Gamma \\ \text{s.t. } H(\omega,b)\big|_{\Gamma_C}=H^* \end{cases}$$

(1) 从伴随方程及梯度计算中分析优化解的收敛特性及收敛条件；

(2) 比较有约束和无约束优化问题的区别(伴随方程和梯度计算)。

13. 求以下无约束非线性规划问题的最优解。

$$\min f(x_1,x_2,x_3)=x_1^2+4x_2^2+x_3^2-2x_1$$

14. 分析确定性优化算法和随机进化优化算法的各自优缺点。

15. 推导复数泰勒级数展开法求解梯度或导数的公式，并简要分析这种方法与有限差分计算梯度的方法的优缺点。

16. 请说明以同时考虑反设计和减阻为优化目标，并以升力系数为约束的伴随优化方法的通用伴随方程、边界条件以及梯度计算公式。

17. 推导下面两个两目标优化问题的解析 Pareto 阵面、纳什均衡解。

(1) $\begin{cases} \min f_1(x,y)=(x-1)^2+(y-3)^2 \\ \min f_2(x,y)=(x-4)^2+(y-2)^2 \end{cases}$, $x,y\in[-5,5]$

(2) $\begin{cases} \min f_1(x,y)=-3\left(x-\dfrac{x^2}{2}\right)+\dfrac{1}{2}(x+y)^2 \\ \min f_2(x,y)=-4\left(y-\dfrac{y^2}{2}\right)+\dfrac{1}{2}(x+y)^2 \end{cases}$, $x,y\in[-0.5,1.5]$

18. 简述不确定性和误差的概念、不确定性的分类，并分析流体力学中不确定性的来源有哪些。

19. 鲁棒优化设计的目的和意义是什么?

20. 假设存在以下优化问题: 使用 PARSEC(11 个参数)方法优化 RAE2822 翼型在 $Ma = 0.73$，$Re = 6.5 \times 10^6$，$\alpha = 1.8°$ 下的阻力系数 C_d (达到最小)，要求优化翼型面积 A 大于原始翼型面积 A_0、优化翼型升力系数 C_l 大于原始翼型的升力系数 C_{l0}。请指出上述优化问题中的基本翼型、设计状态、设计目标、约束条件。

21. 简述有哪些代理模型。代理模型在空气动力学设计优化中的作用是什么?

22. 请分别描述基于遗传算法和基于伴随方程的翼型优化流程。

23. 在选取设计目标时需要注意哪些问题?

第5章 现代飞机气动设计案例

现代飞机设计在不断追求安全性、环保性的同时，对经济性的要求也越来越高[283]。评价飞机的先进性，首先便是飞机的气动设计水平[284-288]。目前我国研制的大型民用客机想要在未来取得市场成功，先进的气动设计是提高飞机飞行性能、增强飞机的市场竞争力的重要因素。本章从总体布局的一般形式出发，从案例角度介绍翼型、超临界机翼、机翼-吊挂-短舱一体化设计与翼身融合体的气动设计方法与特点。

5.1 总体气动布局

5.1.1 总体气动布局的意义

飞机总体气动布局设计不仅限于飞机气动外形的设计，还包括各种飞机部件气动参数的选择，以及一些与气动特性有关的综合设计。

在机翼设计中机翼面积是一个需要优选的参数，由于气动特性的不同，各种气动布局形式或不同机翼平面形状需要的机翼面积也不同，而尾翼的面积又与机翼面积有一定的关系，因此机翼面积(翼载)的选择是飞机气动布局设计中需要同时确定的一个参数。

发动机类型和发动机循环参数的选择一般是概念设计研究的内容，在方案设计阶段主要是确定发动机推力的大小，也就是确定飞机的推重比。由于各种布局方案的不同气动特性和对飞机重量的不同影响，在飞机气动布局设计中，推重比也是一个需要同时进行优化的参数。

实际上，在飞机气动布局设计中虽然考虑的出发点是空气动力，但必须同时考虑对重量的影响。这种影响主要来自两方面：一方面，气动效率影响燃油重量；另一方面，不同布局参数影响结构重量。与此同时，重量对性能的影响会进而影响气动布局的选择[289]。

其中，飞机的气动布局是指不同气动承力面的安排形式。气动承力面中，机翼是产生升力的主要部件，前翼(又称鸭翼)、水平尾翼(简称平尾)和垂直尾翼(简称立尾)等是辅助承力面(或称为配平翼面)，用于保证飞机的操纵性和稳定性。

5.1.2　典型布局形式的分类和特点

根据辅助承力面和机翼之间的相对位置和辅助承力面的多少，可以划分出以下几种主要的常规布局型式：平尾布局，鸭式布局，无尾布局，变后掠布局，变斜翼布局，三翼面布局，如图 5.1.1 所示。其中正常布局的平尾位于机翼之后，鸭式布局在机翼之前有前翼，而无尾布局只有机翼，没有水平尾翼及前翼。

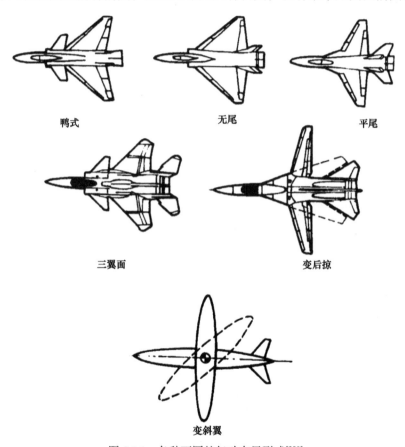

鸭式　　　　　　　　　　无尾　　　　　　　　　　平尾

三翼面　　　　　　　　　　　　　变后掠

变斜翼

图 5.1.1　各种不同的气动布局形式[289]

上述的三种型式分类依据中，并没有对是否有立尾进行说明，因为三种型式中通常都是有立尾的。在无尾布局中，如果连立尾也去掉了，则可以称为飞翼布局，最典型的就是 B-2 隐身轰炸机。

1. 正常布局

正常布局指将飞机的水平尾翼和垂直尾翼都放在机翼后面飞机尾部的布局型式，这也是现代飞机最经常采用的气动布局，也称为常规布局。

正常布局经过长期的发展，成为飞机布局型式的主流，其理论研究非常完善，生产技术成熟而又稳定，各项性能也相对稳定，因而得到了广泛应用。当前绝大部分飞机都采用这种布局型式，特别是民用运输类飞机，如空客 A380(图 5.1.2)和波音 787 等，都采用了这种布局；军用飞机如苏-27、美国第四代战斗机 F-22也采用了正常布局。此外，在小型通用飞机、大型客机中，多数机型也采用这种布局型式[290-293]。

图 5.1.2　空客 A380[291]

正常布局的优点非常明显，例如，广泛的应用使其技术成熟，数据资源、知识储备和设计经验丰富，理论研究完善，生产技术也成熟稳定，同其他气动布局型式相比各项性能比较均衡。此外，正常布局飞机机翼-尾翼的组合具有较好的纵向和横航向稳定性。正常飞行状态下，正常布局的水平尾翼一般提供向下的负升力，保证飞机各部分的合力矩平衡，安全可靠。

与此同时，正常布局也具有以下缺点：首先，对于静稳定的正常布局飞机而言，水平尾翼需产生负升力，全机升力减小，从而升阻比降低；其次，由于其平尾位于机翼的下洗区，平尾效率受到影响。

2. 鸭式布局

鸭式布局是一种十分适合于超声速空战的气动布局，如图 5.1.3 所示。早在第二次世界大战(二战)前，苏联就发现如果将水平尾翼移到主翼之前的机头两侧，就可以用较小的翼面来达到同样的操纵效能，而且前翼和机翼可以同时产生升力，而不像水平尾翼那样，平衡俯仰力矩多数情况下会产生负升力。在大迎角状态下，鸭翼只需减少升力的产生即可增加低头力矩，从而有效保证大迎角下抑制过度抬头的可控性。

图 5.1.3　鸭式布局[294]

鸭式飞机的主要优点是配平阻力比较小，具有较大的升阻比。此外，鸭式飞机可以用较小的机翼面积获得较大的全机升力，有利于减轻飞机的结构重量。同时，由于鸭翼与飞机重心的距离较短，大迎角飞行时，鸭翼的迎角一般大于机翼的迎角，鸭翼首先出现气流分离，导致飞机低头，使鸭式飞机不易失速，有利于飞行安全。但这一特点也往往使作为飞机主升力面的机翼承载能力得不到充分使用，飞机的最大升力不如正常布局飞机大。由于机翼后缘离飞机重心较远，当后缘襟翼放下较大的角度产生较大的低头力矩时会使鸭翼负担过重，因而鸭式飞机的着陆性能较差[295]。

3. 无尾布局

无尾布局指的是没有平尾和前翼，有立尾，升力面只有机翼的布局形式，如图 5.1.4 所示。无尾布局常与小展弦比三角翼结合，其纵向操纵和配平由机翼后缘的升降舵来实现。广义来说，无平尾、无垂尾和飞翼布局也可以统称为无尾布局，这种布局型式的基本优点是超声速阻力小和飞机重量较轻，但存在起降等性能不佳的缺点。

图 5.1.4　无尾布局[296]

4. 飞翼布局

飞翼布局是一类比较特殊的气动布局，没有水平尾翼，连垂直尾翼都没有，机身与机翼高度融合，如图 5.1.5 所示。早在二战期间，美国和德国就开始研究这种布局的飞机。大名鼎鼎的 B-2 隐形轰炸机就是现代采用飞翼布局的飞机之一。由于飞翼布局没有水平尾翼和垂直尾翼，只是像一片飘在天空中的树叶，所以其雷达反射波很弱。

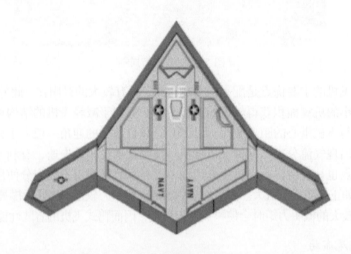

图 5.1.5　飞翼布局[297]

类似 B-2 这样的飞翼布局，其空气动力效率高、升阻比大、隐身性能好，但机动性差、操纵效能低，所以这种布局目前只适用于轰炸机。由于过去飞机没有电传控制系统，也没有计算机帮助飞行员操纵飞机，因此，飞翼式飞机的飞行控制问题一直难以解决，现代化的 B-2 飞机采用一套新式的副翼系统来进行方向操纵。飞翼式布局外形相对简洁，其雷达反射波很弱，有利于飞机的隐身。

5.2　翼　　型

飞机在空中飞行时的空气动力主要来源于机翼，机翼上所受的气动力取决于机翼的几何形状。沿飞机纵向对称面平行的平面在机翼上切出的剖面外形称为机翼的翼型，又叫翼剖面，其气动特性对机翼乃至飞机的总体性能具有重要影响，如巡航速度、起飞和着陆性能、失速速度、操纵品质和飞行气动效率等。因此，如何选择和设计翼型，是飞机气动设计的重中之重。

5.2.1　翼型的参数及分类

1. 翼型的几何参数

翼型几何参数是描述翼型几何形状的具体数据，主要包括弦线、中弧线、厚度、弯度、前缘半径、后缘角等，如图 5.2.1 所示。描述翼型几何参数的坐标系原点通常位于翼型前缘，且 x 轴与弦线重合。

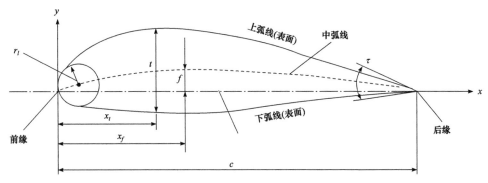

图 5.2.1　翼型的几何参数[298]

常用的翼型几何参数定义如下所述。

1) 弦线

整个翼型的最前点称为前缘，最后点称为后缘，连接前缘与后缘的直线称为翼型的弦线。弦线的长度称为弦长，用符号 c 表示。翼型的其余参数常以相对于弦长的无量纲值来表示。

2) 中弧线

翼型的中弧线又称中线或弯度线。在 NACA 翼型中，中弧线定义为翼型周线内切圆圆心的轨迹线，但工程实践中或其他翼型，中弧线常定义为翼型上下弧线之间距离中点的连线。

3) 厚度

在 NACA 翼型中，厚度定义为翼型包线的内切圆直径，即垂直于翼型中弧线测得的上下弧线间的距离，但工程实践中或其他翼型，厚度常定义为垂直于翼型弦线的翼型高度或翼型上下弧线间的距离，该距离的最大值称为最大厚度，用符号 t 表示。最大厚度与弦长之比定义为翼型的相对厚度，用符号 $\bar{t}$ 表示，$\bar{t} = t / c \times 100\%$。最大厚度所在位置的 x 坐标就是最大厚度位置 x_t，最大厚度位置与弦长之比称为最大厚度相对位置 $\bar{x}_t$，$\bar{x}_t = x_t / c \times 100\%$。

4) 弯度

翼型中弧线与弦线间的垂直距离定义为翼型的弯度，中弧线的最高点与弦线间的垂直距离称为翼型最大弯度，用符号 f 表示。最大弯度与弦长之比定义为翼型的相对弯度，用符号 $\bar{f}$ 表示，$\bar{f} = f/c \times 100\%$。最大弯度所在位置的 x 坐标就是翼型的最大弯度位置 x_f。最大弯度位置与弦长之比称为最大弯度相对位置 $\bar{x}_f$，$\bar{x}_f = x_f/c \times 100\%$。

5) 前缘半径

翼型前缘区域内切圆的半径称为前缘半径，用符号 r_l 表示。前缘半径与弦长之比定义为前缘相对半径，用符号 $\bar{r}_l$ 表示，$\bar{r}_l = r_l/c \times 100\%$。

6) 后缘角

翼型的后缘角定义为后缘处上下弧线切线之间的夹角，用符号 τ 表示。

2. 翼型的气动参数

翼型的基本气动特性可由升力系数、阻力系数、力矩系数、压力中心、焦点(气动中心)等气动参数表示。设翼型产生的升力为 L'，阻力为 D'，对前缘的力矩为 M'，弦长为 c，自由来流的动压 $q_\infty = 1/2 \times \rho_\infty v_\infty^2$，则升力系数、阻力系数、力矩系数分别为

$$C_l = \frac{L'}{q_\infty c}, \quad C_d = \frac{D'}{q_\infty c}, \quad C_m = \frac{M'}{q_\infty c^2} \tag{5.2.1}$$

若为三维情况，设翼段的参考面积为 S，参考长度为 l，升力为 L，阻力为 D，对前缘的力矩为 M，则翼段的升力系数、阻力系数、力矩系数分别为

$$C_L = \frac{L}{q_\infty S}, \quad C_D = \frac{D}{q_\infty S}, \quad C_M = \frac{M}{q_\infty Sl} \tag{5.2.2}$$

压力中心 x_p：压力中心是翼型气动合力的作用点，其与前缘的相对距离为 $\bar{x}_p = x_p/c$。

焦点 x_F：焦点又称为气动中心，当迎角变化时，绕该点的力矩大小不发生变化，其与前缘的相对距离 $\bar{x}_F = x_F/c$，与压力中心具有如下关系：

$$\bar{x}_F = \bar{x}_p + \frac{C_{m0}}{C_l} \tag{5.2.3}$$

其中，C_{m0} 为零升力矩系数。

3. 翼型的分类

翼型的分类方法众多，如按照不同的气动特征，可分为层流翼型、高升力翼型、超临界翼型等；按照不同的用途，可分为飞机机翼翼型、直升机旋翼翼型、螺旋桨翼型、风机翼型等；按照不同的使用速度，可分为低速翼型、亚声速翼型、跨声速翼型、超声速翼型等。本节按使用速度对不同翼型进行介绍。

1) 低速翼型

低速翼型的飞行马赫数 $Ma < 0.3$ 且不考虑空气的压缩性。主要代表为 NACA 4 位、5 位数字翼型。NACA 4 位数字翼型中，第 1 位数字表示相对弯度(%)，第 2 位数字表示最大弯度位置距机翼前缘的距离占弦长的十分之几；第 3、4 位数字构成的两位数表示相对厚度(%)。例如，NACA 2412 表示该翼型相对弯度为 2%，最大弯度相对位置在 0.4 倍弦长处，相对厚度为 12%。NACA 5 位数字翼型中，第 1 位数字乘以 0.15 表示理想攻角下的设计最佳升力系数，第 2 位数字乘以 5 表示最大弯度相对位置(%)，第 3 位数字表示翼型是否存在负弯度，第 4、5 位数字构成的两位数表示相对厚度(%)。例如，NACA 23012 表示该翼型的设计升力系数为 0.3，最大弯度位于 15%弦长处，无负弯度，相对厚度为 12%。NACA 5 位数字翼型与 4 位数字翼型的厚度分布相同，但中弧线方程发生变化，参数有更大的选择空间，合理选择参数可使最大弯度位置靠前，从而提高最大升力系数，降低最小阻力系数，获得更加优良的气动性能。

2) 亚声速翼型

亚声速翼型的飞行马赫数满足 $0.3 \leqslant Ma < 0.7$，全流场马赫数 $Ma < 1$ 并考虑空气的压缩性。亚声速翼型与低速翼型的区别在于，飞行马赫数增加，湍流程度增大，空气阻力提升，需要进一步降低最小阻力系数并提高临界马赫数(飞机上某点达到声速时的飞行马赫数)。层流翼型如 NACA 6 系列翼型是典型的亚声速翼型。在升力方面，NACA 6 系列翼型的前缘半径较小，最大升力系数一般不如 NACA 4 位和 5 位翼型；但在阻力方面，由于 NACA 6 系列翼型使翼面边界层保持大范围的层流，因此在一定升力系数范围内飞行时摩擦阻力比 4 位和 5 位翼型小很多，且 NACA 6 系列翼型的失速特性也较缓和。

3) 跨声速翼型

跨声速翼型的飞行马赫数满足 $0.7 \leqslant Ma < 1.2$，与亚声速翼型相比，跨声速翼型表面附近存在局部马赫数 $Ma > 1$ 的情况。这种翼型要求在超临界流动状态下可以减弱或消除上翼面的激波。尖峰翼型是典型的跨声速翼型，在跨声速流动时，其上表面前部压力分布存在明显的负压峰，"尖峰"的名称由此得来。尖峰翼型可以避免上翼面产生的膨胀波经声速线反射后形成聚焦的压缩波，使超声速区内的流动接近等熵减速扩压，最后经过一道很弱的激波变成亚声速流，减少了激波损失。尖峰翼型的临界马赫数并不高，但提高了阻力发散马赫数(翼面激波使飞行阻力急剧增加时的自由来流马赫数)。在临界马赫数和阻力发散马赫数之间的区域内，翼型的气动性能较好。

4) 超声速翼型

超声速翼型的飞行马赫数 $Ma > 1.2$，局部流场马赫数 $Ma > 1$。在超声速绕流中，绕机翼的激波阻力大小与机翼头部钝度大小关系密切。钝体绕流会产生离体激波，阻力较大；尖头体绕流会产生附体激波，阻力较小。因此，超声速翼型的前缘通常为尖的，如双弧形、菱形和六边形等。超声速翼型还通过减小翼型相对厚度来减小波阻，因为波阻正比于相对厚度的平方。尽管如此，超声速飞机总会经历起飞和着陆的低速阶段，尖锐的翼型前缘在低速时易出现前缘分离，降低气动性能与安全性。因此，目前低超声速飞机的翼型的形状多为小圆头对称薄翼。

5.2.2　翼型气动特性与各参数间的联系

飞机的性能要求决定了翼型在设计点所需的气动特性，通过分析获得的翼型升、阻力和力矩等气动特性要求称为翼型的气动性能技术指标。在翼型选择或设计过程中，需要得到气动特性与各参数间的联系以便进行修改，从而满足上述指标。本小节将具体介绍翼型气动特性和常用参数之间的关系。

1. 最大升力与失速特性

翼型的升力特性常用升力系数曲线来表示，表征翼型升力特性的基本参数有最大升力系数、升力线斜率、零升迎角等。其中，最大升力以及与之关联的失速特性与翼型的气动性能关联紧密，也是翼型选择和设计的重要考虑因素。最大升力系数较高、失速过程较慢的翼型具有优良的最大升力特性和失速特性，它与翼型的前缘半径、相对厚度、相对弯度、表面粗糙度等有关。

翼型的前缘半径对失速特性和最大升力系数有重要影响，工程上常用 1.25% 弦长处翼型上表面 y 坐标的大小来判断失速类型，试验统计指出[289]：

$$\begin{cases} y_{1.25\%} \times 100 < 0.9, & \text{薄翼失速} \\ 0.9 < y_{1.25\%} \times 100 < 1.95, & \text{薄翼失速、前缘失速或混合失速} \\ y_{1.25\%} \times 100 > 1.95, & \text{后缘失速} \end{cases} \quad (5.2.4)$$

翼型相对厚度与最大升力系数 $C_{l\max}$ 间的关系如图 5.2.2 所示。大多数翼型的相对厚度介于 12%～18% 时，$C_{l\max}$ 能够取到最大值。

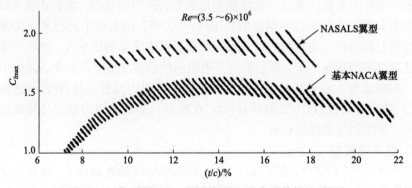

图 5.2.2　典型翼型相对厚度与最大升力系数的关系[289]

一般来说，翼型相对弯度的增加可以提高最大升力系数 $C_{l\max}$，但对于不同翼型，相对弯度的增加对 $C_{l\max}$ 的影响程度并不相同。前缘半径较小或较薄的翼型，弯度增加对提高 $C_{l\max}$ 更加有效。靠前的最大弯度或最大厚度位置也会增加 $C_{l\max}$ 的大小，因此翼型的相对弯度常与相对厚度相互配合设计。李仁年等[299]研究了翼型弯度对失速特性的影响，发现在一定范围内增大翼型弯度能够提高最大升力系数和临界攻角，但流动更易出现分离。

翼型表面粗糙度的提高往往会使 $C_{l\max}$ 减小，Ramsay 等[300]进行实验研究前缘粗糙度对 S809 翼型气动特性的影响，结果表明粗糙的前缘降低了翼型最大升力系数、增大了阻力系数；Reuss 等[301]对 NACA 4415 翼型的粗糙度对气动特性的影响进行实验研究，得到相似结论。粗糙度对失速特性的影响则需结合流动情况分析，李艺等[302]研究了分布式粗糙前缘对翼型最大升力系数与失速特性的影响规律，得出全湍情况下 NACA 0012 翼型失速迎角及最大升力系数相比光滑翼型显著减小，但转捩状态下，粗糙前缘抑制了前缘层流分离泡的形成，翼型由前缘失速变为后缘失速，失速迎角及最大升力系数相比光滑翼型显著增大。

2. 升力线斜率

翼型的升力系数曲线中，升力系数对迎角的导数称为翼型的升力线斜率 $C_{l\alpha}$。不同厚度、弯度、粗糙度的翼型在 $Re = 6\times10^6$ 下的升力线斜率试验结果如图 5.2.3 所示。当相对厚度较小时，翼型的 $C_{l\alpha}\approx 0.11$，接近理论值 2π。而当相对厚度较大时，翼型的 $C_{l\alpha}$ 随相对厚度的增大而减小，且对同族翼型来说，光滑翼型比粗糙翼型的升力线斜率要大。

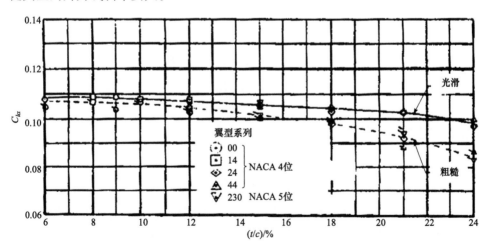

图 5.2.3　升力线斜率与不同厚度、弯度、粗糙度的翼型间的关系[289]

翼型后缘角也对升力线斜率有影响。一般情况下，后缘角增加，后缘附近存在较大的逆压梯度，容易出现气流分离，导致升力损失，升力线斜率减小。翼型相对厚度的增加将使这一下降趋势更为明显。

3. 零升力迎角

翼型升力系数为 0 时的迎角称为零升力迎角 α_0，主要与翼型的相对厚度、相对弯度等有关。对称翼型的 $\alpha_0 = 0$；当弯度为正时，$\alpha_0 < 0$，且弯度越大，α_0 的绝对值越大。当弯度较小时，厚度对 α_0 的影响很小。α_0 随马赫数的变化也与翼型的相对厚度、相对弯度有关，对称翼型的 α_0 一般不随马赫数变化，且翼型的厚度和弯度越小，马赫数产生的影响就越小。

4. 最小阻力系数

翼型的最小阻力系数主要取决于粗糙度、雷诺数、翼型相对厚度等。翼型表面粗糙度的增加会使表面摩擦力上升，最小阻力系数增大，升力减小[303]。对于迎角、相对厚度和弯度不大的光滑翼型，当飞行马赫数小于阻力发散马赫数时，翼型的最小阻力系数为

$$C_{d\min} = \alpha_{SF} \cdot 2C_f \tag{5.2.5}$$

式中，α_{SF} 为形状因子，可表示为

$$\alpha_{SF} = \left[1 + \frac{0.6}{\left(\frac{x}{c}\right)_m}\left(\frac{t}{c}\right) + 100\left(\frac{t}{c}\right)^4 \right]\left(1.34Ma_\infty^{0.18}\right) \tag{5.2.6}$$

其中，$(x/c)_m$ 为翼型最大厚度相对位置，t/c 为翼型相对厚度，Ma_∞ 为来流马赫数；C_f 为平板表面摩阻系数，若翼型边界层为层流边界层，则有

$$C_f = \frac{1.328}{\sqrt{Re}} \tag{5.2.7}$$

若为湍流边界层，则有

$$C_f = \frac{0.455}{(\lg Re)^{2.58}\left(1 + 0.144Ma_\infty^2\right)^{0.65}} \tag{5.2.8}$$

由式(5.2.6)可知，翼型最大厚度相对位置向后移动，$(x/c)_m$ 增加，会使最小压力点后移，增加有利压力梯度的弦向范围，从而减小 α_{SF} 来减阻；增加相对厚度 t/c 将增大 α_{SF}，导致最小阻力系数增加。由式(5.2.7)和式(5.2.8)可知，增大雷诺数，翼型的最小阻力系数将减小，且层流边界层占比越大，翼型的最小阻

力系数越小。

5. 力矩特性

一般情况下,典型翼型在设计升力状态下的力矩系数介于 0~ −0.12。翼型绕 1/4 弦线的力矩系数随相对弯度或者迎角的增加,具有绝对值更大的负值,而相对厚度对其影响较小。翼型焦点通常位于 1/4 弦线处附近,试验表明,NACA 24、44、230 系列翼型焦点在 1/4 弦线处之前,随相对厚度增加而前移。而 NACA 6 系列翼型焦点在 1/4 弦线处之后,随相对厚度增加而后移。

5.2.3 翼型气动特性与飞机性能的联系

当确定待设计飞机性能的要求以后,设计师需要知道飞机性能与翼型气动性能的关联,从而将飞机性能的要求转化为翼型气动特性的要求。尽管翼型种类繁多,难以得出普适性的规律,但是可以认为翼型气动特性与飞机性能之间大致有以下关系[289]:

(1) 最大升力系数的提高有利于提高飞机的起降与机动性能;

(2) 升力系数的抖振边界范围越大,机动性越好;

(3) 升力系数等于 2/3 最大升力系数时的升阻比标志着爬升特性的好坏;

(4) 较大的升力线斜率有利于提高飞机的巡航、起降、机动性能;

(5) 最大升阻比标志着续航时间与航程大小,其对应的迎角标志着巡航迎角;

(6) 零升力迎角指示着气动扭转量的大小;

(7) 失速临界迎角决定了着陆时飞机的擦地角和大迎角下的性能;

(8) 最小阻力系数指示飞机的最大速度,其对应的迎角指示着机翼的安装角;

(9) 零升力矩增大,配平阻力越大,即飞机配平能力需增强。

5.2.4 翼型设计案例

本小节给出 NACA 0012 翼型的一个优化设计案例。翼型的设计状态为:马赫数 $Ma = 0.2$、雷诺数 $Re = 7 \times 10^5$、弦长 $l = 0.1524\text{m}$、迎角 $\alpha = 5°$,设计目标为翼型的升阻比 K 尽可能大,设计约束满足

$$\frac{A}{A_0} - 0.995 \geqslant 0 \tag{5.2.9}$$

其中, A 为优化后的翼型面积; A_0 为原始翼型面积。

1. 翼型参数化

首先,使用第 2 章提到的 CST 方法对翼型曲线进行参数化。类函数的 N_1 和 N_2 分别取 0.5 和 1.0;型函数的 A_u 和 A_l 作为设计变量,翼型的上、下弧线各包括 7

个设计变量。

2. 翼型气动性能求解

1) 网格划分

本例选用 k-ω SST 模型进行计算，y^+ 应在 1 附近，根据 y^+ 的值计算求得壁面第一层网格高度约为 4.8×10^{-6} m。之后，在网格划分软件 ICEM 中导入翼型，并按计算出的第一层网格高度绘制出翼型网格。如图 5.2.4 所示，网格沿弦线方向共分配 150 个节点，其中前缘分配 50 个节点，后缘分配 100 个节点，外流域径向分配 180 个节点，网格总数为 70526。

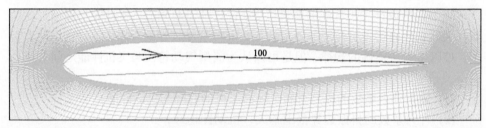

图 5.2.4　NACA 0012 翼型网格

2) 网格无关性验证

对于 RANS 模拟来说，由于引入湍流模型，当网格达到一定密度后，其系综平均值变化不大，继续加密也无法获得更高精度的解。为验证网格和最终计算流动结果无关，这里进行了网格无关性验证，结果如表 5.2.1 所示。数据表明，在前缘节点、后缘节点、径向节点数量分别为 50、100、180 时，升力系数 C_l 和阻力系数 C_d 已接近收敛，综合考虑计算成本和准确度，这里选用该组网格配置进行后续计算。

表 5.2.1　网格无关性验证

前缘节点数量	后缘节点数量	径向节点数量	升力系数 C_l	阻力系数 C_d
10	20	40	5.3203×10^{-1}	9.1137×10^{-3}
30	70	120	5.3601×10^{-1}	9.9048×10^{-3}
50	100	180	5.3617×10^{-1}	9.9835×10^{-3}
70	140	240	5.3618×10^{-1}	9.9842×10^{-3}

3) 求解准确性验证

在设计状态下，翼型升、阻力系数的实验结果为 $C_l=5.5\times10^{-1}$，

$C_d = 9.97 \times 10^{-3}$。将翼型网格导入 Fluent 中，采用密度基进行计算，湍流模型选用 k-ω SST 模型，材料设置为理想气体，黏性方程采用 Sutherland 三方程模型，来流马赫数设置为 $0.2Ma$，壁面设置为无滑移边界条件。升、阻力系数在计算时均迭代 1000 轮以确保计算结果收敛。最终求得的结果为：$C_l = 5.3617 \times 10^{-1}$、$C_d = 9.9835 \times 10^{-3}$，相对误差分别为 2.51% 和 0.14%，求解结果相对准确。

3. 翼型优化

1) 构建代理模型

首先，对样本空间采用拉丁超立方抽样方法进行随机抽样，根据所抽取的样本点数据生成 1000 个满足约束条件的翼型样本，然后基于 Fluent 进行翼型的 CFD 求解，获取对应的 C_l 和 C_d 数据。基于获得的翼型几何与气动数据，利用 MATLAB 神经网络工具箱训练代理模型，神经网络结构图如图 5.2.5 所示，其中，14 个 CST 参数作为输入，C_l 和 C_d 作为输出，神经网络隐藏层为 10 层，算法采用 Levenberg-Marquardt 算法。在 1000 组数据中，训练集、验证集和测试集的占比分别为 60%、20% 和 20%，训练至第 20 轮后，验证集和测试集的均方误差都低于 1×10^{-6} 量级，认为达到精度要求。训练后训练集、验证集和测试集的预测和输出数据之间的相关系数 R 均大于 0.999，认为该模型拟合效果较好。

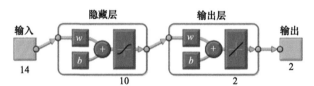

图 5.2.5　神经网络结构图

2) 基于粒子群算法的翼型优化

基于上述代理模型，采用粒子群优化(PSO)算法对 NACA 0012 翼型进行优化。本例中，粒子的速度和位置的进化方程如下：

$$V_i(k+1) = wV_i(k) + b_1 r_1 (P_{\text{best}}[i] - A_i) + b_2 r_2 (P_{\text{best}}[g] - A_i) \qquad (5.2.10)$$

$$A_i(k+1) = A_i(k) + KV_i(k+1) \qquad (5.2.11)$$

其中，w 为惯性权值；b_1 和 b_2 为学习因子；r_1 和 r_2 为[0, 1]之间的随机数；K 为压缩因子；$P_{\text{best}}[i]$ 为单个粒子找到的最佳位置；$P_{\text{best}}[g]$ 为所有粒子找到的最佳位置。翼型的具体优化过程如下所述。

A. 粒子编码

14 个翼型参数构成 14 维粒子，表示为 $A_i = \{c_1, c_2, \cdots, c_{14}\}$；粒子速度编码的维数与位置编码一致：$V_i = \{v_1, v_2, \cdots, v_{14}\}$。

B. 粒子群的初始化

根据参数取值范围，随机生成初始化种群，大小为 M，相应地给种群中每个粒子随机初始化一个初速度。根据粒子的初始位置通过解析函数式还原翼型形状，以代理模型输出的翼型升力系数与阻力系数之比为目标函数，得到粒子适应度值 $\text{fitness}(A_i)$。比较种群每个粒子的适应度大小，得到种群的最佳位置 $P_{\text{best}}[g]$，并以 A_i 初始化 $P_{\text{best}}[i]$。

C. 进化计算

根据式(5.2.10)和式(5.2.11)更新粒子位置 $A_i(k+1)$ 和速度 $V_i(k+1)$，并计算 $\text{fitness}[A_i(k+1)]$，若有 $\text{fitness}(P_{\text{best}}[i]) > \text{fitness}(P_{\text{best}}[g])$，则 $P_{\text{best}}[g] = P_{\text{best}}[i]$。检查是否达到进化代数或者适应度是否满足要求，如果是，结束进化；否则继续执行本步进化迭代计算。

在 MATLAB 中进行基于 PSO 的翼型优化代码编程，取 $w = 0.7$、$b_1 = b_2 = 2$、$K = 1$，粒子群规模为 50，计算 30 代已基本达到收敛。

3) 优化结果

表 5.2.2 给出了翼型优化前后的 C_l、C_d 和 K 在设计状态下的气动特性对比，由表可知，优化后翼型阻力系数下降，升力系数增大，优化翼型的升阻比为 56.951，比基准翼型的升阻比提高了 6.04%，图 5.2.6 给出了基准翼型与优化翼型的外形对比。

表 5.2.2　基准翼型与优化翼型气动特性对比

气动参数	基准翼型	优化翼型
C_l	5.3617×10^{-1}	5.6710×10^{-1}
C_d	9.9835×10^{-3}	9.9576×10^{-3}
K	53.706	56.951

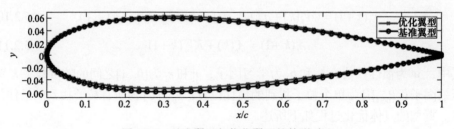

图 5.2.6　基准翼型与优化翼型的外形对比

5.3   超临界机翼

机翼作为飞机产生升力的主要部件，决定了飞机的整体气动特性。机翼的气动特性对一架飞机的经济性、安全性、舒适性和环保性具有十分重要的影响。超临界机翼是 20 世纪研究人员在民机气动设计技术方面的一项重大突破。与常规机翼相比，超临界机翼采用超临界翼型，显著提高了机翼的跨声速气动特性，明显提高了阻力发散马赫数，在阻力发散马赫数不变的条件下，可以增加最大相对厚度或减小机翼的后掠角，进一步提高了气动效率。因此，在机翼参数的选择与气动特性的设计、优化、协调、匹配等方面，超临界机翼为设计人员提供了更大的选择余地。超临界机翼的应用广泛，如波音 767、777，空客 A320、A380，商飞 C919 等均将机翼设计成超临界机翼，提高了气动收益。

5.3.1   超临界翼型

1. 超临界翼型的特点与优点

超临界翼型是美国国家航空航天局(National Aeronautics and Space Administration，NASA)兰利研究中心的 Whitcomb[304]于 20 世纪 60～70 年代提出的一类跨声速翼型，主要目的是增大亚声速运输机的巡航马赫数以提高运输效率。超临界翼型与普通翼型的几何形状与压力分布如图 5.3.1 所示。

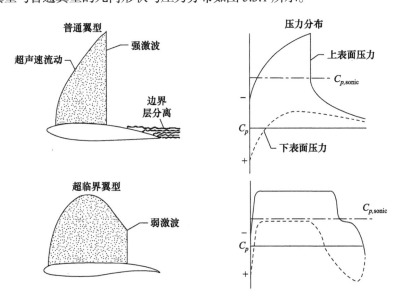

图 5.3.1   超临界翼型与普通翼型的几何形状与压力分布[305]

　　相比之下，超临界翼型有如下几何特点和流动特点。

　　(1) 超临界翼型的头部更丰满，前缘半径与翼剖面弦长之比可达 2.5%，一定程度上减小了翼型前缘的负压峰值，避免气流加速太快而过早到达声速。

　　(2) 超临界翼型的上表面较为平坦，压力分布较为平缓，逆压梯度相对更小，激波强度较小，气流能够平稳地加速到超声速，并一直保持到翼型的后段。

　　(3) 超临界翼型的前缘基本无弯度，而后缘弯度较大，可达 2%~2.5%，最大弯度常位于翼型弦线的 80%~85% 位置处，上表面的弯曲缓和了激波对边界层分离的诱导作用，下表面的弯曲使下表面正压力增加，上下表面压差增大，提高了翼型的升力，弥补了平坦的上表面造成的升力损失，又称"后加载"。

　　超临界翼型相比普通翼型的优点如下所述。

　　1) 超临界翼型产生了更大升力

　　在相同的超临界马赫数下，超临界翼型与普通翼型的压力分布如图 5.3.2 所示。由图可知，超临界翼型的几何形状使翼型上下表面的压力差和升力比普通翼型大，额外的升力一部分由超临界翼型上表面扩大的局部超声速区提供，另一部分由具有弯度的后缘提供。

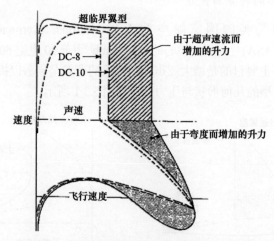

图 5.3.2　超临界翼型与普通翼型的压力分布[306]

　　2) 超临界翼型增大了阻力发散马赫数

　　超临界翼型与普通翼型的阻力系数与马赫数的关系如图 5.3.3 所示。由图可知，超临界翼型相比普通翼型能够显著增加阻力发散马赫数，整体超临界翼型比开缝超临界翼型的阻力系数更小，阻力发散马赫数更大。得益于超临界翼型的几何形状，激波强度较小且位置靠后，造成的能量损失和波阻较小；激波后的压力变化较平坦，缓和了边界层的分离。故超临界翼型可以有效提高阻力发散马赫数，使飞机在巡航状态下仍能保持较大的升阻比。

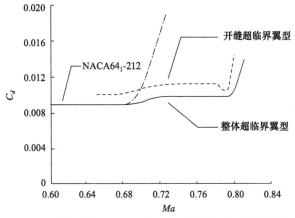

图 5.3.3 升力系数 $C_l = 0.6$ 时阻力系数与马赫数的关系[307]

3) 超临界翼型具有较高的抖振边界和机动能力

抖振现象与气流分离关系密切。跨声速飞行时，激波边界层的干扰容易引起激波振荡，产生流动分离。当迎角或马赫数增加时，激波-边界层干扰逐渐加强。翼型表面激波的位置从不变转为振荡，使激波后流场分离区的大小与强度发生周期性变化。升力系数脉动量急剧增加的起始点常判定为抖振的起始边界。牟让科等[308]对比分析了 DFVLR-R2 超临界翼型和 NACA0012 翼型的抖振特性，升力系数脉动量随迎角变化的关系如图 5.3.4 所示。当翼型进入抖振区时，升力系数脉动量的大小反映出脉动的强度。从图中可看出，DFVLR-R2 翼型在设计马赫数附近($Ma = 0.725$)的升力系数脉动量在 $\alpha > 5°$ 后才大于零，开始幅度较小的抖振；当 $Ma = 0.775$ 时，DFVLR-R2 翼型的升力系数脉动量变化较缓和，而普通翼型的脉动量变化剧烈，抖振幅度较大。超临界翼型上表面激波位置靠后，强度较弱，且紧靠激波后的压力变化较平坦，边界层不易分离，抖振边界因此提高。

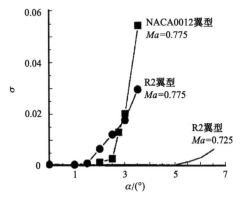

图 5.3.4 升力系数脉动量随迎角变化的关系[308]

2. 超临界翼型的设计准则

常用的超临界翼型设计准则[307,309]如下所述。

1) 非设计点声速区压力平坦准则

与设计点相比，超临界翼型在升力系数减小到某一非设计状态时，上翼面压力分布应较为平坦且压力系数绝对值比声速下略低，如图 5.3.5 所示。该准则可以保证设计点附近上翼面存在足够的超声速区，并使翼型在各状态下均保持良好的阻力特性。

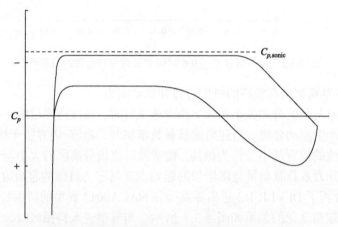

图 5.3.5　满足声速区压力平坦准则的压力分布[307]

2) 后缘气流分离准则

在马赫数和升力系数小于设计点的整个范围内，超临界翼型后缘的逆压梯度不得过大，以避免产生后缘分离。翼型设计时，97% 相对弦长以后产生的气流出现分离认为可接受。为满足此准则，非设计点升力系数下的压力平坦区约为 $x/c = 3\%\sim80\%$(翼型相对厚度 $t/c = 10\%$ 情况下)或 $x/c = 5\%\sim66\%$ ($t/c = 14\%$ 情况下)。

3) 设计迎角准则

超临界翼型在设计状态下的迎角应在 0° 附近，通常采用调整翼型前后缘弯度来满足该准则。该准则能够避免较前的上翼面脊点位置(上翼面与来流方向的切点)以及翼型中段负压作用于翼型的背风面，使波阻急剧增加。

4) 厚度约束准则

超临界翼型既不能过厚也不能过薄，应符合设计要求。设计时常通过调整下翼面的最小压力系数来控制翼型的最大厚度，并通过调整前、后加载强度来控制翼型前、后段的最小厚度。

5.3.2　超临界机翼的三维构型和主要参数

1. 机翼三维构型

现代民用飞机的超临界机翼为获得较高的跨声速巡航效率，良好的低速特性，以及较强的机翼结构强度、刚度，常采用大展弦比中等后掠机翼。如图 5.3.6 所示为现代民用飞机的超临界机翼，它们的机翼内段往往存在拐折，形状为直角梯形。从气动方面来说，这样的设计使机翼根部无后掠角，增大了翼根的等效弦长，减小了根部翼型的相对厚度，并使最大厚度位置前移，有利于提高翼根区的临界马赫数，提高巡航气动效率，且根部后缘襟翼的铰链轴与来流垂直，提高了襟翼的气动效率。而从结构方面来说，机翼根部有效空间增大，便于安装主起落架，但后梁拐折也会使机翼承力不够直接，制造工艺比全后掠翼稍复杂。

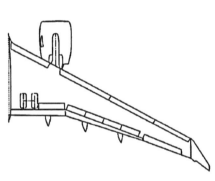

(a) A220

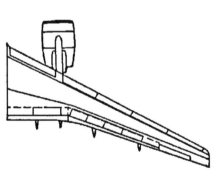

(b) MC-21

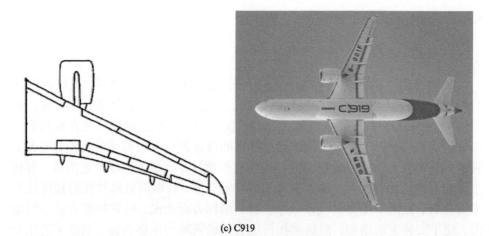

(c) C919

图 5.3.6　现代民用飞机的超临界机翼[310-313]

2. 机翼参考面积

机翼参考面积是机翼重要的特征参数。包含穿越机身部分(左右机翼前后缘延长线包括的区域)与辅助部件(如边条、翼刀、翼梢小翼等)的机翼称为"毛机翼";包含穿越机身部分但不包含辅助部件的机翼称为"基本机翼";不包含穿越机身部分但包含辅助部件的机翼称为"外露机翼";不包含穿越机身部分且不包含辅助部件的机翼称为"外露基本机翼"。常用的机翼参考面积是"基本机翼"在飞机构造水平面中的投影面积,如图 5.3.7 所示。

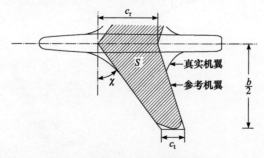

图 5.3.7　参考机翼与真实机翼[314]

最大起飞质量与机翼参考面积之比称为翼载。通常,机翼的参考面积越大,翼载越低。飞机巡航时,升力与重力平衡:

$$mg = L = \frac{1}{2}\rho V^2 S C_L \tag{5.3.1}$$

从而可得翼载与飞行速度的关系:

$$\frac{m}{S} = \frac{\rho C_L V^2}{2g} \tag{5.3.2}$$

现代民用飞机的设计巡航速度较高，因此翼载较高，机翼面积较小。但高翼载会增大飞机的起降速度，因此还需设计高效率的增升装置来改善飞机的起降性能。

3. 平均气动弦长

机翼的平均气动弦长是确定机翼气动中心位置、计算纵向力矩系数过程中使用的基准弦长，也是代表整个机翼，甚至全机气动特性的一个特征参数。机翼的平均气动弦长公式为

$$c_A = \frac{2}{S} \int_0^{\frac{b}{2}} \left[c'(y) \right]^2 \mathrm{d}y \tag{5.3.3}$$

其中，$c'(y)$ 为当地弦长在基本机翼平面中的投影；y 为当地弦长沿展向的位置坐标。除了用公式直接计算平均气动弦长，几何作图法也可以较快求得平均气动弦长。对于平面形状为梯形的机翼，几何作图法的过程如图 5.3.8 所示。

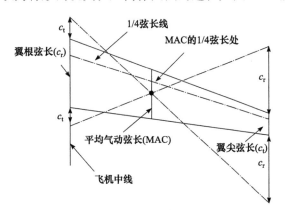

图 5.3.8　几何作图法求解机翼平均气动弦长[315]

4. 展弦比

机翼的展弦比为其展向长度 b 与平均几何弦长 c_G 之比，即

$$\lambda = \frac{b}{c_G} = \frac{b^2}{S} \tag{5.3.4}$$

展弦比对机翼升力系数的影响如图 5.3.9 所示，增大展弦比可以提升机翼的最大升力系数和升力线斜率，但失速临界迎角有所下降。

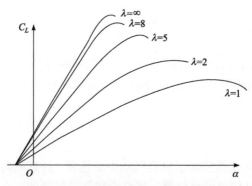

图 5.3.9　不同展弦比机翼的升力系数曲线[315]

　　增大展弦比还可以减弱翼尖涡强度，从而减小诱导阻力。现代运输机机翼展弦比的发展趋势如图 5.3.10 所示，可以看出，运输机机翼的展弦比在逐年上升。除此之外，展弦比的选择也受到结构重量、抗弯抗扭刚度、颤振特性、机库尺寸等方面的限制。

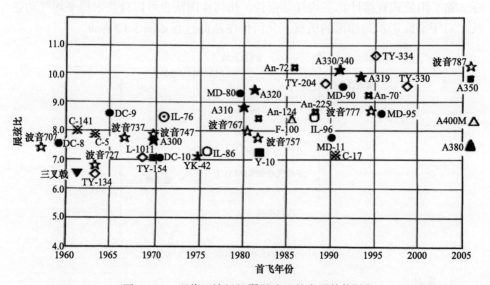

图 5.3.10　现代运输机机翼展弦比的发展趋势[306]

5. 梢根比

梢根比又称梯形比，是机翼翼尖弦长 c_t 和翼根弦长 c_r 的比值，即

$$\eta = \frac{c_t}{c_r} \tag{5.3.5}$$

梢根比的选择需要考虑如下方面。

(1) 梢根比可以调节升力沿展向的分布。梢根比越大，翼尖升力相对越大，翼根升力相对越小，应使升力或环量分布沿展向趋近椭圆分布，以最大程度降低诱导阻力[316]。

(2) 减小梢根比能够提高机翼的抗弯扭性能和结构重量。若机翼面积与展弦比已经确定，则减小梢根比会使翼根弦长增加，从而使翼根厚度增大，弯扭刚度提高。同时，减小梢根比会使半翼展的压力中心内移，升力对根部产生的弯矩相应减小。故在同等刚度要求下可以减小机翼的结构重量，或者增加油箱的容积。梢根比也不应过小，否则易使翼梢部分有效迎角增大，容易导致翼尖失速。

(3) 梢根比应使机翼沿展向分布的翼弦剖面升力系数与剖面特性吻合，以避免产生抖振、阻力激增和流动分离。

6. 后掠角

后掠角是机翼等百分比弦线点连线与机身中心线间的夹角，设计常用的后掠角包括以机翼 1/4 弦线处定义的 1/4 弦线后掠角 $\Lambda_{1/4}$，以机翼前、后缘处弦线定义的前、后缘后掠角 $\Lambda_{前}$、$\Lambda_{后}$。后掠翼上的流动如图 5.3.11 所示，来流马赫数 Ma_∞ 可分解成沿翼展方向的分量 $Ma_\infty \sin \Lambda$ 和垂直于前缘方向的分量 $Ma_\infty \cos \Lambda$。沿展向的分量 $Ma_\infty \sin \Lambda$ 只沿展向流动并产生表面摩擦力，而对压力分布无明显影响；垂直于前缘方向的分量 $Ma_\infty \cos \Lambda$ 既产生表面摩擦力，又确定了机翼剖面的压力分布。由于存在后掠，降低了垂直于前缘流动的马赫数，故压力分布相比无后掠机翼更小，减弱了激波强度；且后掠翼在更大的来流马赫数下，翼面局部才达到声速，因此增大了临界马赫数和阻力发散马赫数。不同厚度下机翼后掠角与临界马赫数的关系如图 5.3.12 所示。由图可知，在不同厚度下，后掠角增加均会增大临界马赫数。由于机翼后掠的上述优点，后掠布局已成为现代高亚声速民机的典型布局形式。

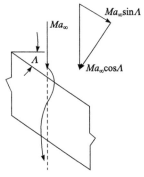

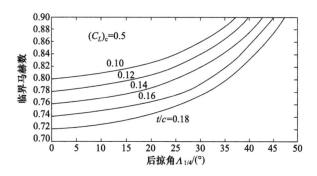

图 5.3.11　后掠翼上的流动　　　　图 5.3.12　不同厚度下后掠角与临界马赫数
　　　　　分解图[316]　　　　　　　　　　　　的变化曲线[315]

后掠角的确定需要考虑如下方面。

(1) 当相对厚度一定时，可通过适当增大后掠角来获得较高的巡航马赫数。

(2) 由于后掠翼存在翼根效应与翼尖效应，翼根吸力较小，翼尖吸力较大，这会促使气流沿翼根到翼尖展向流动，使翼尖处边界层堆积加厚，增大动能损失，且翼尖效应增大了上表面吸力峰，逆压梯度增加。所以，容易在翼尖先发生气流分离并失速。飞机起降阶段，出现翼尖失速容易导致飞机失控，后果不堪设想。因此，为避免翼尖失速，可减小翼尖部分的后掠角或增大梢根比，并采取加装翼刀、涡流发生器、翼梢小翼等措施。

(3) 后掠角的增大会使机翼展长增加，增加了结构重量并降低了副翼效率。当机翼满足性能要求后，后掠角应视情况减小。

(4) 后掠翼的弯曲刚度和扭转刚度相对较差，后掠角越大，机翼的弯曲和扭转变形就越大。

表 5.3.1 列出了机翼部分几何参数的典型取值范围以供参考，表 5.3.2 则列出了现代民机超临界机翼的部分设计参数。

表 5.3.1　机翼几何参数的典型取值范围[314]

参数	飞行马赫数范围			
	$Ma \leqslant 0.65$	$0.65 < Ma \leqslant 0.95$	$0.95 < Ma \leqslant$ 亚声速前缘	超声速前缘
1/4 弦线后掠角 /(°)	0	$\arccos\left(\dfrac{0.95 - 0.1C_L - t/c}{Ma}\right)^2$	$\arccos(1/Ma) + 6$	$\arccos(1/Ma) + 6$
展弦比	5~7(短程); 10~12(长程)	4~6(战斗机); 7~10(运输机)	1.5~3.0	2~4
梢根比	0.5~0.6	0.2~0.3	0.1	0.002~0.04
翼根厚度	0.15~0.20	0.10~0.15	≥0.06	0.02~0.03
翼尖厚度	65%翼根厚度	65%翼根厚度	翼根厚度	翼根厚度

表 5.3.2　现代民机超临界机翼的部分设计参数[306,310,317,318]

飞机机型	机翼面积/m²	翼展/m	1/4 弦线后掠角/(°)	展弦比	梢根比
A310	219.0	43.89	28	8.80	0.310
A320	122.4	33.91	25	9.40	0.254
A380	845.0	79.75	33.5	7.67	0.225
B757	185.3	38.05	25	7.82	0.243

飞机机型	机翼面积/m²	翼展/m	1/4 弦线后掠角/(°)	展弦比	梢根比
B767	283.8	47.57	31.5	7.99	0.207
B777	427.8	60.90	31.5	8.67	0.149

5.3.3　超临界机翼设计准则

超临界机翼的气动设计是现代先进民用飞机气动设计的核心,对全机气动特性起着关键的作用。超临界机翼由于需要在临界马赫数与阻力发散马赫数间取得最佳巡航效率,因此需要准确且细致的设计。常用的超临界机翼设计准则如下[306,309,314,319-321]所述。

1. 最大航程参数准则

飞机的航程与巡航马赫数和升阻比的乘积成正比。对于设计点为巡航状态的民用飞机来说,巡航效率的大小与以座公里油耗为代表的使用经济性直接相关,巡航效率越大,则座公里油耗越少,使用经济性越高。

2. 最小激波阻力准则

巡航飞行状态下,机翼表面不能出现强激波,且此时的激波阻力最小,巡航效率最高。马赫数增大,飞行阻力上升趋势应较缓和且具有较高的阻力发散马赫数。

3. 最小诱导阻力准则

对于机翼,当展弦比确定后,椭圆升力分布具有最小的诱导阻力,在满足抖振裕度的前提下,机翼载荷分布应尽量满足椭圆分布。对于全机,低平尾时全机最小诱导阻力对应的升力分布与椭圆升力分布相比,内翼升力增大,外翼升力略微减小。诱导阻力的约束条件包括机翼设计马赫数 Ma_{3D}、机翼设计升力系数 C_L、全机俯仰力矩系数 C_M 和翼根弯矩系数 C_B 等。

4. 最小设计迎角准则

机翼的巡航迎角应尽可能小(最好接近于 0)以避免型阻的增加与飞行舒适性的降低。可采用适当的前加载和后加载,提高设计条件下的机翼升力。

5. 最小低头力矩准则

为防止超临界机翼后缘弯度产生较大的低头力矩,可将机翼中部翼型的吸力峰值向前缘推移或将后加载控制在一定的范围内，使其产生的低头力矩尽可能小，以减小配平阻力和尾翼载荷。翼尖后加载需比较严格地控制以保证襟翼和副翼的结构空间。

6. 后缘气流分离准则

在设计马赫数和设计升力系数范围内，机翼后缘的逆压梯度需尽量减小，以避免后缘气流分离。需保证在巡航飞行状态下机翼各剖面无分离流，按适航性标准规定的允许升力系数状态下，分离流强度越低越好。

7. 上翼面等压线型态准则

设计条件下，机翼的上翼面等压线应接近直线，以避免翼根和翼尖区域出现正激波从而产生气流分离。

8. 抖振边界准则

抖振是飞机结构对机翼气流分离的振动响应，飞机的抖振边界限制了飞行的最大升力系数。为了使飞机能进行较大倾角盘旋或遇到强突风时有足够安全余量使机翼不发生气流分离，就要求在设计巡航马赫数下，抖振边界升力系数比设计巡航升力系数大 1.3 倍以上；在设计巡航升力系数下，抖振边界马赫数比设计巡航马赫数大 $0.02Ma$ 以上。

9. 非设计点控制准则

机翼在非设计点应同样具有良好的鲁棒性，尤其是巡航马赫数附近范围的性能都需要保持良好的稳定性。

5.3.4 超临界机翼设计案例

一般情况下，机翼优化设计的主要内容包括机翼各翼剖面形状设计、机翼厚度分布、机翼扭转分布等。本小节针对某大展弦比中等后掠超临界机翼对其气动布局进行优化设计，设计目标是在给定设计状态和设计约束下提升巡航升阻比。

1. 机翼剖面修形

该机翼的控制剖面共有 8 个，分析得知，原始翼剖面升力偏小；头部也较小，导致吸力峰值偏低且位置靠后，特别是翼根及翼尖处吸力峰值的迅速下降，使得上翼面等压线直线性程度不足。因此在设计过程中一方面增大前加载以期提高升力，另一方面增大头部半径，使各截面吸力峰值的位置和大小趋于一致。基于上述设计思想进行各剖面的优化设计，初始状态与优化设计后各展向站位的剖面翼型如图 5.3.13 所示。

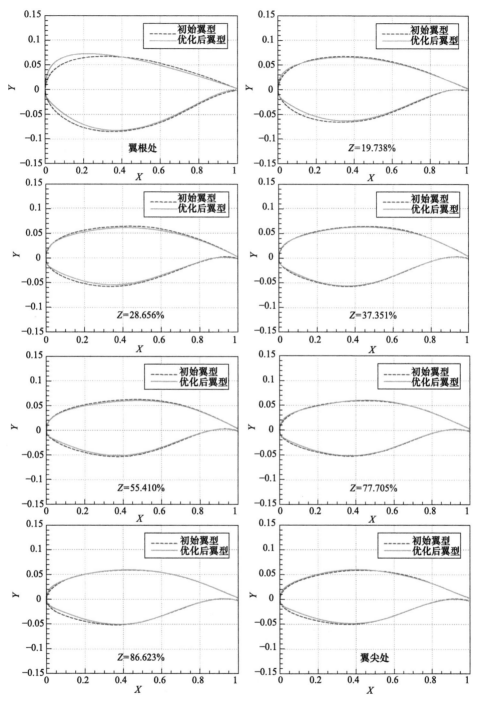

图 5.3.13　优化前后各控制面的翼型

2. 机翼厚度分布

机翼的最大相对厚度影响机翼的型阻，进而影响机翼的巡航效率。为减小该阻力，应减小机翼的最大相对厚度。但从有效体积、增大展弦比和机翼重量的角度看，应增大机翼的最大相对厚度，故在工程应用中选取机翼厚度时需要寻求结构强度与气动性能的折中方案。综合考虑机翼成型及设计点的压力分布情况，设计时使下表面最大厚度位置尽量相近，上表面最大厚度位置从翼根至翼尖逐渐后移。优化设计后机翼的最大相对厚度分布和绝对厚度分布如图 5.3.14 所示，满足设计要求。

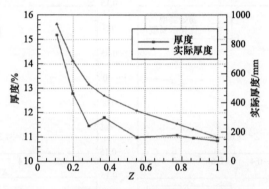

图 5.3.14　机翼的最大相对厚度和绝对厚度分布

3. 机翼扭转分布

机翼的几何扭转分布应有利于改善失速特性并降低诱导阻力。根据优化设计后的控制剖面翼型来调整扭转角，一方面遵循机翼上表面等压线直线性原则，另一方面也使各截面升力分布趋于椭圆型分布，考虑机身带来的影响，设计时保证内翼升力略大于椭圆形分布，外翼略小，设计后期采用打靶法进一步细化扭转角分布。

4. 优化后机翼的气动特性

将全速势方法和黏性修正耦合以计算该超临界机翼的气动特性，所有计算状态为固定转捩，上翼面的转捩点定为 3%当地弦长，下翼面的转捩点定为 2%当地弦长。

1) 压力分布和等压线分布

图 5.3.15 给出了优化后机翼剖面的压力分布。图 5.3.16 给出了优化后机翼上下表面的等压线分布。由图可知，机翼上表面的大部分区域具有直的等压线，避免了翼根和翼尖区域提前出现正激波而导致气流分离。

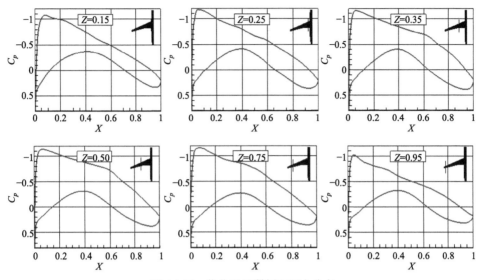

图 5.3.15　优化后机翼剖面压力分布

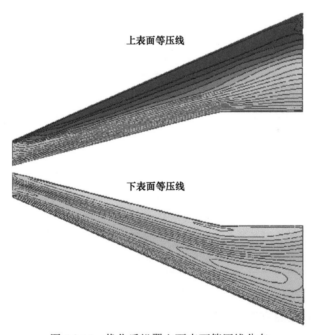

图 5.3.16　优化后机翼上下表面等压线分布

2) 升力特性与力矩特性

通过沿整个翼身组合体表面的压力分布进行积分，得到优化后的升力系数曲线，如图 5.3.17 所示。经过优化，该机翼在设计点处的力矩系数为 −0.13382。

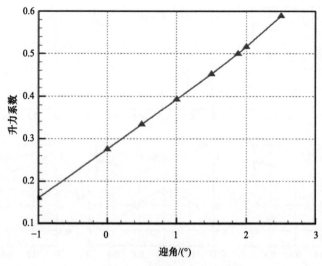

图 5.3.17　机翼的升力系数曲线

　　最终，优化前后机翼的气动性能比较如表 5.3.3 所示，机翼的气动性能得到提升。

表 5.3.3　设计前后机翼气动性能比较

气动参数	设计前	设计后	增量/%
巡航效率 $Ma(L/D)_W$	25.28598	26.58195	+5.125
机翼俯仰力矩系数 C_M	−0.13550	−0.13361	改善 1.395
机翼波阻系数 CD_W	0.00059	0.00004	−93.2
机翼诱导阻力系数 CD_i	0.01123	0.01104	−1.69
摩阻及黏性压阻系数 $CDFP$	0.00625	0.00606	−3.04
阻力发散马赫数 Ma_D	0.785	0.802	+2.17

5.3.5　先进机翼减阻方法

　　民用客机在巡航状态下的阻力分布如图 5.3.18 所示，其中机翼的阻力占比最高，主要包括摩擦阻力、压差阻力、诱导阻力等。对此，本小节将介绍常用的几种先进机翼减阻方法。

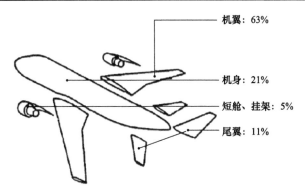

图 5.3.18　巡航状态下民用客机的阻力分布[322]

1. 层流设计

层流的流体微团运动相互平行，流体的横向掺混仅源于分子热运动，因此层流中流体微团间的热交换及能量输运远低于湍流[323]，宏观表现为相同雷诺数下，层流流动摩擦阻力远小于湍流。Schrauf 和 Thibert 等[324,325]对现代民用客机进行了研究，发现摩擦阻力约占全机总阻力的 45%～50%。因此，采用层流减阻技术是减少高亚声速运输机摩擦阻力和全机阻力的重要手段。

现代翼型在跨声速流中存在局部超声速区，气流在其中加速直至出现激波。机翼表面粗糙度非常好(约 5μm)的超临界翼型在跨声速流动时，翼型边界层为层流，甚至在相当大的雷诺数($Re=3\times10^7$)时也可保持至翼弦中部。后掠翼的自然层流边界如图 5.3.19 所示。对于较小的后掠机翼，表面加工质量高的条件下可以通过自然层流保持稳定的层流边界层。但对于较大的后掠机翼，雷诺数较高，气流容易发生转捩，实现自然层流十分困难。除此之外，前缘增升装置的存在也会对层流造成不利影响。因此从全局来看，自然层流较倾向于小型飞机或经过前缘修形的机翼。

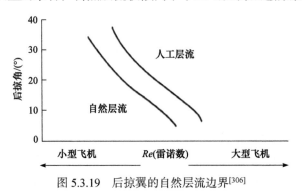

图 5.3.19　后掠翼的自然层流边界[306]

要想在大型飞机后掠翼上实现层流，需进行层流控制，即从翼面上吸除边界层，产生人工层流，以推迟边界层不稳定和转捩的发生。吸除具有双重作用，一是通过减小边界层厚度来降低有效雷诺数,二是改变边界层速度剖面形状以增加其稳定性。人工层流在原理上可适用于任何后掠机翼,但仍存在能量损耗、结构重量增加、成本增加、设计与制造较复杂等问题。

2. 表面结构减阻

人们受鲨鱼、猪笼草等动植物的表面沟槽结构具有较低摩擦阻力的启发,开始研究基于微尺度表面的流动损失控制技术。按照沟槽/小肋在流场中的方向,主要可分为纵向(与流动方向一致)和横向(与流动方向垂直),沟槽形状主要包括 V 形、U 形和矩形等。

1) 纵向减阻机理

由于湍流流动的复杂性,纵向减阻机理尚未完全确定。目前,主要存在"二次涡理论"与"突出高度论"两种代表性论述。

二次涡理论由 Bacher 和 Smith 提出[326]。如图 5.3.20 所示,二次涡通过反向旋转涡与小肋尖峰相互作用而产生,涡结构有序且定向。一方面,二次涡停留在沟槽内旋转,阻碍了局部流动;另一方面,小肋尖峰的存在能够加速和增强二次涡的发展,使流向涡对的强度逐渐减弱,抑制了流向涡对在展向集结低速流体的能力。因此,二次涡结构通过减弱流动中的压力、速度脉动以及流向涡强度,使近壁区流动不稳定性明显降低,表面摩擦阻力得以减小。

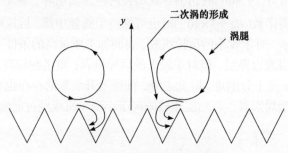

图 5.3.20　二次涡形成过程[326]

突出高度论由 Bechert 等提出[327]。Bechert 等应用保角变换将小肋表面转变为光滑平板,并找到速度剖面的等效起点作为原点以重新定义小肋流动边界层速度剖面。小肋的顶部到光滑表面等价原点的距离称为突出高度。小肋表面纵向流、横向流的突出高度如图 5.3.21 所示,小肋表面的原点位于速度剖面外推处,因此纵向流的突出高度 h_{pl} 比横向流的突出高度 h_{pc} 更深,其高度差称为突出高度差 $\Delta h = h_{pl} - h_{pc}$,大小取决于小肋高度 h 与两肋间距 s 的比值。由于等价原点以下的沟槽内流动主要被黏性阻滞且存在突出高度差,因此沟槽表面的尖峰对横向流的阻滞作用远大于纵向流,使流动更加稳定。沟槽表面对流动的阻滞作用在边界层流动中相当于增加了黏性底层的有效厚度,减小了壁面上的平均速度梯度与表面摩擦阻力。

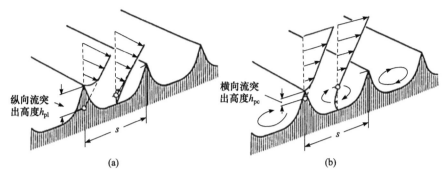

图 5.3.21　小肋表面纵向流、横向流的突出高度示意图[328]

2) 横向减阻机理

对于横向减阻机理的研究还相对较少。在对这一机理的研究中，被广泛接受的是潘家正的"微型空气轴承"理论[329]。该理论认为，在湍流边界层底部合理排布的横向沟槽内有可能生成定向有序的小涡。小涡被沟槽挡住后，将滞留在沟槽内继续转动(或不动)，就像一个个空气形成的轴承。由于滚动摩擦阻力远小于滑动摩擦阻力，因此该高度边界层间的摩擦阻力大大降低。

3) 沟槽/小肋减阻应用

表面沟槽/小肋在超临界机翼减阻方面的工程应用十分广泛。例如，空中客车(空客)公司将 A320 试验机表面积的 70%贴上沟槽薄膜后，能够节油 1%～2%[330]；机身覆盖沟槽结构的空客 A340 飞机在相同的航程下亦可明显节约油耗[331]；瑞士航空采用 AeroSHARK 小肋薄膜技术，每年可减少超过 4800t 的燃油消耗，并减少高达 15200t 的二氧化碳排放[332]。

3. 翼梢小翼

通过翼梢小翼来改善翼尖区的气流流动，是减少机翼诱导阻力的重要手段。翼梢小翼的种类包括端板式、融合式、双叉弯刀式等。翼梢小翼的作用如下所述。

1) 减弱机翼翼尖涡的强度

机翼的诱导阻力源自机翼的尾涡和翼尖涡对翼面的下洗作用。翼尖涡能够将机翼的尾涡卷入，形成很强的集中涡，产生较大诱导阻力。加装翼梢小翼起到了端板作用，使翼尖涡破裂，强度显著减弱，降低了诱导阻力。

2) 增加机翼的升力和推力

翼梢小翼的气动力效应如图 5.3.22 所示。机翼翼尖的上表面存在向内的洗流 v_W，下表面存在向外的洗流 v_W。翼梢小翼上的合速度 v 为来流 v_∞ 与 v_W 的矢量和，在此速度下，小翼将产生升力 L_{WL}。由于翼梢小翼存在一定倾斜角，则其升力在机翼升力方向的分量即为小翼提供的升力 ΔL，而来流方向的分量 ΔF 即为小翼提供的推力。

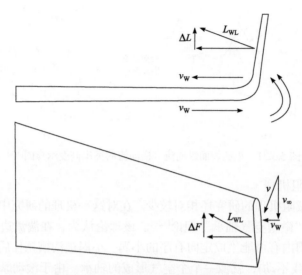

图 5.3.22　翼梢小翼的气动力效应[333]

3) 抵消翼尖涡的诱导作用

从飞机后方向前看，左机翼产生的翼尖涡和翼梢小翼产生的涡均沿顺时针旋转。在机翼翼尖区域，小翼产生的涡方向与机翼产生的翼尖涡方向相反，局部抵消了机翼翼尖涡的作用，涡强度进一步削弱，诱导阻力下降，如图 5.3.23 所示。

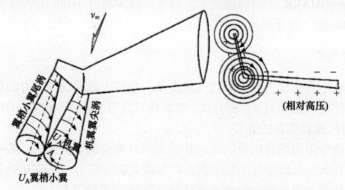

图 5.3.23　机翼与小翼翼尖涡的抵消[314]

4) 增加机翼的有效展弦比

翼梢小翼可在机翼实际展长不变的前提下增加有效展弦比，且推迟了翼尖气流的过早分离，增大了失速迎角。通常，翼梢小翼需要与机翼一同设计以综合平衡气动性能。

翼梢小翼参数的选取原则如下所述[289,314]。

(1) 翼梢小翼的剖面弯度应较高且具有良好的气动特性,并须在机翼失速后小翼才能失速,否则小翼气流的过早分离可能诱使翼尖气流分离;小翼的厚度不能太大,表面不能产生较强激波。

(2) 翼梢小翼高度上升会增加其面积与展长,从而增大升力,减小阻力。但翼根弯矩同样会增大,且机翼结构重量增大。通常,小翼面积为机翼面积的1.5%~3%,小翼高度约为机翼半翼展的10%。

(3) 翼梢小翼的超临界特性应与机翼相近,故后掠角应相等或稍大于机翼后掠角;法向力系数近似不变时,气动力效率最高,因此小翼的梢根比较大。

(4) 翼梢小翼应安装在机翼翼尖后部上方,从而不会使小翼上表面增加的气流速度叠加到机翼上表面前缘的气流中,可减小超临界设计状态下不利的流动干扰。

(5) 为有效降低诱导阻力与避免小翼根部和翼尖的洗流干扰,应多采取小翼外倾措施。

大多数民用飞机的机翼应用了翼梢小翼,例如波音 737NG 与空客 A320neo 采用尺寸较大的融合式翼梢小翼,减阻效果为 3%~4%[310]。在 C919 的设计中,也深入研究了多种不同小翼方案[334]。经过对小翼的减阻、结构重量、颤振等特性的综合权衡,最终确定采用鲨鱼鳍式翼梢小翼。与上反式翼梢小翼相比,鲨鱼鳍式翼梢小翼的翼根弯矩更小,重量更轻。综合考虑机场宽度的限制后,以鲨鱼鳍翼梢小翼为基础进行改进,调整小翼的外倾、外撇角、后掠角、高度、扭转角、翼型的最大厚度分布等,保证翼梢小翼气流分离晚于主翼,并达到最优的减阻效果。

5.4 机翼-吊挂-短舱一体化设计

5.4.1 概述

飞机发动机的安装位置可以分为翼吊布局和尾吊布局两类。尾吊布局目前广泛用于公务机和战斗机等小型飞机。而对于大型飞机,翼吊布局因为具有机翼下存在足够空间放置多个发动机、飞机结构重量轻、发动机短舱高度低、易维护等优势而被广泛采用。20 世纪 50 年代,美国波音公司研发的首款四引擎喷气式飞机波音 707 首次采用动力装置的翼吊布局这一设计。这一在当时十分新颖的设计也帮助波音 707 成为世界上首款取得成功的喷气式民航客机,并支配了 20 世纪 60~70 年代的民航市场,开启了喷气机时代。波音 707 客机也使得波音公司取代道格拉斯公司成为最大的民航飞机制造商之一,其改进型和衍生型飞机在民航领域和美国空军都有着广泛的应用。本节将详细介绍飞机发动机翼吊布局的设计经验并给出实例。

动力装置的翼吊布局存在以下优点：

(1) 发动机来流不受飞机的其他部件干扰，进气效率高，进气流场好；

(2) 发动机、短舱、吊挂的重量和飞行中机翼上的气动载荷方向相反，对机翼起卸载作用，可以降低翼根弯矩、减轻机翼重量；

(3) 后掠机翼上的前伸式翼下吊舱有利于防止颤振。

但是，翼吊布局也存在以下缺点：

(1) 吊挂、短舱的存在使得机翼的气动布局发生改变，需要针对机翼-吊挂-短舱重新进行整体的气动设计，如果设计得不好，会在很大程度上影响机翼的气动特性，特别是吊挂和短舱等可能引起较大的干扰阻力，以及机翼、吊挂与短舱之间的"工"字形流动通道内可能产生强烈的激波；

(2) 吊挂的存在影响前缘增升装置的连续性，会导致在起飞、着陆构型下升力面不连续，进而引起升力损失。

现代民用客机的超临界机翼设计的一般过程如下：首先进行二维的典型翼型设计，然后将翼型进行展向配置并进行局部修形设计出三维机翼，最后安装吊挂和发动机短舱，调整机翼和吊挂相对于机翼的位置。另一方面，在安装了吊挂和发动机短舱过后，短舱、吊挂和机翼结合部位的流动情况非常复杂，可能产生较大的干扰阻力或激波等。因此，在安装了吊挂和发动机短舱过后，可能需要对机翼、吊挂或短舱的外形进行进一步的优化设计。

5.4.2　发动机短舱-机翼相对位置

1. 展向

根据统计数据[289]，对于翼吊布局的飞机，四发飞机的内侧发动机短舱和外侧发动机一般分别位于30%～37%和55%～67%半展长处，双发或混合式三发飞机的发动机短舱位于33%～38%半展长处。发动机具体的展向位置需要和飞机的其余部位的设计统筹考虑决定，一般包括机翼的平面形状、有后缘或前缘延伸的机翼的平面形状的转折处的位置、副翼的布置、扰流板的布置等。

展向位置的主要考虑因素有：

(1) 发动机安装位置外移，翼根弯矩降低量增加，有利于减轻机翼结构重量。该趋势直到地面滑行载荷变为临界因素为止。

(2) 对于有上反角的下单翼布局来说，发动机安装位置外移可以增加短舱和进气道唇口的离地间隙，有利于防止起飞、着陆时飞机倾侧使得短舱触碰地面，也有利于防止开车和滑跑时进气道吸入异物。该问题需要结合短舱的弦向位置统一考虑。

(3) 单发停车时，飞机的偏航力矩将随着短舱的安装位置外移而增大，进而增大空中、地面和着陆进场的最小操纵速度，难以满足适航规章的规定。

(4) 一般不允许发动机的热喷流喷射到飞机的任何操纵面上，因此需要统筹考虑发动机短舱的展向位置与襟翼、副翼的配置。

(5) 对于低平尾布局的飞机，大迎角飞行时喷流靠近安定面，喷流的抽吸作用所诱导的下洗会降低安定面的效能，可以通过外移发动机降低此影响。

(6) 发动机短舱的展向位置会和机翼、机身之间存在一定的气动力干扰。

(7) 对于后掠机翼的飞机，可以通过改变发动机的展向位置来改变整机的重心位置。

2. 弦向

发动机短舱相对于机翼的弦向位置包括两个方面：前伸量 x(纵向)和下沉量 z(垂直方向)，如图 5.4.1 所示[289]。

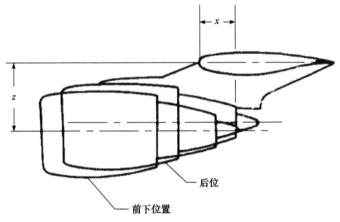

图 5.4.1　发动机短舱弦向位置[289]

弦向位置对气动特性有很大的影响，美国国家航空航天局(NASA)、苏联/俄罗斯中央空气流体动力学研究院(TsAGI)、法国宇航研究院(Office National d'Études et de Recherches Aérospatiales, ONERA)以及各大飞机公司都在大量的实验研究的基础上，得出了各自认为的最好的设计准则或经验，如下所述。

洛克希德(Lockheed)公司：Lockheed 公司在研制 L-1001 三星式飞机的过程中，得到了发动机在机翼上的最佳位置的研究结果，推荐的位置为

$$x_1 = 1.85D$$
$$z = 0.95D$$
(5.4.1)

其中，x_1 为短舱进气口离机翼前缘的距离；z 为下沉量；D 为发动机短舱的最大直径。

道格拉斯(Douglas)公司：Douglas 公司得出了短舱的纵向位置的影响比垂直位置的影响要大的结论，即短舱后移会使得阻力特性迅速恶化，特别是当升力系数较低时，而垂直位置高达 5%的弦长变化在巡航升力系数范围内只引起 1~2 个阻力单位的微小变化。

波音(Boeing)公司：波音公司在总结了过去的经验和研究成果后，得出了对前移量 x/c 和下沉量 h/c 的一条针对翼吊发动机短舱安装的边界。只要短舱安装在这条边界之下，机翼-吊挂-短舱之间的干扰阻力就非常小，一般不超过飞机巡航阻力的 1%。

空客(Airbus)公司：空客 A320 飞机在短舱的弦向位置设计满足波音公司的边界要求。并且，空客公司通过自己的实验发现，风扇出口截面在机翼前缘前 2%弦长左右可以得到最小的安装阻力。

ЦАГИ：ЦАГИ 得到了不同的短舱前伸位置和阻力的关系，安装阻力随着短舱前移迅速下降。

ONERA：ONERA 得出了短舱位置对阻力增量的影响与巡航马赫数的关系。在 $Ma = 0.75$ 左右时，不同的短舱位置增加的阻力都很小；当 $Ma > 0.75$ 时，短舱位于前下位置比位于后上位置所造成的阻力更大；当 $Ma < 0.75$ 时，短舱位于前下位置比位于后上位置所造成的阻力更小。也就是说，短舱-机翼相对位置的选择和设计巡航马赫数有密切的关系。

3. 短舱轴线的偏角和安装角

除了短舱相对于机翼的展向和弦向位置外，属于发动机短舱-机翼相对位置的重要参数还有两个角度：机翼平面图中发动机短舱轴线相对于顺气流方向的偏角；当地机翼剖面图中发动机短舱轴线相对于机翼弦线的安装角。

关于发动机短舱轴线的偏角，一般认为，考虑后掠机翼的吊挂结合部位的局部流线形状，将发动机轴线稍微内偏，对减小干扰阻力是有益的。短舱轴线内偏 2° 相比不内偏或内偏角更大(如 4°)的情况，阻力更小。

发动机轴线相对于机翼弦线的安装角取决于诸多因素的权衡，包括减少巡航状态的安装阻力、保证进气道唇口最低离地高度、飞机俯仰和倾侧角组合中发动机短舱不碰地等。一般认为，在飞机巡航姿态发动机轴线应该和来流一致以减小阻力，但实际上并不一定如此。研究表明，最小附加阻力发生在小的正迎角时。另一方面，短舱的存在会使升力有所损失，但升力损失随迎角的变化并不剧烈，且使升力损失最小的迎角和最小阻力迎角基本一致。

4. 一体化设计实例

复旦大学航空航天系孙刚课题组在层流短舱-吊挂-机翼一体化设计中，主要考虑了短舱在模型中的前伸量和下沉量。结合短舱的前伸量和下沉量作为优化变量，在设计范围内进行抽样并使用优化方法进行迭代。优化结果表明，短舱与吊挂-机翼-机身的邻近部位处原先较强的压力和速度的流场梯度在优化后被削弱了，在等升力下，阻力得到减小。优化后的机身-吊挂-短舱模型如图 3.3.6 所示。优化前后的压力-速度分布(前视图)分别如图 5.4.2 和图 5.4.3 所示。

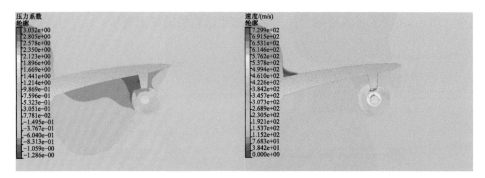

图 5.4.2　初始模型中短舱-吊挂-机翼-机身附近的压力-速度分布(前视图)

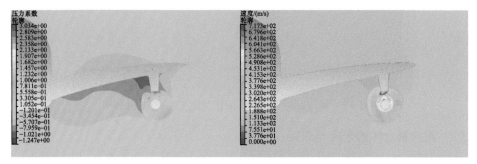

图　5.4.3　优化后模型中短舱-吊挂-机翼-机身附近的压力-速度分布(前视图)

5.5　翼身融合体

5.5.1　翼身融合体的概念

采用外形与机身融合的机身已是现代战斗机常用的一种方式，即机翼与机身之间通过光滑曲线连成一体的设计，融合采用抛物线或者圆弧连接[293]。翼身融合体在横向环量分布产生的弯矩比常规布局飞机小，可以使得飞机的结构重量变小，因此，翼身融合体飞机相比同等级的常规布局飞机拥有更轻的结构质量、更高的升阻比和更高的燃油效率，这使欧、美、俄等航空大国投入很多的资源和精力对翼身融合体飞机进行研究。对于军用飞机而言，其优异的隐身性能与阻力的降低也是其颇受欢迎的原因。

　　作为一种把传统的机身和机翼结构融合在一起的全新飞机设计概念[335]，翼身融合最早源于二战末期的德国，在当时的航空技术条件下解决不了翼身融合体飞机的操纵稳定性问题，导致所有概念设计都停留在纸面上，没能够生产出真正可以稳定飞行的翼身融合飞机，其发展因此而停滞不前。直到 20 世纪中后期，电子科学技术在飞行控制方面的飞速发展，使真正意义上的翼身融合体飞机应运而生。图 5.5.1 展示了翼身融合大型客机缩比试验机的试飞现场。

图 5.5.1　翼身融合大型客机缩比试验机的试飞现场[336]

5.5.2　翼身融合体的研究与应用

　　国内对翼身融合体飞机的研究主要集中在军用翼身融合无人机方面。20 世纪末我国航空航天军事技术人员开始对海湾战争、科索沃战争中具有隐身性能的作战飞机进行跟踪和研究，得出作战飞机的隐身性能将是打赢未来现代化战争的重要因素。进入 21 世纪，由于我国的经济快速发展壮大，我国的航空制造业快速发展，这为国产翼身融合体作战飞机的发展和研制提供了以往不可能具备的条件，翼身融合体飞机的研究也引起研究人员的广泛关注。

　　在翼身融合体民用客机的研制方面，美国波音公司一直处于领先地位。在 N+3 代客机计划的第一阶段研究工作中，波音公司亚声速超绿色飞机研究 (subsonic ultra green aircraft research，SUGAR)团队推出了翼身融合布局方案 SUGAR Ray[337]，采用可折叠机翼，折叠后翼展 49.2 m，双发 CFM-56-7B 发动机安装在后机身上部。SUGAR Ray 方案在气动特性研究过程中针对融合体前缘采用自然层流减阻技术，并在湍流区域采用小肋减阻，如图 5.5.2 所示，其中蓝色所示区域采用自然层流技术，红色所示区域采用小肋湍流减阻技术。方案假定巡航状态下处于一种自配平状态，阻力项只包括了占比 52%的零升阻力、占比 42%的诱导阻力以及占比 6%的压差阻力。在设计马赫数 $Ma = 0.70$、巡航升力系数 $C_L = 0.3$、巡航高度 35000ft(1ft = 0.3048m)情况下，其升阻比可达 26.611。

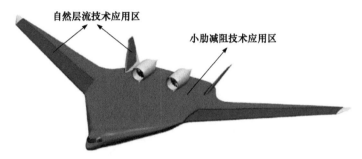

自然层流技术应用区

小肋减阻技术应用区

图 5.5.2　波音翼身融合布局 SUGAR Ray 方案[337]

在"新航空地平线"(New Aviation Horizons，NAH)项目中，Dzyne 技术公司[338]认为，如果翼身融合布局在支线座级下仍采用类似大型翼身融合客机那样的客舱在上层、货舱与起落架在下层的双层机身，将会显著增加机体相对厚度，不利于跨声速巡航。如图 5.5.3 所示，该公司推出的翼身融合布局支线机方案 Ascent-1000 将货舱和燃油箱布置在客舱两侧的机翼段翼根处，起落架从客舱下方转移到了后侧，安装在后翼梁之后、短舱支架下的空间。通过对货舱与起落架舱的优化布置，实现了机身的单层设计(图 5.5.4)，显著降低了全机各剖面的厚度分布。在支线客机领域，Ascent 各方案相对于现役的先进常规构型客机(庞巴迪 CS-100 max、波音 737-8、波音 737-9)大幅提升了乘客空间，单位耗油率降低了 30%以上，展示出可观的市场前景。

图 5.5.3　Dzyne 公司 Ascent-1000 客机[338]

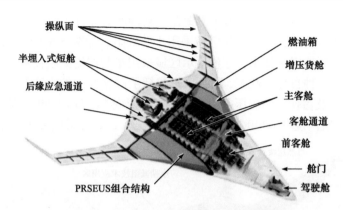

图 5.5.4　Ascent-1000 客机的单层布置[338]

空客公司在 2020 年的新加坡航展上展示了一款翼身融合技术验证机 MAVERIC(model aircraft for validation and experimentation of robust innovative controls)[339]。全机长 2.0m，宽 3.2m，翼面积约 2.25m²。该验证机又被称为"游侠"，主要目的是用于验证翼身融合布局操纵控制技术的鲁棒性，概念机如图 5.5.5 所示。目前针对该验证机的资料较少，该验证机于 2017 年开发，制造工作由位于图卢兹空客飞行试验室的 MAVERIC 项目团队完成，并在 2019 年 6 月首次升空。目前已在英国空客的菲尔顿工厂进行了风洞测试，以验证其气动特性。未来的试飞测试将重点关注低速起降的操稳问题，以及大攻角失速下的飞行控制问题。

图 5.5.5　空客翼身融合验证机 MAVERIC[339]

随着"绿色环保"理念的深入人心，新能源在航空领域的应用研究受到广泛关注，空客公司最近致力于利用氢燃料解决民机污染物排放问题。2020 年 9 月，空客公司发布了代号为 ZEROe 的 3 款氢能源概念飞机[340]，包括采用氢燃料涡扇发动机的单通道客机、采用氢燃料涡桨发动机的支线客机，以及采用氢燃料分布式推进的 BWB 布局客机，如图 5.5.6 和图 5.5.7 所示。其中，翼身融合布局客机最多可搭载 200 名乘客，航程约 3704km。宽大的机身可为乘客提供全新的沉浸式客舱内部体验，并为氢燃料的存储提供了充足的空间。据推测，该翼身融合布局的氢燃料动力飞行器采用了 MAVERIC 所积累的技术成果，为型号化应用打下基础[341]。

图 5.5.6　空客 ZEROe 氢能源概念飞机[340]

图 5.5.7　空客 ZEROe 概念中的翼身融合布局[340]

5.5.3　翼身融合体的特点

翼身融合体飞机结构拥有常规布局飞机不可比拟的优点，据国内外航空科学研究报告称，翼身融合体飞机的最大升阻比可以超过 20，机体重量可减少 25%，燃油效率提高 30%以上，而且飞机的内部空间也比同量级常规布局飞机大得多，所以翼身融合体飞机是未来航运市场的一个重要发展方向。

首先，翼身融合体飞机的结构重量轻，刚性好，其重量优势主要体现在以下几点：

(1) 翼身融合体飞机扁平式的构型使得其蒙皮、地板、长桁和肋等结构都更适合复合材料的设计与应用，能将复合材料的减重优势更好地发挥出来，其应用规划如图 5.5.8 所示；

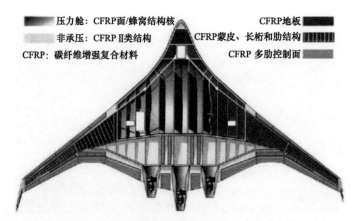

图 5.5.8　翼身融合体客机复合材料应用规划[342]

(2) 翼身融合体飞机采用了无尾设计，大大简化了机体结构；

(3) 翼身融合体飞机沿机翼翼展较均匀地分布了全机重量，这样可以降低机翼弯曲和扭转载荷，能进一步减少结构重量；

(4) 短和宽的机身，强度更高，刚性更好，也有利于减重。

其次，翼身融合体飞机的空气动力效率高，气动载荷的分布可达到最佳。翼身融合体飞机的机翼与机身相互融合，有效减小了传统布局中机翼与机身间的气动干扰，降低了气动阻力，并且扁平的机体和机翼一样能产生升力，不仅提高了翼身融合体飞机的升阻比，还使全机的气动载荷分布更均匀。此外，由于翼身融合体飞机的发动机安置于机体上侧后部，不会干扰机翼的气流，并可通过发动机与边界层的相互作用进一步提高机身处的气动效率，从而增强了飞机的运营经济性，如图 5.5.9 所示。

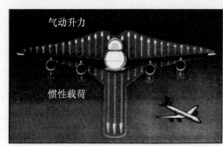

图 5.5.9 气动升力、惯性载荷和客舱压力载荷的对比[342]

此外,翼身融合体飞机在安全特性、环保性能[343]、装载空间以及军事应用潜力上具有独特的优势。但与此同时,其高度融合的气动布局外形带来隐身、结构承载和气动效益上优点的同时,也导致了很多航空科学技术上的挑战[344],例如,更加复杂的多学科(气动、结构、飞行力学)耦合,以及无尾布局有机动性能、操稳特性、飞机配平困难方面的问题[345]。

5.5.4 翼身融合构型集成设计实例

在对于翼身融合构型的短舱总体设计中,为了解决跨声速流动中翼身融合减阻的目标,需要针对背撑式短舱表面流动特点,与翼身融合整体飞发流场特点,分析跨声速流动中的飞机-发动机干扰现象,研究跨声速情况下翼身融合构型飞机减阻设计方法。在本案例中通过采用智能高效的机器学习方法,开发在设计空间中快速找到优化样本的基于机器学习的智能寻优方法,建立针对背撑式短舱设计的基于人工神经网络的设计方法。在单独短舱气动研究基础上,结合短舱的安装位置以及短舱与机身所形成流道的流动特性,探索全机带动力短舱-机体一体化的高效优化设计方法,整体的优化设计思路如图 5.5.10 所示。

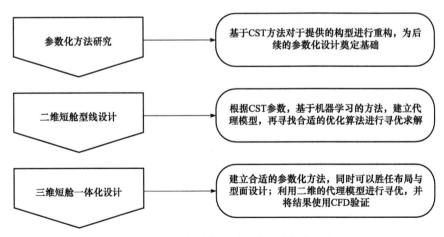

图 5.5.10 翼身融合构型集成设计优化思路

　　在翼身融合构型的短舱总体的设计中，首先，基于上述的集成设计思路进行动力短舱设计。由于通气构型对于动力构型的设计具有明显的指导作用，所以基于一般的通气构型进行巡航工况下动力短舱构型优化，经过迭代优化设计后，短舱前缘的激波强度有了明显的减小，同时短舱后缘的分离情况也有了明显的改观，基本消除了后缘的强分离，初步完成了提升升力系数与降低阻力系数的设计目标。

　　在支架设计中，设计的难点也是当地的流场很难通过简单的边界条件进行模拟，单独的线型设计很难实现设计目标。由于支架前缘相对较薄，绕过支架的气流速度较大，容易发生进气分离，前分离位置太靠前，所以设计时基于已有的代理模型构型，参考在低速工况下对于短舱的设计思路，将支架最厚位置后移并加厚，通过优化求解最终也成功降低了分离的强度，将原有的分离基本消除。

　　在低速工况下的设计，由于设计目标是在提升巡航工况性能的前提下维持已有的低速工况的气动性能，研究中以分离的气动指标为优化目标，通过低速工况下的单独短舱设计成功提升了优化后构型的分离迎角，达到了原有构型的水准。经三轮设计后的翼身融合构型短舱支架网格如图 5.5.11 所示。

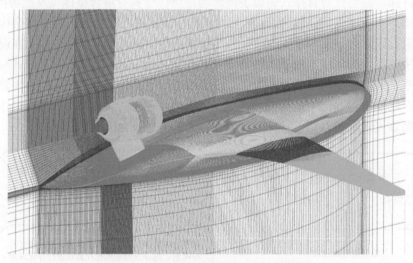

图 5.5.11　翼身融合构型短舱支架计算网格

　　从整体设计结果来看，短舱的布局方面，短舱后移的量相对于原始构型有了较大改变，由于更加接近机体尾部，短舱后缘的流场以及支架发生分离位置的流场有了很大程度的改善，为最终消除短舱与支架后缘的分离提供了可能。另一个影响构型优化结果的是短舱型面的优化，短舱型面的设计，尤其是外型面，很大程度上决定了流经短舱外表面的气体流速，在激波强度降低，且流速和缓的情况下，发生分离的概率将会大大降低，所以本书方法改善了短舱外表面的激波强度，最终达到了消除分离的目的。而对于支架的设计，采用类似的思路，都是通过修型，保持原有的几何构型的优化方法来实现优化效果，最终在保持低速工况气动性能的前提下，优化了巡航工况下的气动性能，满足了设计需求，优化前后的升阻特性线的对比如图 5.5.12 所示。

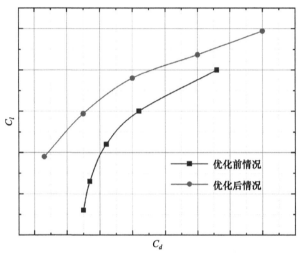

图 5.5.12　优化前后升阻特性线对比

5.6　分布式推进飞行器

随着经济全球化的进程，地球资源减少，环境问题增多，人们对航空技术提出了新的要求。为此，必须研发出智能、高效、静音和无排放的推进系统。

随着高涵道比涡扇发动机的出现，研究人员已经开发出了更小、效率更高的发动机核心机来提供更大推力。然而，核心机的尺寸总有一天会受到技术限制。为了避免这些限制，就需要探索高度集成的推进系统和机身融合技术。分布式推进概念是用大量小型推进系统替代大型离散发动机的想法，这将是未来航空运输系统的重要技术发展方向。

5.6.1　分布式推进飞行器的基本概念和原理

分布式推进飞行器在早期是为了降低噪声[346,347]而提出的设计理念，随着研究的深入，人们逐渐发现分布式推进布局的其他潜在优点。Drela[348]给出了推进效率的物理解释，即推进效率损失是由于尾流中残留的净动能，表现为不均匀的速度型[349]；通过设计一个推进系统来降低摩擦损失，填充尾流来使其速度分布不均匀性最小化，实现推进效率的最大化。图 5.6.1 说明了不同的推进系统尾流的速度型，图 5.6.2 为分布式推进飞行器概念设计图。

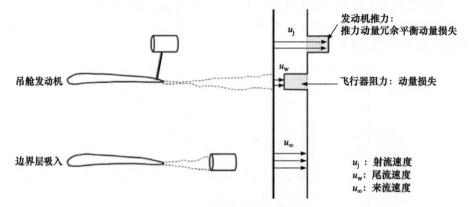

图 5.6.1　尾流填充原理示意图

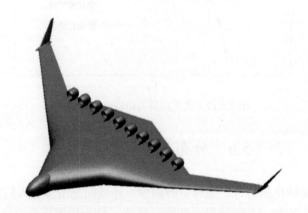

图 5.6.2　分布式推进飞行器概念设计[350]

5.6.2　分布式推进飞行器的多学科优化

分布式推进飞行器的优化设计通常采用进化式的多目标优化算法。常见的进化式多目标优化算法包括 NSGA-Ⅱ 算法、MOEA/D 算法、SPEA2 算法等。本小节以翼身融合体作为气动布局、分布安装独立发动机作为推进布局的飞行器为例，对气动、结构、推进系统这三个主要模块进行优化设计。首先确定设计工况(巡航高度 10000m，巡航马赫数 0.8)和设计变量(主要包含几何变量、发动机性能以及发动机个数)，并分别选用符合设计需要的三个物理量(燃油消耗率 sfc，起飞总重量 TOGW，升阻比 L/D)作为优化目标，并考虑飞行器的航程、配平、舱内布置、油箱体积、畸变指数等作为约束条件，进行全局优化。图 5.6.3 为优化后得到的 Pareto 阵面中的分布式推进布局设计方案。

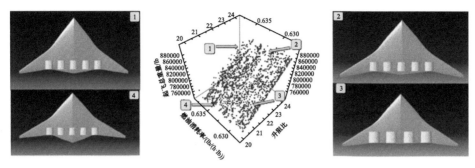

图 5.6.3   Pareto 阵面中的分布式推进布局设计方案示例

5.6.3   未来分布式推进飞行器的发展方向和挑战

电气行业技术的快速发展为未来分布式电推进飞行器提供了新的技术。虽然仍然存在各个学科交叉的综合挑战，但分布式电推进是一个具有颠覆性的设计概念，会在未来飞行器设计中带来前所未有的改进。

未来分布式推进飞行器的发展方向将主要包括以下几个方面。

(1) 提高推进系统的效率和性能：未来的分布式推进飞行器将会采用更加先进的推进系统，例如氢气喷气发动机、核能推进系统等，以提高推进效率和性能。

(2) 提高飞行器的机动性和安全性：未来的分布式推进飞行器将会采用更加先进的控制系统和传感器，以提高飞行器的机动性和安全性，并能够适应更加复杂的飞行环境。

(3) 降低噪声和环境污染：未来的分布式推进飞行器将会采用更加环保的推进系统和材料，以降低噪声和环境污染，以及提高飞行器的可持续性和生态可持续性。

未来分布式推进飞行器的发展也将面临一些挑战。

(1) 技术挑战：未来的分布式推进飞行器将需要采用更加先进的推进系统、材料和控制系统等，这将需要大量的研发和测试工作。

(2) 成本挑战：未来的分布式推进飞行器将需要采用更加昂贵的材料和技术，这将使得飞行器的成本变得更加高昂，而且需要投入更多的研发和生产成本。

(3) 安全挑战：未来的分布式推进飞行器将面临更加复杂和严峻的安全挑战，例如飞行中的故障和事故等，这将需要采取更加严格和有效的安全措施来确保飞行器的安全性。

5.7   乘波体设计

随着人们不断向着临近空间和轨道空间探索，高超声速飞行器的重要性日益剧增。此类飞行器由于马赫数远超过 $1(Ma \geqslant 5)$，因此在很多航天航空任务中，都有很广泛的应用。例如，可以作为助推级或者直接作为入轨飞行器进行航天任务，在军事方面也具有其他低速飞行器难以匹敌的打击范围和反应速度，军事威慑力巨大。

高超声速飞行器按照气动布局可以分为三类：升力体、锥形体和乘波体。乘波体，顾名思义，它依靠飞行时前缘产生的附体激波来产生升力，飞行时就像骑在激波上，如同"打水漂"一样，这类飞行器都是通过反设计生成的，具有升阻比大的特点，如图 5.7.1 和图 5.7.2 所示。

图 5.7.1　X-51A "乘波者"　　　　　图 5.7.2　"猎鹰" HTV-2

5.7.1　乘波体基本概念

德国科学家库西曼[351](Küchemann)在 1978 年通过大量的飞行数据，总结了最大升阻比经验公式：

$$(L/D)_{\max} = 4(Ma_\infty + 3)/Ma_\infty \tag{5.7.1}$$

库西曼指出：普通的飞行器在进行高超声速飞行时，随着马赫数提高，会遇到升阻比屏障。因此诸如升力体等构型在高超声速状态下，无法充分发挥升阻效用。而乘波体因为通过附着于表面的激波限制了流动从下表面到上表面的泄漏，使得上下表面存在较大的压强差，乘波体的升阻比随马赫数的变化经验公式[351]如下：

$$(L/D)_{\max} = 6(Ma_\infty + 2)/Ma_\infty \tag{5.7.2}$$

图 5.7.3 说明，乘波体可以突破传统高超声速面临的"升阻屏障"，其最大升阻比要优于传统的飞行器，在高马赫数下表现更为明显。除此之外，附体激波还能够压缩来流，使得波后的气流压力和速度都相对均匀，有利于尾部安装吸气式动力系统。

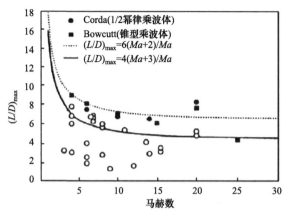

图 5.7.3　飞行器高马赫最大升阻比[352]

正是由于上述优势，乘波体在近年来的高超声速领域越来越受到广泛关注，气动外形设计工作者不断研究乘波体，涌现出许多不同的乘波体设计方法。在 1959 年，乘波体由英国科学家 Nonweiler[353]首次提出。Nonweiler 使用一个"Λ"形结构的尖楔体来生成激波。此后，随着乘波体构型的概念受到越来越多的关注，学者们提出了许多设计方法，将基本流场从最初的二维平面拓展到了三维超声速流场。Sobieczky 等[354]在 1990 年提出了密切锥乘波体，他们利用多个圆锥在流场中生成复杂的激波面，用多条圆弧去近似激波型线，从而把乘波体构型的设计空间拓展到了更多的应用情景中。此后，Sobieczky 等[355]和 Rodi[356]在此基础上，又发展了密切轴对称和密切流场设计理论，为此后的乘波体一体化设计提供了理论基础。

5.7.2　常见的几种设计方法

上文已经提到乘波体的设计方法与传统的飞行器不同，它是先生成一个已知的超声速流场，然后根据激波面来反求乘波体的外形。其设计流程如图 5.7.4 所示。首先需要生成一个已知流场，比如利用楔形体生成的平面激波场、圆锥体生成的锥形激波场，然后在流场的激波面上设计乘波体的前缘，接下来从设计好的前缘出发，进行流线追踪，将这些流线扫掠生成光滑的曲面，这个曲面就是乘波体的下表面。一般情况下，乘波体的上表面往往平行于来流方向，在设计点，乘波体的前缘线往往刚好附着于流场激波面上。因此，乘波体的外形主要就是由基准流场和前缘线形状决定的，不同的乘波体设计方法，本质上大部分都是构造不同的基准流场，逐渐从简单流场拓展到复杂流场。

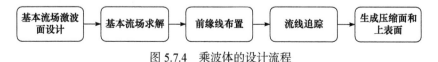

图 5.7.4　乘波体的设计流程

下面介绍几种比较常见的乘波体设计方法。

1. 平面激波流场乘波体

Nonweiler 最早提出的楔形流场乘波体设计方法，属于二维平面激波流场。基于这种流场设计出来的乘波体，其截面形状类似于"Λ"，如图 5.7.5 和图 5.7.6 所示。实验表明，该构型的升阻比在设计点处比相同投影形状的三角形更大[357]。

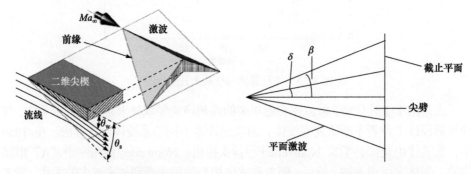

图 5.7.5　"Λ"形乘波体[358]　　　　　　图 5.7.6　楔形二维平面流场

但是在实际中，该构型乘波体的尖锐前缘需要进行钝化，否则会产生较高的温度；另外，楔形乘波体的体积小，能够执行的任务有限。

除此之外，通过改变前缘线的形状，研究者还获得了多种不同的乘波体，比如将前缘线设计成三段折线的"Π"形乘波体和前缘为幂律曲线的幂律乘波体[359,360]等，如图 5.7.7 所示。

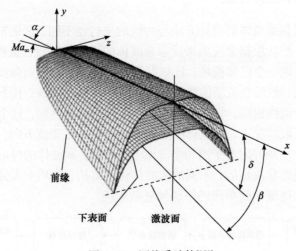

图 5.7.7　幂律乘波体[359]

2. 直外锥轴对称流场的乘波体

求解三维轴对称流场也较为容易，其中较为常见的基准流场有直外锥绕流流场。基于攻角为 0° 的直圆锥绕流流场设计得到的乘波体也称为"锥导乘波体"。该方法最早由 Jones 等[361]提出，如图 5.7.8 所示。该流场是由在一个无黏的高马赫数流场中放置一个直圆锥生成，乘波体表面生成方式与楔形乘波体类似，取一个柱面与激波面相交得前缘曲线，通过前缘曲线，进行流线追踪得到乘波体下表面，而上表面则是通过前缘曲线且平行于来流方向的柱面。

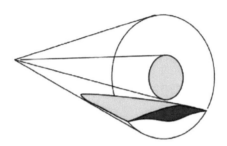

图 5.7.8　锥导乘波体[362]

除此之外，基准流场的求解方法多种多样，还有斜激波关系式方法、Taylor-Maccoll 流动方程求解法、高超声速一阶小扰动理论、二维特征线方法、CFD 方法(如有限差分法、有限体积法)等。

除了上文介绍的常规直圆锥流场，还有基于曲外锥、直内锥以及曲内锥绕流流场而生成的乘波体[363,364]。

3. 密切锥设计方法

Sobieczky 等[354]在锥导乘波体的理论基础上，提出了密切锥乘波体设计方法。该方法也叫吻切锥设计方法，它的核心思想是将基准面内具有复杂曲线形状的激波型线(激波曲面与基准面的交线)通过一系列圆弧近似，利用一系列圆锥绕流产生的锥形激波构造出具有复杂形状激波面的基础流场，进而大幅拓宽乘波体的设计空间，提高乘波构型的实用性。

Sobieczky 等[355]还对密切锥方法进行了推广，将拟合激波曲面的流场由圆锥绕流扩展至其他轴对称流动，称为"密切轴对称"方法。在每个密切面内，轴对称流场根据激波型线当地曲率半径进行放缩，保证相邻密切面内的压力连续变化。

2005 年，Rodi[356]基于密切锥理论提出了"密切流场"方法，使基础流场不再局限于必须由相同类型轴对称流场进行构造，而是能够在各密切面内选择连续变化的不同类型轴对称流场，来满足几何和激波外形设计时的特殊需求。

5.8　本　章　习　题

1. 什么是飞机的总体布局？飞机的气动布局有何意义？

2. 典型的气动布局形式有哪些？

3. 写出下列翼型的相对弯度、最大弯度位置和相对厚度。

(1) NACA 0012；

(2) NACA 2412。

4. 写出下列翼型的设计升力系数、最大弯度位置和相对厚度。

(1) NACA 23012；

(2) NACA 63206。

5. 表示翼型升力特性的常用方法是什么？表征翼型升力特性的基本参数有什么？飞行时，可能产生的机翼阻力又有哪些？

6. 请说明翼型的气动特性与飞机性能间有何种关系。

7. 什么是超临界翼型？与普通翼型相比，超临界翼型有何优点？

8. 简要说明超临界翼型的设计准则。

9. 减小摩擦阻力的办法都有哪些？控制激波强度的控制措施有哪些？

10. 发动机的翼吊布局在气动方面的优点和缺点分别有哪些？

11. 发动机短舱-机翼的相对位置的重要参数有哪些？

12. 简要说明翼身融合体飞机的特点。

13. 什么是分布式推进飞行器？与传统飞机相比，分布式推进飞行器有哪些优点？

14. 对 NACA 0012 翼型进行单目标或多目标优化，假设来流马赫数为 $Ma_\infty = 0.5$，迎角为 $\alpha = 2°$，设计雷诺数为 $Re = 6 \times 10^6$，优化目标为翼型气动特性，如 $\min(C_d)$、$\max(C_l)$ 和 $\max(C_l / C_d)$，约束条件为性能约束和形状约束。

15. 请根据最大升阻比经验公式，分别写出普通飞行器和乘波体的升阻比屏障是多少。

第6章 航空发动机设计案例

航空发动机是一种高度复杂和精密的热力机械，被誉为现代工业"皇冠上的明珠"，其设计研发水平、制造工艺直接影响飞机的性能、可靠性及经济性。当前航空发动机主要包括涡喷、涡扇、涡桨、涡轴发动机，其中涡扇发动机推进效率高、油耗低，为当前大多数客机及军机提供动力来源。本章简要介绍涡扇发动机的主要组成部分，以及一些相关的设计案例。

6.1 短　　舱

发动机短舱主要由进气道、整流罩、内部固定装置、反推装置和尾喷口组成，设计目的是在对飞机飞行性能影响最小的条件下，将发动机核心部件包覆在内部，同时兼顾防冰、防火、防噪、安装和维护等功能。图 6.1.1 为中国商飞 C919 与波音 737-800 的发动机短舱外形[365]。

(a) 中国商飞 C919 发动机短舱　　　　　　　(b) 波音 737-800 发动机短舱

图 6.1.1　航空发动机短舱外形[365]

为保证发动机在各种工作状态下所需要的空气流量、流经发动机的气流品质以及飞机的总体性能，短舱设计有如下基本要求[366]。

1) 低速设计要求

正常起飞时进气道总压损失小，流场畸变小。一般要求起飞滑跑时，进气道内总压恢复系数 $\sigma \geqslant 97\%$，流场总压畸变参数 IDC $\leqslant 5\%$；在起飞爬升和第二阶段飞机停车时，发动机的外罩不能产生严重的气流分离而引起阻力的急剧增加；在规定的最大侧风速度和最大起飞推力状态下，进气道内的气流分离只能在飞机静止时存在，当飞机滑跑加速以后，则不再存在。

2) 高速设计要求

在飞机高速巡航时，通常要求进气道总压恢复系数 $\sigma \geqslant 99\%$，流场总压畸变参数 IDC < 1%；发动机最大巡航推力和风转状态时的溢流阻力要低；短舱外罩的阻力发散马赫数应高于飞机的阻力发散马赫数；为有效防止发动机喘振，应考虑发动机进口截面处总压的动态畸变，设计要求是综合畸变指标 $W \leqslant 7.5\%$。

早期国外对发动机短舱的研究主要是通过风洞试验来获得不同构型短舱的压力分布、阻力系数和进气道总压恢复系数等性能参数。1939 年，美国国家航空咨询委员会(NACA)[367]对 8 种轴对称发动机短舱进行了高速风洞试验，得到宽范围速度下不同短舱的压力分布和阻力系数。试验结果表明，在 30000ft 的高度和低阻力状态下，最优构型短舱的巡航速度可达到 430mi/h(1mi = 1.609km)，相较于最差的构型提升了 150mi/h。同时，试验还发现，短舱阻力突然增大的原因是外壁面局部出现了激波，由此确定外壁面不产生激波的临界来流马赫数。1950年，NACA[368]对 3 种带不同中心锥的短舱进气道进行了风洞试验研究，得到 0°攻角下马赫数在 0.4～0.925 范围内和马赫数为 1.2 的短舱进气道压力分布、外部阻力和总压损失，证明了进气道内增加中心锥不会对临界阻力上升马赫数产生明显影响，但有中心锥的进气道总压损失增加得更快。

由于风洞试验周期长、成本高，国外研究人员目前基本使用数值模拟的方式来进行短舱设计。Hirose 等[369]用 CFD 方法对三维短舱进行了数值模拟，得到的短舱进气道和整流罩流场的压力分布数值模拟结果与试验结果高度一致，证明了数值模拟短舱流场和分析方案的可行性。1994 年，James[370]使用曲线拟合方法得到 NACA-1 系列短舱的外型线，并以减小总压损失和畸变为目的对该系列短舱的内部型线进行修型；研究结果表明，使用拟合曲线可以获得光滑的短舱前缘型线，且拟合曲线的压力分布特征和原始型线相似(图 6.1.2)。

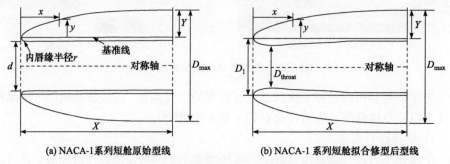

(a) NACA-1系列短舱原始型线　　　　　　(b) NACA-1系列短舱拟合修型后型线

图 6.1.2　NACA-1 系列短舱型线修型前后对比[370]

Toubin 等[371]以 DLR-F6 短舱为基准，在保持喷管型线不变的情况下，选取了短舱不同截面位置下的 B 样条曲线来建立短舱内外型线，以短舱的压差阻力系数和侧风条件下气流分离指数为优化目标，结合数值仿真和优化算法，获得了巡航状态下低阻力并削弱侧风条件下气流分离的短舱构型，图 6.1.3 为优化前后短舱型线对比。

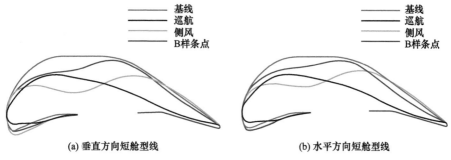

(a) 垂直方向短舱型线　　　　　　　　(b) 水平方向短舱型线

图 6.1.3　优化前后短舱型线对比[371]

Li 和 Zhong[372]采用多个控制点形成的四阶 NURBS 曲线对短舱型线进行参数化设计，结合 ANSYS 商用数值模拟软件、克里金(Kriging)代理模型和 MIGA 算法得到了 2D 短舱的最优外形，并利用 2D 短舱型线数据建立了三维模型，验证了优化模型的性能。图 6.1.4 为基于四阶 NURBS 曲线设计生成的短舱型线。

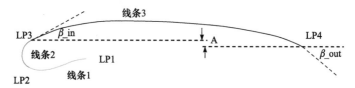

图 6.1.4　基于四阶 NURBS 曲线设计生成的短舱型线[372]

与国外相比，国内关于航空发动机短舱的研究起步较晚，在前期研究中受到经费、试验装置和技术积累等条件的限制，没有形成系统性的研究方法，更多是针对短舱进气道设计的研究。现阶段，我国大力发展航空事业，航空发动机的研发与制造水平有了很大提高，但与发达国家相比仍有着不小的差距，针对发动机短舱的设计研究还比较薄弱。

1992 年，沈克扬[373]阐述了低速、高速、起飞爬升和侧风等工况下发动机短舱的设计要求，对不同短舱部件提出了气动设计准则，分析了短舱的主要几何特征参数，并根据设计要求给出了几何参数的设计范围或经验公式，基于 CFD 知识和软件给出了涡扇发动机短舱的设计流程。

梁德旺和陈晓[374]研制了亚声速进气道设计和性能计算软件，对亚声速进气道的内管道进行了优化设计，图 6.1.5 为亚声速进气道的内管道示意图；结合亚声速扩压器性能、扩压规律和型面设计的研究，给出进气道进口面积、喉道面积、唇口内型线、过渡段和扩压段的设计方法，使用程序软件设计了某型导弹进气道，并开展风洞试验对所设计模型性能进行验证。

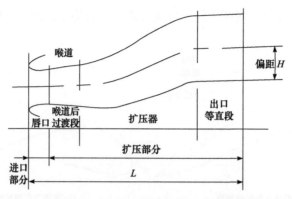

图 6.1.5　亚声速进气道内管道示意图[374]

王修方[366]对发动机短舱进气道、唇口表面和外罩的设计方法进行了研究，同时介绍了进气道入口下垂、挂架形状、自然层流等设计方式；以进气道喉道马赫数、总压恢复系数、畸变指数和外罩阻力系数等短舱性能参数为优化目标，结合性能要求给出了短舱几何参数的设计方案。强旭浩等[375]采用了多种曲线造型方法，结合短舱内部剖面的面积分布规律，对短舱内管道进行了设计，开发了程序自动生成三维短舱。单文娟和闻捷[376]以某型民用飞机的设计指标及其匹配的发动机型号为依据，对发动机短舱进行了初步参数选取和气动外形设计；通过改变进气道扩散段的长度，建立了 3 种不同尺寸的短舱结构，并利用 CFD 数值仿真计算验证了短舱外形设计的合理性，得到了进气道总压恢复系数随进气道扩散段长度的变化规律。图 6.1.6 展示了短舱计算模型周向中心截面的流线图，其中色标表示流体的绝对速度大小。

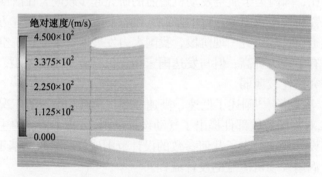

图 6.1.6　周向中心截面流线图[376]

6.2　风　　扇

风扇的主要作用就是将空气吸进压气机，进行预压缩。被风扇吸进发动机的空气分成两路：一路是内涵气流，空气继续经压气机压缩，在燃烧室和燃油混合燃烧，燃气经涡轮和喷管膨胀，燃气以高速从尾喷口排出，产生推力；另一路是外涵气流，空气经外涵道直接排入大气或同内涵燃气一起在喷管排出。涡扇发动机的外涵推力完全来自于风扇所产生的推力，因此风扇的性能是影响整机性能的关键因素之一。流经外涵和内涵的空气流量之比称为涵道比或流量比。涵道比对涡轮风扇发动机性能影响较大，涵道比大，则耗油率低，但发动机的迎风面积大；涵道比较小时，迎风面积小，但耗油率高。

对于现代飞机多用的高涵道比涡扇发动机，风扇产生的推力占 78% 以上。由于大部分推力来自于风扇，风扇的效率至关重要。经过长期的发展，风扇的气动设计环节主要可以分为一维设计、准三维设计和全三维设计三个关键步骤。一维设计主要确定风扇叶片类型、通道结构和叶片数等气动参数；准三维设计基于一维设计结果，将三维流场求解问题转化为两个二维流场求解问题，对风扇叶片进行二维叶型及积叠设计；全三维设计则在风扇叶片三维流场空间开展，计算结果更加准确。

1) 一维设计

一维设计是风扇设计过程的重要阶段，基于初始设计设定的设计指标，根据连续方程、动量方程、能量方程等进行简化求解，为准三维设计提供相关的初始空气动力学和几何数据。

Li 等[377]采用曲率控制方法开展了轴流风扇的气动设计和优化，设计过程中，采用一维设计方法和准三维方法为后续的三维优化和曲率控制提供初始几何、气动数据。一维设计和准三维设计结果分别如表 6.2.1 和表 6.2.2 所示，由于一维设计未考虑二次流和激波损失，在结合相关损失模型、添加复杂的流动效应进行修正后，准三维设计结果中绝热效率有一定的下降。

表 6.2.1　一维设计结果[377]

性能参数	值
总压比 π	2.4633
总温比 τ	1.3175
绝热效率 η	0.9252

表 6.2.2　准三维设计结果[377]

性能参数	值
总压比 π	2.4540
总温比 τ	1.3215
绝热效率 η	0.9094

一维设计和准三维设计的结合可以快速获得设计结果，该结果被视为后续空气动力学优化设计的初始情况。经过三维优化设计，设计点的气动性能得到了不同程度的改善。从图 6.2.1[377]中可以看出，绝热效率、压比与质量流量提高，说明了该优化方法的有效性和重要性。而一维设计方法和准三维设计方法的应用为优化设计快速提供了初始解，有效地缩短了计算时间。

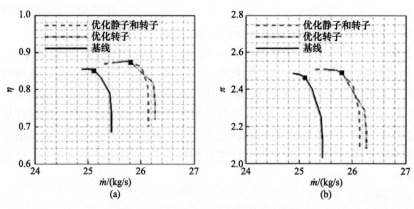

图 6.2.1　优化前后气动性能比较[377]

2) 准三维设计

准三维设计的发展要晚于一维设计。20 世纪 50 年代，吴仲华教授提出了两类相对流面理论的普遍理论，该理论将流场分为从一个叶片到另一个叶片之间的流面(S_1 流面)和从叶根到叶尖的流面(S_2 流面)。如图 6.2.2 所示[378]，S_1 和 S_2 两类流面都是三维空间曲面，因此两类相对流面理论即将求解三维流场简化为求解两类流面上的二维流场。在两类相对流面求解的过程中也并非相互独立的，实际上，两类流面是相互联系、相互影响的，准三维设计方法主要就是依靠 S_1、S_2 流面进行迭代计算，迭代求解的结果就是准三维解。

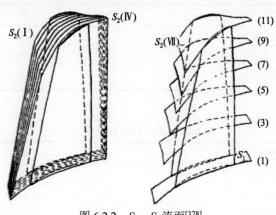

图 6.2.2　S_1、S_2 流面[378]

准三维设计考虑了叶片三维效应的影响，使得计算结果比起一维设计更加符合实际目标。而相较于三维设计，在进行大量系统性的设计工作时，准三维设计可以快速给出研究结果，因此准三维设计仍是叶轮机械设计体系的重要组成部分。

曹晖等[379]为了保证在不同工作模式下风扇均有较好的气动性能，结合优化算法和 S_2 流面通流计算，采用多点优化对风扇叶片进行了优化设计。图 6.2.3 为不同优化权重系数下出口绝对气流角沿相对叶高分布的对比曲线。在两种工作模式下，案例 3 出口绝对气流角一致性较好、绝对速度较低，有利于与之匹配的静子设计，因此该 S_2 流面通流优化结果被选作 S_1 流面叶型气动设计参数。

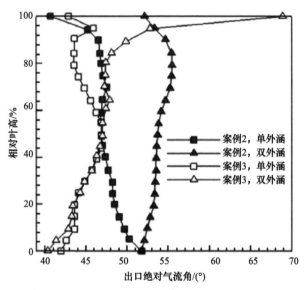

图 6.2.3　不同优化权重系数下出口绝对气流角沿相对叶高分布的对比曲线[379]

表 6.2.3[379]为优化叶型与初始叶型 S_1 流面的计算结果对比，结果显示，经过优化后，在总压比和静压比变化不太大的情况下，不同叶高处等熵效率均有明显提升。但在 90%叶高处，静压比与目标值有一定差异，可能会造成叶尖区域通流流量增大，需要进一步的三维叶片优化。

表 6.2.3　优化叶型与初始叶型 S_1 流面的计算结果对比[379]

相对叶高/%	数值	静压比	总压比	等熵效率
	目标值	1.564	1.712	
10	初始值	1.494	1.664	0.903
	优化值	1.564	1.712	0.920

续表

相对叶高/%	数值	静压比	总压比	等熵效率
	目标值	1.641	1.708	
50	初始值	1.585	1.713	0.890
	优化值	1.651	1.745	0.930
	目标值	1.700	1.649	
90	初始值	1.643	1.633	0.852
	优化值	1.761	1.665	0.908

研究采用流场数值模拟检验设计结果，表 6.2.4[379]为两种工作模式下设计点的主要参数，在满足质量流量和总压比前提下，单、双外涵模式等熵效率分别达到 88.05%和 87.17%，均优于设计目标，且均有足够的稳定裕度，证明了该设计方法能够实现风扇在不同工况下都能具备较高的气动性能。

表 6.2.4   两种工作模式下设计点的主要参数[379]

模式		无量纲流量	总压比	等熵效率	稳定裕度/%
单外涵	设计目标	1.000	1.654	0.8700	
	设计结果	1.001	1.673	0.8805	15.65
双外涵	设计目标	0.751	1.369	0.8650	
	设计结果	0.759	1.376	0.8717	16.28

3) 全三维设计

由于流体黏性导致的损失是风扇流场总损失中的重要来源之一，而准三维设计中未全面考虑流体黏性因素，不能充分地考虑流场的三维效应与各 S_1 流面的相互影响，因此需要发展全三维流动设计方法来提高计算精度。目前人们发展了宽弦叶片、弯掠叶片和吹吸叶片等设计方法。

由于早期的工业设计水平较低，20 世纪 60 年代的风扇叶片设计主要采取大展弦比直叶片设计，容易产生振动、颤振的问题。为解决该问题，人们在叶片结构上增加了凸肩结构，如图 6.2.4[380]所示，但气流流过凸肩时会在其后产生紊流区，不仅缩小了有效的气流通道面积，而且使压力损失加大，导致风扇效率降低、发动机耗油率上升以及风扇的喘振裕度变小[380]。罗尔斯·罗伊斯 RB211 发动机风扇叶片设计取消了凸肩，在巡航条件下，风扇绝热效率有一定的提高，发动机耗油率降低，喘振裕度也得以改善[380]。

图 6.2.4 带双凸肩的风扇叶片[380]

大涵道比涡扇发动机风扇叶片高度大，叶尖处半径比叶根处半径大很多，使两处的切线速度相差较大，叶尖处气流相对速度大于声速，而叶根处则远低于声速。为此，风扇叶片叶尖处需按超声速设计，叶根处则按亚声速设计，属于跨声速叶片。早期的大涵道比涡扇发动机风扇叶片叶型均用二维气动方法设计，叶片形状简单。随着三维数值模拟技术的发展，叶片弯掠技术逐渐应用于叶轮机械设计中。风扇叶片向三维复合弯掠方向发展，叶片通道流场的稳定性得到了明显改善，风扇叶片的工作效率得到了显著提升。如图 6.2.5[381]所示，典型特征为叶片中上部后掠，叶片尖部前掠。叶片中上部后掠，可以减弱激波强度，降低激波损失。并且，后掠可以控制激波方向，将激波反射到机匣壁面，从而有利于敷设声衬来降低噪声水平。同时，叶片尖部前掠，可以减小激波和二次流损失、增大失速裕度，但过大的前掠可能会带来振动问题，并增大颤振和掉角的风险。总体来说，风扇叶片的弯掠设计能有效优化通道内的流动结构，减小激波、二次流损失，提高风扇的气动性能。

Bai 等[382]开展了某型风扇转子叶片的复合弯掠设计，结合人工神经网络和遗传算法，对风扇叶片弯掠参数进行自动寻优，以期提高风扇的气动性能。图 6.2.6[382]为经过自动寻优后的风扇与原始构型对比图，叶片呈现根部正弯、中上部前掠的趋势。

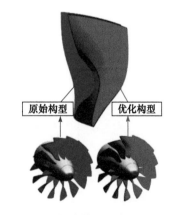

图 6.2.5 前后掠风扇叶片[381]   图 6.2.6 优化前后风扇对比图[382]

图 6.2.7[382]为优化前后风扇气动特性，优化后的风扇叶片整体气动性能有一定的提升，在设计点风扇出口流量 14.635kg/s 和总压比 1.196 附近提升较为明显。

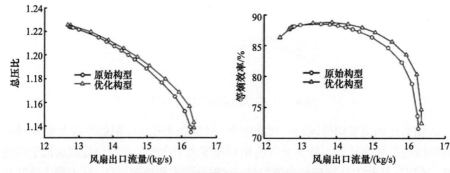

图 6.2.7　优化前后风扇气动特性[382]

　　该研究对优化叶片流场进行进一步分析得出，优化叶片前掠虽增大了叶尖前缘处的损失，但提高了叶片中上部的整体效率，减小了叶尖泄漏损失、叶片中上部径向二次流损失和叶尖低能流体聚集所产生的损失，有效提高了风扇叶片在设计点的气动性能。

　　此外，叶型前缘的设计对叶型损失和裕度也有重要作用。早期受限于对流动的认识，如图 6.2.8[383]所示，叶型前缘为圆形，圆形前缘易于加工，但会在前缘形成局部高马赫数区，从而增大叶型损失并降低迎角范围。后期，叶型前缘从圆形更新为椭圆形前缘，前缘高马赫数区得到明显改善，从而有效提高失速裕度。为进一步优化前缘流场，椭圆形前缘发展为非对称椭圆形前缘，从而实现前缘流动的控制，提高效率和裕度，但非对称椭圆形前缘的试制难度增加，叶片前缘的形状误差可引起叶型损失的增大，精度上不易保证。

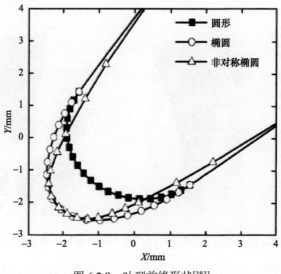

图 6.2.8　叶型前缘形状[383]

6.3　压　气　机

压气机位于航空发动机进气道后方，主要作用是吸收、压缩空气，将被风扇吸进来的空气加压加速后吹入燃烧室中。其主要是通过高速旋转的叶片实现增压加速，因此必须满足振动强度和刚性的要求，且应尽可能地扩大其稳定工作范围。以压气机的结构形式和气流流动特点为依据，可以分为离心式压气机、混合式压气机以及轴流式压气机三种类型。目前，由于轴流式压气机具有体积小、流量大、单位效率高等众多优势，涡扇发动机的压气机普遍采用如图 6.3.1 所示的轴流式压气机[384]。

轴流式压气机由多级组成，每一级包含一排转子叶片和随后的一排静子叶片。工质首先由转子叶片加速，在静子叶片通道减速，将转子中的动能转变为静压能，该过程在多级叶片中反复进行，直到总压比达到要求为止。在转子和静子叶片通道内，气流流动由一系列的扩散过程组成：虽然在转子叶片通道中，气流的绝对速度有所增加，但是气体相对于转子的流速却减小了，也就是说，转子通道内也为扩散流动。叶片通道截面的变化要适应气流的扩散过程。每一级中气流扩散程

图 6.3.1　轴流式压气机[384]

度有限，意味着压气机每一级的压比有限。沿程各级的压比分布通常从进口至出口逐级降低，由于高压压气机级数多，为了保证低转速的喘振裕度满足要求，通常会设计多排的可调静子叶片，通过低转速时改变流道的流通能力，来调节叶片的负荷和喘振裕度。如图 6.3.2 所示[385]的 Leap-X 发动机共 10 级，采用 5 级可调静子叶片。该系列中的 LEAP-X1C 发动机具有更好的燃油经济性和更低的二氧化碳排放量。

民用大涵道比涡扇发动机涵道比和核心机循环功的增大，要求高压压气机的总压比和效率进一步提升，高负荷、高效率是民机发动机高压压气机性能发展的趋势[384]。为了达成这一目标，在设计中需要有一些特殊的考虑。压气机的设计过程大致可分为五个步骤，即初步设计、S_2 通流计算、叶型造型、叶片造型和放大尺寸的试验件研究[386]。本节将分别介绍流道设计与叶片设计两个关键步骤的设计案例。

图 6.3.2　Leap-X 发动机[385]

6.3.1 流道设计

由于压气机内的气体流动具有较大的逆压梯度，容易产生流动分离，同时可能存在二次流、叶尖泄漏流等复杂流动现象，流道布局形式决定了压气机80%以上的性能[387]，因此流道设计是压气机初步设计中极其重要的一个环节。

流道的高度决定了叶片的切线速度，流道的环面积结合流量决定了轴向速度，切线速度、轴向速度以及叶片的弯角决定了叶片的做功能力和负荷水平。高压压气机进口级通常是跨声级，为了控制叶片中上区域的激波损失和叶型损失，提高跨声级的效率，采用进口小轮毂比(0.5以下)设计来控制轴向速度，且来流相对马赫数通常会控制在1.3左右，在设计点叶栅通道内只形成一道正激波。进口级采用等中径的流道设计特征，兼顾了效率和负荷，而军机发动机的高压压气机通常为了考虑负荷和做功能力，会提高来流的马赫数并采用进口高轮毂比的设计来提高做功能力，两者的设计特征是明显不同的。后面级由于压缩比大，面积收缩剧烈，叶片长度较短，端区的附面层和叶尖间隙的影响加剧，流道通常会设计成等内径形式，轮毂比为0.90~0.93。为了进一步降低叶片端区的负荷，叶片根部的流道会设计有周向对称的凹坑，凹坑使得叶片根部吸力面峰值马赫数降低，叶片的负荷降低。流道的设计还需要考虑级间引气的影响。

在流道设计中，叶尖径向间隙是影响航空发动机性能和结构安全性的重要因素。孙海鸥等[388]以某型1.5级轴流压气机为研究对象，如图6.3.3[388]所示，对不同大小的动叶叶顶均匀及非均匀间隙情况进行了数值模拟，同时分析了不同叶顶间隙对内部流场及流动的影响。

为研究叶顶间隙变化导致的影响，该研究设置了3种间隙变化模型，并通过改变动叶高度确定不同的间隙变化值，具体情况分别如图6.3.4[388]所示。

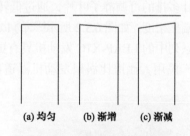

(a) 均匀　　(b) 渐增　　(c) 渐减

图 6.3.3　压气机三维通道模型[388]　　　　图 6.3.4　间隙变化模型[388]

图6.3.5[388]为不同均匀间隙值对应的流场熵分布。研究表明，在相同流量条件下，间隙增大，压气机效率和压比都降低，对应的压气机流量-效率及流量-压比特性线均整体下移。在额定流量条件下，间隙值增加1%弦长(1‰)时，效率、压比分别降低0.6%、0.17%。对于叶顶间隙非均匀变化的情况，当具有相等间隙平均

值时，渐减间隙对应的压气机效率和压比降低得更多。对于均匀间隙，随着间隙增大，间隙泄漏流动对叶片通道主流影响增强。间隙为 3% 弦长(3%ₒ)时，在通道中间下游产生旋涡低速区，即旋涡涡核。该区域对应的熵增也最大，而且随间隙的增大而逐渐沿流动方向发展扩大。对于非均匀间隙，间隙增大，间隙泄漏流动增强，引起压气机叶片通道内旋涡的逐渐形成，并且形成相对速度的低速区。相比渐增间隙，渐减间隙对应的旋涡低速区提前形成。因此，在保证运行安全的前提下，应尽量减小叶尖间隙从而提高压气机效率，降低耗油率和排气温度，从而延长发动机使用寿命。

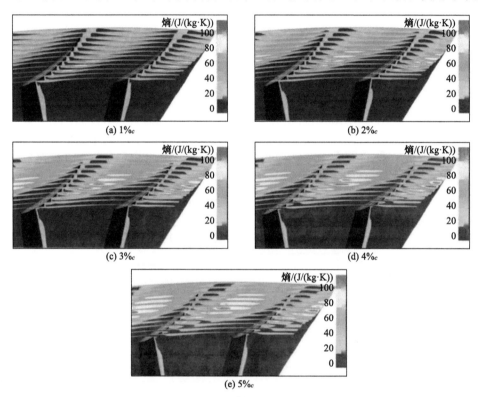

图 6.3.5　不同均匀间隙值对应的流场熵分布[388]

6.3.2　叶片设计

经过压气机初步设计的流道设计，可以初步确定总体方案能否满足设计要求，而压气机二维叶型与三维叶片的设计是压气机气动设计中最核心的部分，对提高航空发动机性能具有重大推动作用。

自从 Wennerstrom 发展并验证了现代小展弦比设计理念后，现代民用大涵道比涡扇发动机高压压气机叶片几乎都采用了小展弦比设计特征，在不降低效率的情况下能保证较高的喘振裕度。结合小展弦比设计，研究人员开展了叶片的弯掠设计，以控制端区和激波损失。

在基元叶型设计方面，自 20 世纪 70 年代发展了可控扩散叶型之后，在现代压气机设计中得到了广泛应用。在此基础上采用精细化前缘设计，消除前缘的压力尖峰，拓宽了叶型的攻角范围并提高了低转速特性；采用自由中弧线和任意厚度分布等叶型表面负荷自由分配的设计特征，进一步降低叶型损失，提升效率。在基元叶型沿径向积叠方面，采用"J"型或"S"型积叠控制端区流动分离。转子叶片采用两端弯角增加、加强做功的设计特征，提高端区的气流动能，抵抗端区由逆压梯度导致的气流分离而产生的压力损失。

安志强等[389]将叶片准三维设计方法与叶型自动优化技术相结合，大幅度降低了高性能叶型设计难度，并采用三维优化方法进一步进行叶片积叠线弯、掠设计，进一步提升了气动性能。叶片准三维气动设计通常包括 S_2 流面通流设计、S_1 流面叶型设计、三维叶片生成和三维数值校验。该研究给出了三维流场数值计算结果进行反馈的准三维循环，一定程度上弥补了 S_2 流面流场求解方法无法计算黏性损失系数的不足，使得叶片通流设计精准度提高；同时，引入了数值优化技术与叶轮机 CFD 方法相结合的叶片自动优化技术，实现了如图 6.3.6[389]所示的叶片气动设计流程，并验证了优化的有效性。

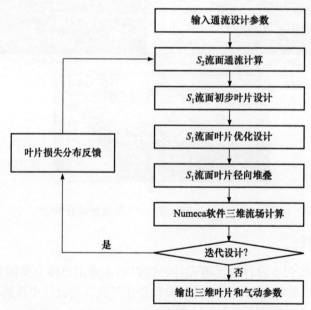

图 6.3.6　基于准三维设计的叶片自动优化设计过程[389]

优化前后 S_1 流面叶栅马赫数等值线分布如图 6.3.7[389]所示。优化后叶栅通道流场得到明显改善，原始的一道斜激波和吸力面局部加速区变成了一道斜激波和一道正激波的激波组合结构。这使得进口段斜激波强度减弱，表现为波前马赫数和激波角均减小，与吸力面附面层的干扰减弱，增压效果明显降低。结合图 6.3.8[389]可以发现，第二道正激波的增压效果使得叶型载荷分布变得均匀，原始叶型前部载荷过大、中部载荷过低的现象得到明显改善。对比结果表明，该设计流程在寻求到目标函数最优解时，将自动获得符合设计目标的低损失叶型，叶型流场及载荷分布也得到合理改善。

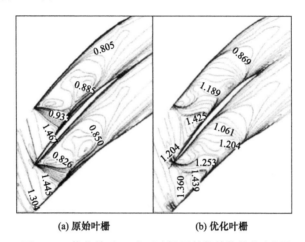

(a) 原始叶栅　　　　　　(b) 优化叶栅

图 6.3.7　优化前后 S_1 流面叶栅马赫数等值线分布[389]

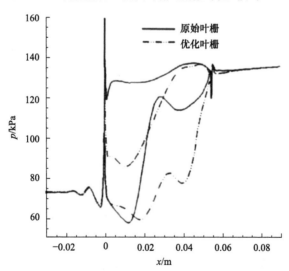

图 6.3.8　优化前后 S_1 流面叶栅表面静压分布[389]

　　该研究采用三维优化方法对设计转子进一步进行积叠线弯、掠及型面扭向设计，得优化转子Ⅲ。图 6.3.9 特性曲线对比显示，三维优化使得设计转子稳定工作范围略向小流量偏移，但失速裕度为 15.51%，变化不大；在失速点到设计点的稳定工作范围内，等熵效率均有 1%的提升，而压比变化不大。

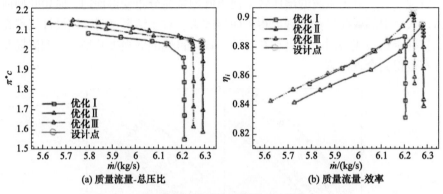

(a) 质量流量-总压比　　　　　　　　　　(b) 质量流量-效率

图 6.3.9　转子特性曲线对比[389]

6.4　短舱-风扇跨部件内外流一体化气动分析

　　随着短舱气动设计要求的日益提升，研究人员对于短舱的流场研究也愈发深入，短舱的构型也越来越复杂。在许多工况下飞机进气道有产生进气畸变的风险[390,391]，畸变会导致短舱唇口处的气流分离渗透到风扇中，进而造成叶片(尤其是风扇和低压压气机)的气动性能损失、稳定性裕度降低和机械疲劳增加[392]。此外，为提高涡扇发动机的推进效率，发动机风扇系统的涵道比有越来越大的设计趋势[393]，这会导致发动机直径增大、质量和阻力显著增加，因而需要匹配长度更短的进气道来减小涵道比增大带来的负面影响，而短进气道的设计会导致更加显著的内外流耦合效应[394]。因此，短舱与内流风扇构型之间流场的耦合效应获得越来越多研究人员的关注。

　　早期研究人员针对短舱风扇耦合效应一般采用风洞试验的方法进行研究。在1981 年，波音公司的 Hodder[395]为了在低速大迎角的条件下能准确预测发动机入口的稳态畸变水平，使用 TF34 发动机在 NASA Ames 研究中心的低速风洞中开展了内外流耦合效应对于进气道性能影响的试验，重点针对轴流压气机对上游进气道中的进气畸变的减弱作用进行了研究。试验对比了进气道在有内部风扇叶片耦合情况与无叶片耦合情况下的流场，包括两种构型的进气道内的边界层轮廓、风扇面总压恢复系数、进口处马赫数分布以及进口位置的畸变程度。试验结果表明，在存在发动机风扇叶片耦合的情况下,进气道入口的畸变水平会降低,随着迎角的增加,进气分离的发生会被延迟。在 1985 年，Motycka[396]针对雷诺数大小和风扇耦合效应对亚声速工况下进气道畸变的影响进行了试验研究。试验中首先使用了 1/6 缩比和 0.469 缩比的 JT9D 模型作为基准模型，对比了有无风扇情况下的边界层形状与风扇面流场分布，缩尺效应下内外流耦合效应对于进气道流场的影响(图 6.4.1)。

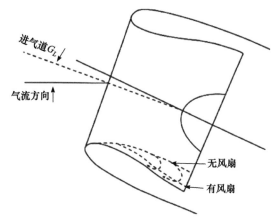

图 6.4.1　风扇系统的耦合效应对于进气分离的影响[396]

之后，随着数值模拟技术与计算硬件的发展，越来越多的研究人员开始采用数值模拟方法对短舱与风扇系统的内外流耦合效应进行研究，相关的计算模型主要有激盘模型、体积力模型和真实叶片模型三大类[397,398]，三种模型的示意图如图 6.4.2 所示。其中，激盘模型与体积力模型属于简化模型，可以有效地减少数值模拟所需的时间，同时尽量模拟风扇对于流场的影响。

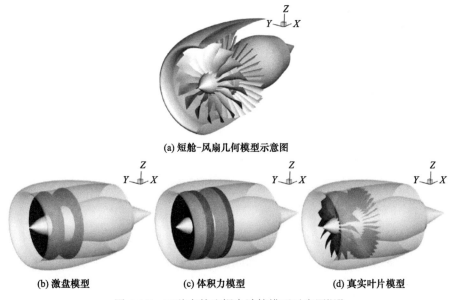

(a) 短舱-风扇几何模型示意图

(b) 激盘模型　　　　　(c) 体积力模型　　　　　(d) 真实叶片模型

图 6.4.2　三种内外流耦合计算模型示意图[397]

　　激盘模型的建立最早基于 Glauert 理论[399]，并常用于螺旋桨的计算[400]。用轴向扇形面代替风扇系统，扇形面的上游条件通过预先给定的计算表确定，计算表中列出了一系列从压气机叶片到短舱外罩半径范围内落后角、总压和温度的变化。表格设置的目的是为了在最大效率下再现风扇的总压和总温，对于扇形面的每个计算节点，在每次迭代时都会对输入流量条件进行线性插值以提供输出流量变化。大量的研究已经表明，该模型在复现目标总压和温度比方面非常成功[401-403]。

　　体积力模型的基本原理是在叶片通道内采用沿周向均匀分布的体积力来代替叶片对气流的作用力，然后将体积力作为源项加入数值方程中进行求解。当前最广泛认可的体积力公式来自 Gong[404] 的研究，体积力模型最早也是由他建立。早期他将该模型应用于计算压气机在入口畸变条件下的失速起始点，后续大量的研究基于他的模型进行了开发与修正[405-407]。在成熟的民用飞机发动机研发周期中，短舱的设计通常在风扇和压气机之前，而体积力模型可以在没有内流叶片几何数据的前提下进行计算，因此短舱的设计师可以基于体积力模型对于内外流耦合效应进行建模，并基于内流特性建立与之匹配的短舱外形[405]。

　　第三种计算模型则采用了最贴近真实构型的叶片模型，将短舱与风扇系统的网格拼接，并在交界面应用混合平面边界条件。在数值计算时，在混合平面边界上采用方位角平均，将流场数据从上游界面传输到下游界面。Burlot 等[397] 的研究已经证明，基于 RANS 方法对于叶片模型的求解结果与试验值最为贴近(图 6.4.3)。

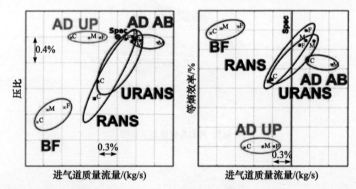

图 6.4.3　不同内外流模型在不同网格量下压比与效率的计算结果[397]

　　尽管基于真实的短舱风扇模型可以获得更为准确的模拟结果，但是会导致计算构型变得极为复杂[408]，计算的网格量是另外两种模型的数十倍(图 6.4.4)，数值模拟的计算量非常高，所以在早期缺乏硬件支持的情况下，真实的短舱风扇模型难以应用于工程设计与仿真研究中。

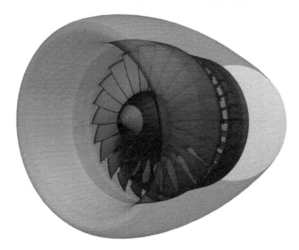

图 6.4.4　内外流耦合短舱网格示意图

2014 年,Kennedy 等[409]采用 CFD 方法对 CF34-3A 短舱风扇全周模型进行了数值模拟并基于 Hodder 的风洞试验结果进行了验证,计算网格如图 6.4.5 所示。研究通过数值计算验证了 CF34-3A 短舱风扇全周模型在大迎角下的表现,分析了进气道的气动性能和进气道内的分离气流的流场,对比了无叶片耦合的短舱模型和短舱风扇耦合模型的流场,研究了风扇在进气分离时的衰减效应。

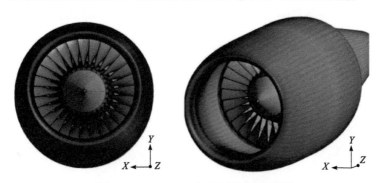

图 6.4.5　CF34-3A 表面网格示意图[409]

2022 年,傅文广等[410]依据适航条款重点研究了迎角和侧风引起的进口流场畸变所导致的进气道性能下降现象,同时考虑了在进气畸变的情况下风扇的性能表现与流场分布。

2021 年,Gunn 等[411]基于 GPU 加速的高性能求解器开展了内外流耦合短舱的非定常数值模拟。该研究全面模拟了风扇进气系统的短舱在不同长度的进气道与不同工况下的性能,结果表明,对于短进气道的巡航工况,由于潜在的流场畸变风险增加,短进气道的巡航效率降低了 0.11%,但是由于较低的浸润面积,进气道分离气流厚度的减少会抵消一部分进气畸变的影响。而在大迎角条件下，短进气道构型的进气气流更容易受到风扇较高逆压梯度的影响，从而导致潜在的气流分离更早开始。整体研究也表明，风扇对短舱的流场形式尤其是低速工况下进气道内的流场有非常大的影响，在算力充足的情况下，有必要在短舱设计优化的过程中对风扇进行建模以获得更加逼真的流场。

2023 年，复旦大学孙刚课题组研究了多种工况下内外流耦合效应对于短舱气动性能的影响。图 6.4.6 和图 6.4.7 给出了两种工况下涡量云图的对比，可以看到：在侧风条件下，风扇效应将靠近下唇口位置的分离涡转移到了上部；在大迎角工况下，耦合构型风扇前的流场形成了明显共旋和反旋区域，分离涡的大小也明显降低。

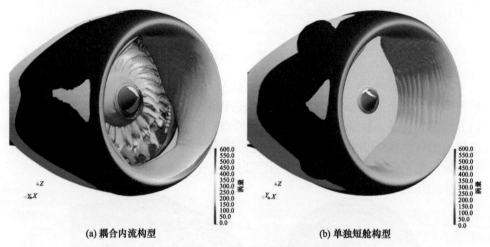

(a) 耦合内流构型　　　　　　　　　　　(b) 单独短舱构型

图 6.4.6　侧风工况下两种构型涡量云图对比[412]

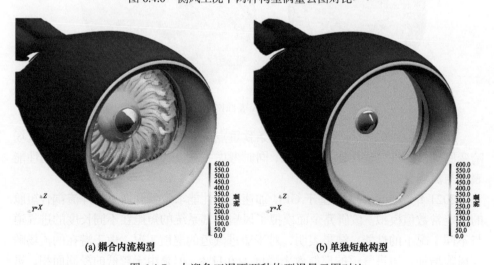

(a) 耦合内流构型　　　　　　　　　　　(b) 单独短舱构型

图 6.4.7　大迎角工况下两种构型涡量云图对比

　　由于内外流耦合效应在低速且存在畸变的工况下对于短舱的进气性能有明显影响，孙刚课题组基于深度神经网络的变可信度(multi-fidelity deep neural network，MFDNN) 模型对内外流耦合短舱构型进行了气动设计优化。图 6.4.8 给出了在侧风工况下的优化前后气动界面(aerodynamic interface plane，AIP)总压云图对比,结果表明基于 MFDNN 的优化构型几乎消除了 AIP 上全部的进气畸变，性能相对更优。

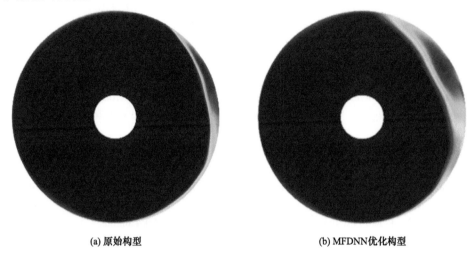

(a) 原始构型　　　　　　　　　　　　　　(b) MFDNN优化构型

图 6.4.8　优化前后 AIP 总压云图对比(侧风工况)

6.5　本章习题

　　1. 针对航空发动机短舱的优化设计中，一般需要考虑设计点和非设计点的性能满足适航条例要求，请分别指出在巡航工况、大迎角起飞工况和侧风工况下常用的优化目标有哪些。

　　2. 简要说明叶片弯掠技术的作用和意义。

　　3. 简要说明对航空发动机风扇/压气机的作用及设计要求。

　　4. 什么是喘振？常见的压气机防喘措施有哪些?

　　5. 新一代航空发动机短舱具有进气道更短、唇口厚度更薄、尺寸更大的特点,简要分析这种变化对短舱和进气道性能造成的影响。

　　6. 什么是风扇效应? 与不考虑耦合效应的短舱流场相比，风扇效应在风扇-进气耦合计算中有哪些影响?

参 考 文 献

[1] 吴春波. 构型管理成熟度模型研究综述[J]. 航空标准化与质量, 2022, 312(2): 52-56.

[2] SAE. EIA—649C, Configuration Management Standard[S]. SAE International, 2019.

[3] 王岩松, 张东民. 机械 CAD/CAM[M]. 上海: 上海科学技术出版社, 2018.

[4] 王成恩. 几何建模方法及涡轮叶片设计技术[M]. 武汉: 华中科技大学出版社, 2021.

[5] 万能, 孙惠斌. 计算机辅助几何造型技术[M]. 4 版. 北京: 科学出版社, 2020.

[6] 原思聪. 计算机辅助机械设计[M]. 北京: 国防工业出版社, 2011.

[7] 杨云军, 龚安龙, 白鹏. 高超声速空气动力设计与评估方法[M]. 北京: 中国宇航出版社, 2019.

[8] Deng F, Jiao Z, Chen J, et al. Overall performance analysis-oriented aerodynamic configuration optimization design for hypersonic vehicles[J]. Journal of Spacecraft and Rockets, 2017, 54(5): 1015-1026.

[9] Raj N O P, Venkatasubbaiah K. A new approach for the design of hypersonic scramjet inlets[J]. Physics of Fluids, 2012, 24(8): 086103.

[10] Bézier P. Numerical Control—Mathematics and Applications[M]. New York: John Wiley & Sons, 1972.

[11] Gordon W J, Riesenfeld R F. B-spline curves and surfaces[J]//Computer Aided Geometric Design, 1974, 23(91): 95-126.

[12] Piegl L, Tiller W. The NURBS Book[M]. 2nd ed. Berlin: Springer Press, 1996.

[13] Lépine J, Guibault F, Trépanier J Y, et al. Optimized nonuniform rational B-spline geometrical representation for aerodynamic design of wings[J]. AIAA Journal, 2001, 39(11): 2033-2041.

[14] Painchaud-Ouellet S, Tribes C, Trepanier J Y, et al. Airfoil shape optimization using NURBS representation under thickness constraint[C]// 42nd AIAA Aerospace Sciences Meeting and Exhibit. AIAA, 2004: 1095.

[15] 马晓永, 范召林, 吴文华, 等. 基于 NURBS 方法的机翼气动外形优化[J]. 航空学报, 2011, 32(9): 1616-1621.

[16] Hicks R M, Henne P A. Wing design by numerical optimization[J]. Journal of Aircraft, 1978, 15(7): 407-412.

[17] Li Z H, Zheng X Q. Review of design optimization methods for turbomachinery aerodynamics[J]. Progress in Aerospace Sciences, 2017, 93: 1-23.

[18] Sobieczky H. Parametric airfoils and wings[J]. Recent Development of Aerodynamic Design Methodologies: Inverse Design and Optimization, 1999: 71-87.

[19] Chiba K, Oyama A, Obayashi S, et al. Multidisciplinary design optimization and data mining for transonic regional-jet wing[J]. Journal of Aircraft, 2007, 44(4): 1100-1112.

[20] Mukesh R, Lingadurai K, Selvakumar U. Application of nontraditional optimization techniques for airfoil shape optimization[J]. Modelling and Simulation in Engineering, 2012, 2012: 46.

[21] Kulfan B M, Bussoletti J E. Fundamental parametric geometry representations for aircraft component shapes[J]. AIAA Paper, 2006: 6948.

[22] Kulfan B M. A universal parametric geometry representation method-"CST"[C]// 45th AIAA Aerospace Sciences Meeting and Exhibit. American Institute of Aeronautics and Astronautics, 2007.

[23] Masters D A, Poole D J, Taylor N J, et al. Influence of shape parameterization on a benchmark aerodynamic optimization problem[J]. Journal of Aircraft, 2017, 54(6): 2242-2256.

[24] Poole D J, Allen C B, Rendall T. Free-form aerodynamic wing optimization using mathematically-derived design variables[C]. 16th AIAA/ISSMO Multidisciplinary Analysis and Optimization Conference, 2015: 2491.

[25] Derksen R W, Rogalsky T. Bezier-PARSEC: An optimized aerofoil parameterization for design[J]. Advances in Engineering Software, 2010, 41(7-8): 923-930.

[26] Sederberg T W, Parry S R. Free-form deformation of solid geometric models[J]. ACM SIGGRAPH Computer Graphics, 1986, 20(4): 151-160.

[27] 陈小前, 颜力, 黄伟, 等. 高超声速飞行器多学科设计优化理论及应用[M]. 北京: 科学出版社, 2020.

[28] Straathof M H. Parametric study of the class-shape-refinement-transformation method[J]. Optimization, 2012, 61(6): 637-659.

[29] Lamousin H J, Waggenspack N N. NURBS-based free-form deformations [J]. IEEE Computer Graphics and Applications, 1994, 14(6): 59-65.

[30] 云飞龙, 朱宏鹏, 吕晶, 等. 一种基于奇偶并行译码架构的高吞吐量译码器设计[J]. 通信技术, 2016, 49(3): 264-269.

[31] 苏伟, 高正红, 夏露. 隐身性能约束的多目标气动外形优化设计[J]. 空气动力学学报, 2006, 24(1): 137-140.

[32] 尹泽勇, 米栋, 钱正明. 多学科设计优化在航空发动机领域的应用[J]. 航空动力, 2018, (1): 35-39.

[33] Du X, Ren J, Leifsson L. Aerodynamic inverse design using multifidelity models and manifold mapping[J]. Aerospace Science and Technology, 2019, 85: 371-385.

[34] 李庆扬, 王能超, 易大义. 数值分析[M]. 5 版. 北京: 清华大学出版社, 2008: 222-228.

[35] 陈纪修, 於崇华, 金路. 数学分析: 下册[M]. 2 版. 北京: 高等教育出版社, 2004: 218-220.

[36] 徐树方, 高立, 张平文. 数值线性代数[M]. 2 版. 北京: 北京大学出版社, 2013: 138-148.

[37] Goldberg D E. Genetic Algorithms in Search, Optimization, and Machine Learning [M]. Reading: Addition-Westly, 1989.

[38] Kennedy J, Eberhart R. Particle swarm optimization[C]// Proceedings of ICNN'95-International Conference on Neural Networks. IEEE, 1995.

[39] Kirkpatrick S, Gelatt C D Jr, Vecchi M P. Optimization by simulated annealing [J]. Science, 1983, 220(4598): 671-680.

[40] 吕震宙, 宋述芳, 李璐祎, 等. 结构/机构可靠性设计基础[M]. 西安: 西北工业大学出版社, 2019: 173-182, 200.

[41] 周志华. 机器学习[M]. 北京: 清华大学出版社, 2016: 97, 121.

[42] 郑党党, 吴颖, 任丽强. 飞机设计基于模型的系统工程技术研究与应用[C]. 第 21 届中国系统仿真技术及其应用学术年会论文集(CCSSTA21st 2020), 昆明, 2020: 232-236.

[43] 孙刚, 王聪, 王立悦, 等. 人工智能在气动设计中的应用与展望[J]. 民用飞机设计与研究, 2021, (3): 1-9+147.

[44] Bézier P. Numerical Control: Mathematics and Applications[M]. New York: John Wiley & Sons, 1972.

[45] Bezier P. Mathematical and practical possibilities of UNISURF[M]//Computer Aided Geometric Design. New York: Academic Press, 1974: 127-152.

[46] 肖世德, 孟文, 熊鹰. 高等机械 CAD/CAM[M]. 成都: 西南交通大学出版社, 2015.

[47] 施法中. 计算机辅助几何设计与非均匀有理 B 样条[M]. 北京: 高等教育出版社, 2001.

[48] 陈燕丽. NURBS 复杂自由曲面造型方法的研究[D]. 西安: 长安大学, 2014.

[49] de Boor C. A practical guide to splines[J]. Mathematics of Computation, 1980, 34(149): 325.

[50] 王伟, 白俊强, 张扬, 等. 基于人工鱼群算法及 Hicks-Henne 型函数的翼型优化设计研究[J]. 科学技术与工程, 2011, 11(24): 5870-5874.

[51] Sripawadkul V, Padulo M, Guenov M. A comparison of airfoil shape parameterization techniques for early design optimization[C]. 13th AIAA/ISSMO Multidisciplinary Analysis Optimization Conference, 2010: 9050.

[52] 卜月鹏. 基于多种几何参数化方法的气动优化设计[D]. 西安: 西北工业大学, 2014.

[53] 尹强, 高正红. 外形参数化方法对气动优化过程的影响[J]. 科学技术与工程, 2012, 12(14): 3394-3398.

[54] Su H, Gu L, Gong C. Research on geometry modeling method based on three-dimensional CST parameterization technology[C]. 16th AIAA/ISSMO Multi-disciplinary Analysis and Optimization Conference, 2015: 3241.

[55] Lane K, Marshall D. Inverse airfoil design utilizing CST parameterization[C]. 48th AIAA Aerospace Sciences Meeting Including the New Horizons Forum and Aerospace Exposition, 2010: 1228.

[56] Zhang B, Yang T, Ma Y, et al. Fast computation of hypersonic gliding lifting body aerodynamic based on configuration parameters[C]//2015 7th International Conference on Intelligent Human-Machine Systems and Cybernetics. IEEE, 2015, 2: 194-197.

[57] Morris C C, Allison D L, Schetz J A, et al. Parametric geometry model for design studies of tailless supersonic aircraft[J]. Journal of Aircraft, 2014, 51(5): 1455-1466.

[58] Ghoman S, Wang Z, Chen P, et al. A POD-based reduced order design scheme for shape optimization of air vehicles[C]. 53rd AIAA/ASME/ASCE/AHS/ASC Structures, Structural Dynamics and Materials Conference, 20th AIAA/ASME/AHS Adaptive Structures Conference, 14th AIAA, 2012: 1808.

[59] Zhang Y, Fang X, Chen H, et al. Supercritical natural laminar flow airfoil optimization for regional aircraft wing design[J]. Aerospace Science and Technology, 2015, 43: 152-164.

[60] Ma Y, Yang T, Feng Z, et al. Hypersonic lifting body aerodynamic shape optimization based on the multiobjective evolutionary algorithm based on decomposition[J]. Proceedings of the Institution of Mechanical Engineers, Part G: Journal of Aerospace Engineering, 2015, 229(7): 1246-1266.

[61] 吴广领, 张秋菊. 计算机辅助 NURBS 曲面建模技术的研究与实现[J]. 江南大学学报(自然

科学版), 2011, 10(2): 158-161.

[62] Straathof M H. Shape parameterization in aircraft design: A novel method, based on B-splines[J]. Aerospace Engineering, 2012.

[63] Amarjit S. Experimental study of slender vehicles at hypersonic speeds[D]. Cranfield: Cranfield University, 1996.

[64] Gagnon H, Zingg D. Two-level free-form deformation for high-fidelity aerodynamic shape optimization[C]. 12th AIAA Aviation Technology, Integration, and Operations (ATIO) Conference and 14th AIAA/ISSMO Multidisciplinary Analysis and Optimization Conference, 2012: 5447.

[65] Kulfan B. Modification of CST airfoil representation methodology[EB/OL]. 2020.

[66] He W, Liu X. Improved aerofoil parameterisation based on class/shape function transformation[J]. The Aeronautical Journal, 2019, 123(1261): 310-339.

[67] Zhu F, Qin N. Intuitive class/shape function parameterization for airfoils[J]. AIAA Journal, 2014, 52(1): 17-25.

[68] Christie R, Robinson M, Tejero F, et al. The use of hybrid intuitive class shape transformation curves in aerodynamic design[J]. Aerospace Science and Technology, 2019, 95: 105473.

[69] 关晓辉, 宋笔锋, 李占科. CSRT 与 CST 气动外形参数化方法对比[J]. 空气动力学学报, 2014, 32(2): 228-234.

[70] 徐亚峰, 刘学军, 吕宏强. 基于 CST 参数化方法的翼型快速设计[J]. 航空计算技术, 2011, 41(5): 24-29.

[71] 卜月鹏, 宋文萍, 韩忠华, 等. 基于 CST 参数化方法的翼型气动优化设计[J]. 西北工业大学学报, 2013, 31(5): 829-836.

[72] 刘传振, 段焰辉, 蔡晋生. 气动外形优化中的分块类别形状函数法研究[J]. 宇航学报, 2014, 35(2): 137-143.

[73] Kalra P, Mangili A, Thalmann N M, et al. Simulation of facial muscle actions based on rational free-form deformations[J]. Computer Graphics Forum, 1992, 11(3): 59-69.

[74] Griessmair J, Purgathofer W. Deformation of solids with trivariate B-splines[J]. Proc. Eurographics, 1989, 21: 137-148.

[75] Coquillart S. Extended free-form deformation: A sculpturing tool for 3D geometric modeling [J]. ACM SIGGRAPH Computer Graphics, 1990, 24: 187-196.

[76] Hsu W M, Hughes J F, Kaufman H. Direct manipulation of free-form deformations [J]. ACM SIGGRAPH Computer Graphics, 1992, 26(2): 177-184.

[77] Deng F, Xue C, Qin N. Parameterizing airfoil shape using aerodynamic performance parameters[J]. AIAA Journal, 2022, 60(7): 4399-4412.

[78] 高翔. 非结构 CFD 并行网格变形算法及其应用[D]. 长沙: 国防科技大学, 2018.

[79] 刘厚林, 董亮, 王勇, 等. 流体机械CFD中的网格生成方法进展[J]. 流体机械, 2010, 38(4): 32-37.

[80] Fang H, Liu B, Huang B. Diagonal Cartesian method for the numerical simulation of flow and suspended sediment transport over complex boundaries[J]. Journal of Hydraulic Engineering, 2006, 132(11): 1195-1205.

[81] 齐学义, 杨帆, 齐冲. 贴体坐标网格生成技术的研究[J]. 工程热物理学报, 2001, 22(S1): 29-32.

[82] Brown P R. A non-interactive method for the automatic generation of finite element meshes using the Schwarz-Christoffel transformation[J]. Computer Methods in Applied Mechanics and Engineering, 1981, 25(1): 101-126.

[83] Khattri S K. Grid generation and adaptation by functionals[J]. Computational & Applied Mathematics, 2007, 26: 235-249.

[84] Winslow A M. Numerical solution of the quasilinear Poisson equation in a nonuniform triangle mesh[J]. Journal of Computational Physics, 1966, 1(2): 149-172.

[85] Thompson J F, Thames F C, Mastin C W. Automatic numerical generation of body-fitted curvilinear coordinate system for field containing any number of arbitrary two-dimensional bodies[J]. Journal of Computational Physics, 1974, 15(3): 299-319.

[86] George J A. Computer implementation of the finite element method[D]. Stanford: Stanford University, 1971.

[87] Lo S H. Volume discretization into tetrahedra—II. 3D triangulation by advancing front approach[J]. Computers & Structures, 1991, 39(5): 501-511.

[88] Lohner R, Parikh P, Gumbert C. Interactive generation of unstructured grids for three dimensional problems[C]. Intl. Conference on Numerical Grid Generation in Computational Fluid Mechanics"88, 1988.

[89] Yerry M, Shephard M. A modified quadtree approach to finite element mesh generation[J]. IEEE Computer Graphics and Applications, 1983, 3(1): 39-46.

[90] Kikuchi N. Adaptive grid-design methods for finite element analysis[J]. Computer Methods in Applied Mechanics and Engineering, 1986, 55(1): 129-160.

[91] 郭成昊, 刘凤玉. 自适应网格计算模型与分析[J]. 计算机工程, 2008, 34(8): 117-119.

[92] 韩志熔. 网格自适应与并行计算在气动力计算中的应用[D]. 南京: 南京航空航天大学, 2013.

[93] 张志荣, 冉景煜, 张力, 等. 内燃机缸内气体 CFD 瞬态分析中动态网格划分技术[J]. 重庆大学学报(自然科学版), 2005, 28(11): 101-104.

[94] 张来平, 邓小刚, 张涵信. 动网格生成技术及非定常计算方法进展综述[J]. 力学进展, 2010, 40(4): 424-447.

[95] 钱宇, 蒋皓. 基于动网格的 NACA0012 翼型动态失速仿真计算[J]. 计算机仿真, 2020, 37(4): 44-47+297.

[96] 夏健, 田书玲, 王江峰, 等. 三维动态非结构重叠网格 Navier-Stokes 方程并行算法[J]. 航空学报, 2008, 29(5): 1118-1124.

[97] 江海南. 结构重叠网格方法及其应用研究[D]. 南京: 南京航空航天大学, 2014.

[98] Yu P X, Peng J H, Bai J Q, et al. Aeroacoustic and aerodynamic optimization of propeller blades[J]. Chinese Journal of Aeronautics, 2020, 33(3): 826-839.

[99] 刘中玉, 张明锋, 聂雪媛, 等. 一种基于径向基函数的两步法网格变形策略[J]. 力学学报, 2015, 47(3): 534-538.

[100] de Boer A, van der Schoot M, Bijl H. Mesh deformation based on radial basis function

interpolation[J]. Computers & Structures, 2007, 85(11-14): 784-795.

[101] 许秋儿. 网格变形技术研究[D]. 杭州: 浙江大学, 2009.

[102] Andreoli M, Ales J, Désidéri J A. Free-form-deformation parameterization for multilevel 3D shape optimization in aerodynamics[R]. INRIA, 2003, rep. No. 5019.

[103] Samareh J. Aerodynamic shape optimization based on free-form deformation[C]//10th AIAA/ISSMO Multidisciplinary Analysis and Optimization Conference. AIAA, 2004.

[104] Coquillart S. Extended free-form deformation: A sculpturing tool for 3D geometric modeling[J]. ACM SIGGRAPH Computer Graphics, 1990, 24(4): 187-196.

[105] 陈曦, 白俊强, 李权. 某飞翼布局隐身飞行器的翼型优化[J]. 航空计算技术, 2013, 46(6): 46-49.

[106] Gaitonde A, Fiddes S. A moving mesh system for the calculation of unsteady flows[C]. 31st Aerospace Sciences Meeting, 1993: 641.

[107] Batina J T. Unsteady Euler airfoil solutions using unstructured dynamic meshes[J]. AIAA Journal, 1990, 28(8): 1381-1388.

[108] Tezduyar T E. Stabilized finite element formulations for incompressible flow computations[J]. Advances in Applied Mechanics, 1991, 28: 1-44.

[109] 殷结峰, 高春燕, 高义人. 低雷诺数下不同湍流模型和差分格式对典型流场数值模拟预测的影响研究[J]. 制冷与空调(四川), 2017, 31(5): 453-459.

[110] 汤海锋. 不同差分格式对后台阶流模拟结果影响[J]. 山东工业技术, 2018, (18): 115.

[111] 黄晓红, 胡振华. 浅析龙格-库塔方法[J]. 黑龙江科技信息, 2012, (23): 28.

[112] 龚春叶, 包为民, 汤国建, 等. 二维结构化网格 CFD LU-SGS 时间推进并行算法[J]. 计算机科学与探索, 2013, 7(10): 936-943.

[113] 贡伊明, 张伟伟, 刘溢浪. 非定常求解的内迭代初值对计算效率的影响研究[J]. 西北工业大学学报, 2016, 34(1): 11-17.

[114] 陈永辉, 王强, 朴明波. 湍流模型的发展及其研究现状[J]. 能源与环境, 2009, (2): 4-6+21.

[115] 张志伟, 刘建军. 各种湍流模型在 FLUENT 中的应用[J]. 河北水利, 2008, (10): 25-26.

[116] 任志安, 郝点, 谢红杰. 几种湍流模型及其在 FLUENT 中的应用[J]. 化工装备技术, 2009, 30(2): 38-40+44.

[117] 汪礼. 常用湍流模型适用性分析及翼型 VOF 数值模拟[D]. 武汉: 华中科技大学, 2007.

[118] 杨林谦, 魏雅川, 宋国磊, 等. 湍流模型的选择与评价[C]. 中国航天电子技术研究院科学技术委员会 2020 年学术年会, 2020: 742-747.

[119] 邱雅柔, 唐迪, 高增梁. 基于 Transition SST 模型的横向流下塔设备振动对气动特性影响研究[C]//中国机械工程学会压力容器分会, 合肥通用机械研究院. 压力容器先进技术——第九届全国压力容器学术会议论文集. 合肥: 合肥工业大学出版社, 2017: 7.

[120] 刘晶. 内燃机缸内湍流流动的数值模拟——三种 k-ε 模型的比较[D]. 大连: 大连理工大学, 2007.

[121] 史春涛, 张宝欢, 金则兵, 等. 湍流模型的发展及其在内燃机 CFD 中的应用[J]. 拖拉机与农用运输车, 2006, 33(1): 5-10.

[122] White F M, Ng C O, Saimek S. Fluid mechanics[M]. New York: McGraw-Hill, Cop., 2011.

[123] Prandtl L. Über Flüssigkeitsbewegung Bei Sehr Kleiner Reibung[R]. Proc. Third Int. Math.

Cong. , Heidelberg, Germany, 1904: 484-491.

[124] 张涵信. 分离流与旋涡运动的结构分析[M]. 北京: 国防工业出版社, 2005.

[125] 周光坰, 严宗毅, 许世雄, 等. 流体力学[M]. 2 版. 北京: 高等教育出版社, 2000.

[126] Lighthill M J. Attachment and Separation in Three-Dimension Flow[M]. Oxford: Oxford Uni. Press, 1963: 50-54.

[127] Maskell E C. Flow separation in three dimensions[R]. RAE Aero. Rept. 2565, 1955.

[128] Wang K C. Separation patterns of boundary layer over an inclined body of revolution[J]. AIAA Journal, 1972, 10(8): 1044-1050.

[129] 庄逢甘, 张涵信. 分离流动研究的进展[J]. 空气动力学学报, 1984, 2(4): 1-9.

[130] 张涵信. 分离流动的某些进展[J]. 航空学报, 1985, 6(4): 301-312.

[131] 崔尔杰. 分离流、涡运动及流动控制——纪念陆士嘉先生逝世 20 周年[J]. 空气动力学学报, 2007, 25(B12): 1-8.

[132] Rott N. Unsteady viscous flow in the vicinity of a stagnation point[J]. Q. Appl. Math. , 1956, 13(4): 444-451.

[133] Sears W R. Some recent developments in airfoil theory[J]. J. Aero. Sci. , 1956, 23(5): 490-499.

[134] Moore F K. On the separation of the unsteady laminar boundary layer[M]//Görtler H. Boundary Layer Research. Berlin: Springer-Verlag, 1958: 296-310.

[135] 童秉纲, 张炳暄, 崔尔杰. 非定常流与涡运动[M]. 北京: 国防工业出版社, 1993.

[136] 张涵信. 三维定常分离流分离判据和流动特性[J]. 空气动力学学报, 1985, (1): 1-12.

[137] 李锋, 汪翼云, 崔尔杰. 利用转动前缘的动边界效应控制翼面分离的数值模拟[J]. 空气动力学学报, 1992, 10(1): 146-150.

[138] 祝明红, 叶正寅, 金玲. 二元翼型大迎角绕流的平衡态(解)的数值研究[J]. 空气动力学学报, 2012, 30(4): 477-482.

[139] 刘周, 杨云军, 周伟江, 等. 基于 RANS-LES 混合方法的翼型大迎角非定常分离流动研究[J]. 航空学报, 2014, 35(2): 372-380.

[140] 王刚, 叶正寅. 运用非定常 DES 方法数值模拟三角翼大迎角流动[J]. 西北工业大学学报, 2008, 26(4): 413-418.

[141] Kida S, Goto S, Makihara T. Life, structure, and dynamical role of vortical motion in turbulence[J]. National Institute for Fusion Science, Theory and Computer Simulation Center, 2002: 1-2.

[142] 顾蕴松, 程克明, 郑新军. 翼尖涡流场特性及其控制[J]. 空气动力学学报, 2008, 26(4): 446-451.

[143] 唐登斌, 钱家祥, 史明泉. 机翼翼尖减阻装置的应用和发展[J]. 南京航空航天大学学报, 1994, 26(1): 9-16.

[144] 郑本武, 陈明岩, 齐孟卜. 翼尖帆片的优化设计[J]. 空气动力学学报, 1995, 13(1): 105-109.

[145] 李京伯. 翼尖减阻装置风洞实验研究[J]. 气动实验与测量控制, 1995, 9(1): 32-37.

[146] Zilliac G, Chow J, Dacles-Mariani J, et al. Turbulent structure of a wingtip vortex in the near field[R]. AIAA Paper, No. 93-3011, 1993.

[147] Chow J S, Zilliac G, Bradshaw P. Measurements in the near-field of a turbulent wingtip

vortex[R]. AIAA Paper, No. 93-0511, 1993.

[148] Smith M , Komerath N, Ames R, et al. Performance analysis of a wing with multiple winglets[R]. AIAA Paper, No. 2001-2407, 2001.

[149] 翟建, 张伟伟, 王焕玲. 大迎角前体涡控制方法综述[J]. 空气动力学学报, 2017, 35(3): 354-367.

[150] Malcolm G. Forebody vortex control—A progress review[C]// 11th Applied Aerodynamics Conference. AIAA, 1993.

[151] Walker G J. The role of laminar-turbulent transition in gas turbine engines: A discussion[J]. Journal of Turbomachinery, 1993, 115(2): 207-216.

[152] Craft T J, Launder B E, Suga K. Prediction of turbulent transitional phenomena with a nonlinear eddy-viscosity model[J]. International Journal of Heat and Fluid Flow, 1997, 18(1): 15-28.

[153] 罗纪生. 高超声速边界层的转捩及预测[J]. 航空学报, 2015, 36(1): 357-372.

[154] Falkner V M, Skan S W. Some approximate solutions of the boundary-layer equations [J]. The London, Edinburgh, and Dublin Philosophical Magazine and Journal of Science, 1931, 12(80): 865-896.

[155] van Ingen J L. A new e ^{N} database method for transition prediction. [R]. Technical report, Delft University of Technology, 2006.

[156] 周恒, 苏彩虹, 张永明. 超声速/高超声速边界层的转捩机理及预测[M]. 北京: 科学出版社, 2015.

[157] Zhou H. Transition prediction and turbulence computation of hypersonic boundary layers[J]. Modern Defence Technology, 2014, 42(4): 1-9.

[158] Dhawan S, Narasimha R. Some properties of boundary layer flow during the transition from laminar to turbulent motion[J]. Journal of Fluid Mechanics, 1958, 3(4): 418-436.

[159] Cho J R, Chung M K. A k-ε-γ equation turbulence model[J]. Journal of Fluid Mechanics, 1992, 237: 301-322.

[160] Steelant J, Dick E. Modelling of bypass transition with conditioned Navier-Stokes equations coupled to an intermittency transport equation[J]. International Journal for Numerical Methods in Fluids, 1996, 23(3): 193-220.

[161] Suzen Y, Huang P. Modeling of flow transition using an intermittency transport equation[J]. Journal of Fluids Engineering, 2000, 122(2): 273-284.

[162] Langtry R, Menter F. Transition modeling for general CFD applications in aeronautics[C]//43rd AIAA Aerospace Sciences Meeting and Exhibit. Reston: AIAA, 2005.

[163] 邓一菊, 段卓毅, 艾梦琪. 层流机翼设计技术现状与发展[J]. 航空学报, 2022, 43(11): 526778.

[164] Khalid M, Jones D J. A summary of transonic natural laminar flow airfoil development at NAE[R]. National Aeronautical Establishment, Aeronautical Note NAE-AN-65, NRC NO. 31608, 1990.

[165] 乔志德, 赵文华, 李育斌, 等. 超临界自然层流翼型 NPU-L72513 的风洞试验研究[J]. 气动实验与测量控制, 1993, 7(2): 40-45.

[166] 武宁, 唐鑫, 段卓毅, 等. 基于 TSP 方法的自然层流机翼转捩位置测量[J]. 实验流体力学, 2020, 34(6): 66-70.

[167] 艾梦琪, 段卓毅, 张健, 等. 高亚声速层流翼型转捩数值模拟及试验研究[J]. 飞行力学, 2020, 38(6): 77-81.

[168] 赵轲, 郭兆电, 李权, 等. 基于混沌多项式方法的层流超临界翼型稳健设计研究[J]. 应用力学学报, 2016, 33(6): 929-935.

[169] 张彦军, 赵轲, 张同鑫, 等. 雷诺数变化对翼型边界层发展及失速特性的影响[J]. 航空工程进展, 2019, 10(3): 319-329.

[170] Délery J, Marvin J G, Reshotko E. Shock-wave boundary layer interactions[R]. Advisory Group for Aerospace Research and Development Neuilly-Sur-Seine (France), 1986.

[171] 刘俊林. 超声速轴对称激波与边界层相互作用研究[D]. 长沙: 国防科学技术大学, 2013.

[172] Adams N A. Direct simulation of the turbulent boundary layer along a compression ramp at M= 3 and Reθ= 1685[J]. Journal of Fluid Mechanics, 2000, 420: 47-83.

[173] Wu M, Martin M P. Direct numerical simulation of supersonic turbulent boundary layer over a compression ramp[J]. AIAA Journal, 2007, 45(4): 879-889.

[174] Lee S, Loth E. Impact of ramped vanes on normal shock boundary layer interaction[J]. AIAA Journal, 2012, 50(10): 2069-2079.

[175] Green J E. Interactions between shock waves and turbulent boundary layers[J]. Progress in Aerospace Sciences, 1970, 11: 235-340.

[176] Dolling D S. 50 years of shock wave/boundary layer interaction-what next?[R]. AIAA 2000-2596, 2000.

[177] Adamson T C, Messiter A F. Analysis of two-dimensional interactions between shock waves and boundary layers[J]. Ann. Rev. Fluid Mech. , 1980, 12: 103-138.

[178] Delery J M. Shock wave/turbulent boundary layer interaction and its control[J]. Prog. Qerospace Sci. , 1985, 22(4): 209-280.

[179] Chapman D R, Kuhen D M, Larson H K. Investigation of separated flows in supersonic and subsonic streams with emphasis on the effect of transition[R]. NACA TN-3869, 1957.

[180] Babinsky H, Harvey J K. Shock Wave-Boundary-Layer Interactions[M]. Cambridge: Cambridge University Press, 2011.

[181] Zheltovodov A A. Shock waves/turbulent boundary-layer interactions-fundamental studies and applications[R]. AIAA-96-1977, 1996.

[182] Doerffer P, Hirsch C, Dussauge J P, et al. NACA0012 with aileron(Marianna Braza)//Unsteady Effects of Shock Wave Induced Separation[M]. Berlin: Springer, 2010.

[183] Wave Turbulent Boundary Layer Interactions[R]. 2002-13784, 2002.

[184] 王一兵, 陈炳永, 朱自强. 跨声速翼型激波/边界层干扰被动控制的数值模拟计算[J]. 空气动力学学报, 1992, 10(2): 185-194.

[185] 王翼. 高超声速进气道启动问题研究[D]. 长沙: 国防科学技术大学, 2008.

[186] 刘兴洲. 中国超燃冲压发动机研究回顾[J]. 推进技术, 2008, 29 (4): 385-395.

[187] 范晓樯. 高超声速进气道的设计、计算与实验研究[D]. 长沙: 国防科学技术大学, 2006.

[188] Krishnan L, Sandham N D, Steelant J. Shock-wave/boundary-layer interactions in a model

scramjet intake[J]. AIAA Journal, 2009, 47 (7): 1680-1691.

[189] Babinsky H, Ogawa H. SBLI control for wings and inlets[J]. Shock Waves, 2008, 18(2): 89-96.

[190] Berry S A, Nowak R J, Horvath T J. Boundary layer control for hypersonic airbreathing vehicles[R]. AIAA 2004-2246, 2004.

[191] MacCormack R W. Numerical solution of the interaction of a shock wave with a laminar boundary layer[C]//Proceedings of 2nd International Conference on Numerical Methods in Fluid Dynamics. Berlin, Heidelberg: Springer, 1971: 151-163.

[192] Beam R M, Warming R F. An implicit factored scheme for the compressible Navier-Stokes equations[J]. AIAA Journal, 1978, 16(4): 393-402.

[193] Viegas J R, Horstman C C. Comparison of multiequation turbulence models for several shock boundary-layer interaction flows[J]. AIAA Journal, 1979, 17(8): 811-820.

[194] 蔡巧言, 谭慧俊. 前体边界层状态对高超声速进气道流动结构及性能的影响[J]. 航空动力学报, 2008, 23(4): 699-705.

[195] 王革, 蒋旭旭, 唐强. 超燃冲压发动机进气道内激波/边界层干扰研究[J]. 哈尔滨工程大学学报, 2007, 28(11): 1206-1212.

[196] 陈逖. 高超声速进气道内激波/边界层干扰及射流式涡流发生器的流动控制方法研究[D]. 长沙: 国防科学技术大学, 2012.

[197] 王博. 激波/湍流边界层相互作用流场组织结构研究[D]. 长沙: 国防科学技术大学, 2015.

[198] Montoya L C, Economu M A, Cossell R E. Use of a pitot-static probe for ddtermining wing section drag in flight at mach number from 0.5 to approximately 1.0[R]. NASA TM X-56025, 1974.

[199] Mertaugh Jr L J. In-flight comparisons of boundary-layer and wake measurement probes for incompressible flow[R]. NASA CR-127488, 1972.

[200] Montoya L C, Bikle P F, Banner R D. Section drag coefficients from pressure probe transverses of a wing wake at low speeds[R]. AIAA 78-1479, 1978.

[201] Mikkelsen K, Juhász N, Ranaudo R, et al. In-flight measurements of wing ice shapes and wing section drag increases caused by natural icing conditions[R]. NASA TM-87301, 1986.

[202] 褚江, 王晓江, 焦晓辉. 动量法翼型阻力飞行测量技术[J]. 科学技术与工程, 2012, 12(15): 3695-3698+3702.

[203] 张石玉, 赵俊波, 付增良, 等. 钝锥动态转捩风洞试验[J]. 实验流体力学, 2022, 36(6): 61-66.

[204] 王猛, 钟海, 衷洪杰, 等. 红外热像边界层转捩探测的飞行试验应用研究[J]. 空气动力学学报, 2019, 37(1): 160-167.

[205] Sandham N D, Sandberg R D. Development of Brown-Roshko structures in the mixing layer behind a splitter plate[C]//Direct and Large-Eddy Simulation VII: Proceedings of the Seventh International ERCOFTAC Workshop on Direct and Large-Eddy Simulation, held at the University of Trieste, September 8-10, 2008. Dordrecht: Springer Netherlands, 2010.

[206] 周雷, 周骛, 郭延昂, 等. 射流卷吸边界层内相干结构的实验研究[J]. 化工学报, 2019, 70(7): 2520-2527.

[207] 朱赠好, 周骛, 蔡小舒. 射流卷吸微米级结构的图像可视化研究[J]. 工程热物理学报,

2014, 35(6): 1123-1126.

[208] 陈晶丽, 李琛, 蔡小舒, 等. 流动多参数场的单帧图像法测量方法研究[J]. 实验流体力学, 2015, 29(6): 67-73.

[209] Wang S, Sun G, Li C. Natural laminar flow optimization of transonic nacelle based on differential evolution algorithm[J]. Journal of Aerospace Engineering, 2019, 32(4): 06019001.

[210] 刘浩洋, 户将, 李勇锋, 等. 最优化: 建模、算法与理论[M]. 北京: 高等教育出版社, 2020: 1, 13-19, 41-44.

[211] 田旭, 李杰. 一种改进的果蝇优化算法及其在气动优化设计中的应用[J]. 航空学报, 2017, 38(4): 60-70.

[212] 黄江涛, 高正红, 余婧, 等. 大型民用飞机气动外形典型综合设计方法[J]. 航空学报, 2019, 40(2): 52-62.

[213] Hooke R, Jeeves T A. "Direct search" solution of numerical and statistical problems[J]. Journal of the Association for Computing Machinery, 1961, 8(2): 212-229.

[214] Pironneau O. On optimum profiles in Stokes flow[J]. Journal of Fluid Mechanics, 1973, 59(1): 117-128.

[215] Jameson A, Martinelli L, Pierce N A. Optimum aerodynamic design using the Navier-Stokes equations[J]. Theoretical and Computational Fluid Dynamics, 1998, 10(1): 213-237.

[216] Jameson A, Shankaran S, Martinelli L. Continuous adjoint method for unstructured grids[J]. AIAA Journal, 2008, 46(5): 1226-1239.

[217] Cusdin P, Muller J D. Automatic differentiation: Learning to speak AD[J]. Qub-sae-03-05, Queen's Unversity Belfast, 2003.

[218] Boudjemaa R, Cox M G, Forbes A B, et al. Automatic differentiation techniques and their application in metrology[R]. Report to the National Measurement Directorate, Department of Trade and Industry, 2003.

[219] Linnainmaa S. Taylor expansion of the accumulated rounding error[J]. BIT Numberical Mathematics, 1976, 16(2): 146-160.

[220] Speelpenning B. Compiling fast partial derivatives of functions given by algorithms[D]. Urbana: University of Illinois at , Urbana-Champaign, 1980.

[221] Corliss G , Faure C , Griewank A ,et al. Automatic Differentiation of Algorithms: From Simulation to Optimization[M]. Berlin: Springer Science & Business Media, 2002.

[222] Burgreen G W, Baysal O. Aerodynamic shape optimization using preconditioned conjugate gradient methods[J]. AIAA Journal, 1994, 32(11): 2145-2152.

[223] Wang X, Damodaran M. Comparison of deterministic and stochastic optimization algorithms for generic wing design problems[J]. Journal of Aircraft, 2000, 37(5): 929-932.

[224] Zhang M, Liu T J, Ma T L, et al. High speed aerodynamic design of large civil transporter based on CFD method[J]. Acta Aeronautica et Astronautica Sinica, 2016, 37(1): 244-254.

[225] 高正红, 王超. 飞行器气动构型设计方法研究与进展[J]. 空气动力学学报, 2017, 35(4): 13.

[226] 韩忠华. Kriging 模型及代理优化算法研究进展[J]. 航空学报, 2016, 37(11): 3197-3225.

[227] 韩忠华, 许晨舟, 乔建领, 等. 基于代理模型的高效全局气动优化设计方法研究进展[J].

航空学报, 2020, 41(5): 30-70.

[228] 刘明, 李文辉, 黄福贵. 多项式响应面代理模型在直升机飞行性能计算中的应用[J]. 直升机技术, 2013, 175(2): 20-23+41.

[229] Jin R, Chen W, Simpson T W. Comparative studies of metamodelling techniques under multiple modelling criteria[J]. Structural and Multidisciplinary Optimization, 2001, 23(1): 1-13.

[230] 任庆祝, 宋文萍. 基于 Kriging 模型的翼型多目标气动优化设计研究[J]. 航空计算技术, 2009, 39(3): 77-82.

[231] 孙智伟, 白俊强, 华俊, 等. 基于支持向量回归代理模型的气动力优化设计[J]. 航空工程进展, 2015, 6(2): 149-159.

[232] 周志高, 黄俊, 刘志勤, 等. 基于移动最小二乘法的气动力数据建模方法[J]. 计算机测量与控制, 2021, 29(3): 165-170.

[233] Tang Z, Xu L, Luo S. Adaptive dynamic surrogate-assisted evolutionary computation for high-fidelity optimization in engineering[J]. Applied Soft Computing, 2022, 127: 109333.

[234] Sacks J, Welch W J, Mitchell T J, et al. Design and analysis of computer experiments[J]. Statistical Science, 1989, 4(4): 409-435.

[235] Krige D G. A statistical approach to some mine valuations and allied problems at the Witwatersrand [D]. Johannesburg: University of Witwatersrand, 1951.

[236] Hu Z, Du X. Mixed efficient global optimization for time-dependent reliability analysis[J]. J. Mech. Design, 2015, 137(5): 051401.

[237] Jones D R, Schonlau M, Welch W J. Efficient global optimization of expensive black-box functions[J]. J. Global Optim. , 1998, 13(4): 455-492.

[238] McKay M D, Beckman R J, Conover W J. A comparison of three methods for selecting values of input variables in the analysis of output from a computer code[J]. Technometrics, 2000, 42(1): 55-61.

[239] Beasley D, Bull D R, Martin R R. An overview of genetic algorithms: Part 1, fundamentals[J]. University Computing, 1993, 15(2): 56-69.

[240] Kulfan B M. A universal parametric geometry representation method— "CST" [R]. AIAA 2007-0062, 2007.

[241] Deb K, Pratap A, Agarwal S, et al. A fast and elitist multiobjective genetic algorithm: NSGA-II[J]. IEEE Transactions on Evolutionary Computation, 2002, 6(2): 182-197.

[242] 白俊强, 邱亚松, 华俊. 改进型 Gappy POD 翼型反设计方法[J]. 航空学报, 2013, 34(4): 762-771.

[243] 李焦赞. 基于目标压力分布优化的翼型反设计方法研究[D]. 西安: 西北工业大学, 2007.

[244] Pambagjo T E, Matsushima K, Nakahashi K, et al. Application of constrained target pressure specification to Takanashi's inverse design method[M]//Inverse Problems in Engineering Mechanics Ⅲ. Amsterdam: Elsevier, 2002: 381-390.

[245] 赵小虎, 阎超. 基于气动数值模拟的翼型反设计方法[J]. 航空学报, 1997, 18(6): 648-651.

[246] 杜磊, 宁方飞. 一种基于共轭方程法求解黏性反问题的简化方法[J]. 航空学报, 2012, 33(4): 597-606.

[247] 韩少强, 宋文萍, 韩忠华, 等. 基于梯度增强型 Kriging 模型的气动反设计方法[J]. 航空学报, 2017, 38(7): 138-152.

[248] 李秀娟, 廖文和, 刘浩. 基于翼型反设计的遗传算法[J]. 南京航空航天大学学报, 2007, 39(2): 263-266.

[249] 单志辉. 基于高斯过程回归的翼型快速设计研究[D]. 南京: 南京航空航天大学, 2011.

[250] Sun G, Sun Y J, Wang S Y. Artificial neural network based inverse design: Airfoils and wings[J]. Aerospace Science and Technology, 2015, 42: 415-428.

[251] 何磊, 钱炜祺, 刘滔, 等. 基于深度学习的翼型反设计方法[J]. 航空动力学报, 2020, 35(9): 1909-1917.

[252] Wu H Z, Liu X J, An W, et al. A deep learning approach for efficiently and accurately evaluating the flow field of supercritical airfoils[J]. Computers & Fluids, 2020, 198: 104393.

[253] Wang C, Wang S Y, Wang L Y, et al. Framework of nacelle inverse design method based on improved generative adversarial networks[J]. Aerospace Science and Technology, 2022, 121: 107365.

[254] Zames G. Genetic algorithms in search, optimization and machine learning [J]. Inf. Tech. J. , 1981, 3(1): 301.

[255] Holland J H. Adaptation in Natural and Artificial Systems[M]. Boston: The MIT Press, 1992.

[256] 刘学平, 李有儒. 一种改进的分布式遗传算法在机器博弈中的应用研究[J]. 北京理工大学学报, 2017, 37(10): 1019-1023+1030.

[257] 包子阳, 余继周, 杨杉. 智能优化算法及其MATLAB实例[M]. 2版. 北京: 电子工业出版社, 2018.

[258] 赵德建, 王延奎, 周平, 等. 基于多岛遗传法的二维翼型吸气减阻优化[J]. 北京航空航天大学学报, 2015, 41(5): 941-946.

[259] 陈婉春. 基于参数化机翼气动构型优化方法的效率研究[D]. 上海: 复旦大学, 2016.

[260] Reynolds C W. Flocks, herds and schools: A distributed behavioral model[C]. Proceedings of the 14th Annual Conference on Computer Graphics and Interactive Techniques, 1987.

[261] Heppner F, Grenander U. A stochastic nonlinear model for coordinated bird flocks [M]. Krasner S. The Ubiquity of Chaos. AAAS, 1990.

[262] Shi Y, Eberhart R. A modified particle swarm optimizer[C]// Proceedings of the 1998 IEEE International Conference on Evolutionary Computation Proceedings IEEE World Congress on Computational Intelligence (Cat No 98TH8360). IEEE, 1998.

[263] Černý V. Thermodynamical approach to the traveling salesman problem: An efficient simulation algorithm [J]. Journal of Optimization Theory and Applications, 1985, 45(1): 41-51.

[264] 赖怡, 汪志成, 毛捷先. 基于模拟退火算法的垂直轴风机翼型优化设计[J]. 科学技术与工程, 2021, 21(8): 3118-3123.

[265] Chen J, Sun G, Jin X. Intelligent aerodynamic design for airfoil based on Artificial Neural Network Method[C]// 2010 The 2nd International Conference on Computer and Automation Engineering. ICCAE, 2010.

[266] Zhu Z, Guo H. Design of an RBF surrogate model for low Reynolds number airfoil based on transfer learning[C]. 2019 Chinese Control and Decision Conference (CCDC), Nanchang,

China, 2019: 4555-4559.

[267] Renganathan S A, Maulik R, Rao V. Machine learning for nonintrusive model order reduction of the parametric inviscid transonic flow past an airfoil[J]. Physics of Fluids, 2020, 32(4): 047110.

[268] 邢宇, 罗东明, 余雄庆. 超临界层流翼型优化设计策略[J]. 北京航空航天大学学报, 2017, 43(8): 1616-1624.

[269] 叶骏, 孙刚. 基于多点策略方法的超临界机翼性能优化[J]. 力学季刊, 2012, 33(4): 602-611.

[270] Hicks R M, Vanderplaats G N. Application of numerical optimization to the design of supercritical airfoils without drag-creep[C]. SAE Paper 770440 Business Aircraft Meeting, Wichita, 1977.

[271] 丁存伟, 杨旭东. 一种旋翼翼型多点多约束气动优化设计策略[J]. 航空计算技术, 2013, 43(1): 52-57.

[272] 张宇飞, 陈海昕, 符松, 等. 一种实用的运输类飞机机翼/发动机短舱一体化优化设计方法[J]. 航空学报, 2012, 33(11): 1993-2001.

[273] Wu L, Luc H, Sharon P. Robust airfoil optimization to achieve consistent drag reduction over a Mach range[R]. ICASE Report No. 2001-22, 2001.

[274] 丁继锋, 李为吉, 张勇, 等. 基于响应面的翼型稳健设计研究[J]. 空气动力学学报, 2007, 25(1): 19-22+28.

[275] Osborne M J, Rubinstein A. A Course in Game Theory. Cambridge: MIT Press, 1994.

[276] Tang Z, Désidéri J A, Périaux J. Multicriteria aerodynamic shape-design optimization and inverse problems using control theory and Nash games [J]. J. Optim. Theory Appl. , 2007, 135(3): 599-622.

[277] Tang Z, Bai W, Dong J, Distributed optimization using virtual and real game strategies for multi-criterion aerodynamic design[J]. Sci. China Ser. E, 2008, 51(11): 1939-1956.

[278] Habbal A, Petersson J, Thellner M. Multidisciplinary topology optimization solved as a Nash game[J]. Int. J. Numer. Methods Eng. , 2004, 61(7): 949-963.

[279] Li S, Zhang Y, Zhu Q. Nash-optimization enhanced distributed model predictive control applied to the shell benchmark problem[J]. Inf. Sci, 2005, 170(2-4): 329-349.

[280] Tang Z, Zhang L. Nash equilibrium and multi criterion aerodynamic optimization[J]. Journal of Computational Physics, 2016, 314: 107-126.

[281] Duvigneau R. Coupling local and global shape optimization in aerodynamic design[R]. Research report RR-7684, Centre de Recherche INRIA Sophia Antipolis, 2011.

[282] 王舒悦. 基于机器学习优化与反设计方法在全机带动力短舱自然层流设计验证[D]. 上海: 复旦大学, 2019.

[283] 陈迎春, 张美红, 张淼, 等. 大型客机气动设计综述[J]. 航空学报, 2019, 40(1): 522759.

[284] Reneaux J. Overview on drag reduction technologies for civil transport aircraft[C]. European Congress on Computational Methods in Applied Sciences and Engineering, 2004.

[285] Roth G, Crossley W. Commercial transport aircraft conceptual design using a genetic algorithm based approach[C]//7th AIAA/USAF/NASA/ISSMO Symposium on Multidiscipli-nary

Analysis and Optimization. Reston, VA: AIAA, 1998.

[286] 李丽雅. 大型飞机增升装置技术发展综述[J]. 航空科学技术, 2015, 26(5): 1-10.

[287] 邓一菊, 段卓毅. 波音 777 增升装置气动设计研究综述[J]. 飞机工程, 2014, (2): 8-12.

[288] Obert E. Aerodynamic Design of Transport Aircraft[M]. Amsterdam: IOS Press, 2009: 1-42.

[289] 方宝瑞. 飞机气动布局设计[M]. 北京: 航空工业出版社, 1997.

[290] 刘虎. 飞机总体设计[M]. 北京: 北京航空航天大学出版社, 2019.

[291] Guy N, Wagner M. Airbus A380: Superjumbo of the 21st Century[M]. Zenith Imprint, 2005.

[292] wikipedia. Northrop YF-23.

[293] 李桦, 田正雨, 潘沙. 飞行器气动设计[M]. 北京: 科学出版社, 2017.

[294] 天下布武.战斗机采用鸭式布局有哪些优点和缺点？[EB/OL]. https://baijiahao.baidu.com/s?id=1654971667578288103&wfr=spider&for=pc[2024-03-12].

[295] 中国空军百科全书编审委员会. 中国空军百科全书[M]. 北京: 航空工业出版社, 2005.

[296] 烽火菌.印度国产隐形无人机曝光，采用飞翼全无尾布局，能满足印军野心？[EB/OL]. https://baijiahao.baidu.com/s?id=1680680130506044710&wfr=spider&for=pc[2024-03-12].

[297] 马怡, 潘志雄, 罗烈. X-47B 飞翼气动布局设计分析[J]. 航空科学技术, 2014, 25(12): 1-4.

[298] 李春, 叶舟, 高伟, 等. 现代大型风力机设计原理[M]. 上海: 上海科学技术出版社, 2013.

[299] 李仁年, 张士昂, 杨瑞, 等. 风力机的翼型弯度对风力机翼型气动性能的影响[J]. 流体机械, 2009, 37(5): 17-21.

[300] Ramsay R F, Hoffman M J, Gregorek G M. Effects of grit roughness and pitch oscillation on the S809 airfoil[R]. Golden, Colorado: National Renewable Energy Laboratory, 1995.

[301] Reuss R L, Hoffman M J, Gregorek G M. Effects of surface roughness and vortex generators on the NACA 4415 airfoil[R]. United States: National Renewable Energy Lab., 1995.

[302] 李艺, 白俊强, 张彦军, 等. 分布式粗糙前缘对 NACA0012 翼型失速特性的影响[J]. 上海交通大学学报, 2022, 56(1): 101-113.

[303] Chakroun W, Al-Mesri I, Al-Fahad S. Effect of surface roughness on the aerodynamic characteristics of a symmetrical airfoil[J]. Wind Engineering, 2004, 28(5): 547-564.

[304] Whitcomb R T. Review of NASA supercritical airfoils[C]. 9th International Council of the Aeronautical Sciences Congress, 1974.

[305] Harris C D. NASA supercritical airfoils: A matrix of family-related airfoils[R]. NASA-TP-2969, NASA, 1990.

[306] 江永泉. 大型运输飞机设计与分析[M]. 上海: 上海交通大学出版社, 2018.

[307] 易明森. 超临界翼型气动优化及机翼气动分析[D]. 哈尔滨: 哈尔滨工程大学, 2015.

[308] 牟让科, 杨永年, 叶正寅. 超临界翼型的跨音速抖振特性[J]. 计算物理, 2001, 18(5): 477-480.

[309] 沈克扬, 张锡华. 超临界机翼气动设计的准则、流程和设计实例[J]. 航空学报, 1993, 14(4): 113-117.

[310] 赵长辉, 宋凯, 王猛, 等. 单通道窄体客机气动力设计技术分析[J]. 民用飞机设计与研究, 2021(1): 56-63.

[311] Airbus A220[EB/OL]. https://www.modernairliners.com/airbus-a220[2023-04-04].

[312] Aeroflot says the first two SSJ-New jets will be received in 2023 and the Tupolev Tu-214 and

MC-21 will begin deliveries in 2024[EB/OL]. https: //www. businessinsider. com/see-russian-irkut-mc-21-single-aisle-jet-aerflot-ordered-2022-9#aeroflot-says-the-first-two-ssj-new-jets-will-be-received-in-2023-and-the-tupolev-tu-214-and-mc-21-will-begin-deliveries-in-2024-6 [2023-04-04].

[313] 张玉. C919, 起航![EB/OL]. https://news.sina.com.cn/c/2022-09-30/doc-imqqsmrp1147426. shtml[2023-04-04].

[314] 张锡金, 宋文滨, 张淼. 型号空气动力学设计[M]. 上海: 上海交通大学出版社, 2020.

[315] 陈迎春, 宋文滨, 刘洪. 民用飞机总体设计[M]. 上海: 上海交通大学出版社, 2010.

[316] 杨威, 杜军. 飞机气动布局设计与飞行性能品质[M]. 北京: 国防工业出版社, 2017.

[317] Jenkinson L R, Simpkin P, Rhodes D. Civil Jet Aircraft Design[M]. London: Arnold, 1999.

[318] 江永泉. 空客公司成功的机翼设计Ⅱ——A320、A330/A340、A350 及 A380 机翼设计[J]. 民用飞机设计与研究, 2019, (1): 78-93.

[319] 张淼, 刘铁军, 马涂亮, 等. 基于 CFD 方法的大型客机高速气动设计[J]. 航空学报, 2016, 37(1): 244-254.

[320] 程不时. 飞机设计手册: 第 5 册 民用飞机总体设计[M]. 北京: 航空工业出版社, 2005.

[321] 李润泽, 张宇飞, 陈海昕. 超临界机翼多目标气动优化设计的策略与方法[J]. 航空学报, 2020, 41(5): 165-175.

[322] Krenz G. Transonic configuration design, 712. AGARD special course on subsonic/ transonic aerodynamic interference for aircraft[R]. Washington, D. C.: NASA Langley Research Center, 1983.

[323] 李凤蔚. 空气与气体动力学引论[M]. 西安: 西北工业大学出版社, 2007.

[324] Schrauf G. Status and perspectives of laminar flow[J]. The Aeronautical Journal, 2005, 109(1102): 639-644.

[325] Thibert J J, Reneaux J, Schmitt R V. Onera activities on drag reduction[C]// Proceedings of the 14th Congress of ICAS. Bonn: ICAS, 1990: 1053-1064.

[326] Bacher E V, Smith C R. A combined visualization-anemometry study of the turbulent drag reducing mechanisms of triangular micro-groove surface modifications[R]. AIAA Paper 1985-0548, 1985.

[327] Bechert D W, Bartenwerfer M, Hoppe G, et al. Drag reduction mechanisms derived from shark skin[J]. ICAS, 1986, 2: 1044-1068.

[328] Bechert D W, Bruse M, Hage W, et al. Experiments on drag-reducing surfaces and their optimization with an adjustable geometry[J]. Journal of Fluid Mechanics, 1997, 338: 59-87.

[329] 潘家正. 湍流减阻新概念的实验探索[J]. 空气动力学学报, 1996, 14(3): 304-310.

[330] 王晋军. 沟槽面湍流减阻研究进展[C]. 湍流研究最新进展——中国科学技术协会青年科学家论坛第 41 次活动论文集, 1999: 40-49.

[331] 刘博, 姜鹏, 李旭朝, 等. 鲨鱼盾鳞肋条结构的减阻仿生研究进展[J]. 材料导报, 2008, 22(7): 14-17+21.

[332] "当飞机穿上鲨鱼皮" [EB/OL]. https://www.163.com/dy/article/HQEL GH06055271Q8. html[2023-04-09].

[333] 郦正能. 飞机部件与系统设计[M]. 北京: 北京航空航天大学出版社, 2006.

[334] 陈迎春. C919 飞机空气动力设计[J]. 航空科学技术, 2012, 23(5): 10-13.

[335] 王健, 郑祥明. 翼身融合无人机外形优化设计研究[J]. 航空工程进展, 2015, 6(4): 442-446.

[336] 国际科技创新中心.试飞成功! 翼身融合民机技术获突破[EB/OL]. https://www.ncsti.gov.cn/kjdt/kjrd/202302/t20230202_107819.html[2024-03-12].

[337] Bradley M K, Droney C K, Allen T J. Subsonic ultra green aircraft research[R]. 2015.

[338] Yang S, Page M, Smetak E J. Achievement of NASA new aviation horizons N+2 goals with a blended-wing-body X-plane designed for the regional jet and single-aisle jet markets[C]. 2018 AIAA Aerospace Sciences Meeting, 2018: 0521.

[339] Hanley S. Airbus MAVERIC design study project is 20% more efficient than today's airplanes[EB/OL]. https://cleantechnica.com/2020/02/13/airbus- maveric-design-study-project is-20-more-efficient-than-todays-airplanes/[2020-04-30].

[340] Airbus reveals new zero-emission concept aircraft[EB/OL]. https: //www.airbus.com/newsroom/ press-releases/en/2020/09/airbusreveals-new-zeroemission-concept-aircraft. html[2020-9-30].

[341] 夏明, 巩文秀, 郑建强, 等. 欧美翼身融合大型民机方案综述[J]. 民用飞机设计与研究, 2021(3): 123-134.

[342] 何政道. 浅谈未来民机的一种新布局——翼身融合体[J]. 民用飞机设计与研究, 2012, (S1): 1-4.

[343] NASA Langley Research Center. Blended-wing-body(BWB) fuselage[R]. AIAA-2005-2349, 2005.

[344] 吴峰. 翼身融合体飞机气动外形设计及分析[D]. 南昌: 南昌航空大学, 2017.

[345] 李晓勇, 李栋成, 周涛. 翼身融合飞机的空气动力学研究进展简介[J]. 民用飞机设计与研究, 2006, (4): 1-9.

[346] Burg C M, Hill G A, Brown S A, et al. Propulsion airframe aeroacoustics technology evaluation and selection using a multi-attribute decision making process and non-deterministic design[C]. 10th AIAA/ISSMO Multidisciplinary Analysis and Optimization Conference, 2004.

[347] Hill G A, Brown S A, Geiselhart K A, et al. Integration of propulsion-airframe-aeroacoustic technologies and design concepts for a quiet blended-wing-body transport[C]. AIAA 4th Aviation Technology, Integration, and Operations Forum, 2004.

[348] Drela M. Power balance in aerodynamic flows[J]. AIAA Journal, 2009, 47(7): 1761-1771.

[349] Schetz J A, Hosder S, Dippold V, et al. Propulsion and aerodynamic performance evaluation of jet-wing distributed propulsion[J]. Aerospace Science and Technology, 2010, 14(1): 1-10.

[350] Sehra A K, Whitlow W Jr. Propulsion and power for 21st century aviation[J]. Progress in Aerospace Sciences, 2004, 40(4-5): 199-235.

[351] Küchemann D. The Aerodynamic Design of Aircraft[M]. Reston: American Institute of Aeronautics and Astronautics, Inc. , 2012.

[352] 陈立立, 郭正, 侯中喜, 等. 高超声速飞行器气动布局研究综述[J]. 空天技术, 2022(3): 42-61.

[353] Nonweiler T R F. Aerodynamic problems of manned space vehicles[J]. The Aeronautical

Journal, 1959, 63(585): 521-528.

[354] Sobieczky H, Dougherty F C, Jones K. Hypersonic waverider design from given shock waves[C]. Proceedings of 1st International Hypersonic Waverider Symposium, University of Maryland College Park, MD, 1990: 17-19.

[355] Sobieczky H, Zores B, Wang Z. High speed flow design using osculating axisymmetric flows[C]. Proc. 3rd Pacific Int. Conf. on Aerospace Science and Technology, 1997: 182-187.

[356] Rodi P. The osculating flowfield method of waverider geometry generation[C]. 43rd AIAA Aerospace Sciences Meeting and Exhibit, 2005: 511.

[357] Zubin M A, Ostapenko N A. Experimental investigation of some singularities of the supersonic flow around V-shaped wings[J]. Fluid Dynamics, 1975, 10(4): 647-652.

[358] Jones K, Center K. Waverider design methods for non-conical shock geometries[C]. 3rd Theoretical Fluid Mechanics Meeting, 2002: 3204.

[359] Mazhul' I I, Rakhimov R D. Numerical investigation of off-design regimes of flow past power-law waveriders based on the flows behind plane shocks[J]. Fluid Dynamics, 2003, 38(5): 806-814.

[360] Mazhul I I, Rakhcimov R D. Hypersonic power-law shaped waveriders in off-design regimes[J]. Journal of Aircraft, 2004, 41(4): 839-845.

[361] Jones J G, Moore K C, Pike J, et al. A method for designing lifting configurations for high supersonic speeds, using axisymmetric flow fields[J]. Ingenieur-Archiv, 1968, 37(1): 56-72.

[362] Ferguson F, Dasque N, Dhanasar M, et al. Waverider design, analysis and performance evaluation[C]. 57th AIAA/ASCE/AHS/ASC Structures, Structural Dynamics, and Materials Conference, 2016: 1663.

[363] Ding F, Liu J, Shen C, et al. An overview of research on waverider design methodology[J]. Acta Astronautica, 2017, 140: 190-205.

[364] 王江峰, 王旭东, 李佳伟, 等. 高超声速巡航飞行器乘波布局气动设计综述[J]. 空气动力学学报, 2018, 36(5): 705-728.

[365] 胡金源. 大涵道比涡扇发动机短舱设计和尺寸优化[D]. 南京: 南京航空航天大学, 2021.

[366] 王修方. 涡扇发动机动力短舱的设计[J]. 民用飞机设计与研究, 1998, (1): 30-36.

[367] Robinson R G, Becker J V. High-speed tests of radial-engine cowlings[R]. Technical Report Archive & Image Library, 1939.

[368] Pendley R E, Robinson H L. An investigation of several NACA 1-series nose inlets with and without protruding central bodies at high-subsonic Mach numbers and at a Mach number of 1.2[R]. Technical Report Archive & Image Library, 1955.

[369] Hirose N, Asai K, Kawamura R. 3D-Euler flow analysis of fanjet engine and turbine powered simulator with experimental comparison in transonic speed [C]. 20th Plasma Dynamics and Lasers Conference, 1989.

[370] James E L. NACA 1-series geometry representation for computational fluid dynamics [R]. NASA STI/Recon Technical Report N 95, 1994.

[371] Toubin H, Salah El I, Meheut M. Multipoint aerodynamic high fidelity shape optimization of an Isolated Engine Nacelle[C]. 52nd Aerospace Sciences Meeting, 2014.

[372] Li S Y, Zhong Y J. A turbofan-engine nacelle shape design and optimization method for natural laminar flow control[C]. Proceedings of ASME Turbo Expo, GT-2016-57463, 2016.

[373] 沈克扬. 涡扇发动机短舱的气动设计方法[J]. 民用飞机设计与研究, 1992, 11(4): 12-19.

[374] 梁德旺, 陈晓. 亚音速飞行器进气道内通道设计及性能计算[J]. 推进技术, 1992, 13(1): 14-18+74.

[375] 强旭浩, 王占学, 刘增文, 等. 涡扇发动机短舱设计方法研究[J]. 机械设计与制造, 2013, 51(11): 23-25.

[376] 单文娟, 闻捷. 飞机发动机短舱外形设计及数值仿真[J]. 航空科学技术, 2016, 27(2): 16-19.

[377] Li J, Chen H, Liu Y, et al. Aerodynamic design and optimization of a high-loaded axial fan stage using a curvature control method[J]. J. Mech. Sci. Technol. , 2019, 33(8): 3871-3883.

[378] 赵晓路, 秦立森, 吴仲华. CAS 压气机转子跨声速流场 S1/S2 流面全三元迭代解[J]. 工程热物理学报, 1989, 10(2): 140-145.

[379] 曹晖, 周正贵, 胡骏, 等. 兼顾两种模式核心机驱动风扇级气动优化设计[J]. 航空动力学报, 2018, 33(3): 717-728.

[380] 陈光. 大涵道比涡扇发动机风扇叶片的变迁[J]. 航空动力, 2018, (5): 26-30.

[381] 陈云永, 杨小贺, 卫飞飞. 大涵道比风扇设计技术发展趋势[J]. 航空学报, 2017, 38(9): 27-34.

[382] Bai J, Xiong P, Shi L. Lean and sweep optimization for aero-engine fan blades and aerodynamic characteristics analyses[J]. Journal of Civil Aviation University of China, 2020, 38(2): 7-12.

[383] 于贤君, 朱宏伟, 刘宝杰. 亚音叶型前缘形状对附面层参数影响[J]. 工程热物理学报, 2017, 38(10): 2108-2118.

[384] 百度百科. 高压压气机[EB/OL]. https://baike.baidu. com/ item/%E9%AB%98%E5%8E%8B%E5%8E%8B%E6%B0%94%E6%9C%BA/5298762[2023-4-23].

[385] 百度百科. LEAPX 发动机[EB/OL]. https://baike.baidu.com/ item/%E9%AB%98%E5%8E%8B%E5%8E%8B%E6%B0%94%E6%9C%BA/5298762[2023-4-23].

[386] 高修磊. 多级轴流压气机气动分析及二维优化设计[D]. 南京: 南京航空航天大学, 2012.

[387] 曹传军, 刘天一, 朱伟, 等. 民用大涵道比涡扇发动机高压压气机技术进展[J]. 航空学报, 2023, 44(12): 27824-027824.

[388] 孙海鸥, 叶楠, 王纪达, 等. 叶顶间隙对轴流压气机性能及流场的影响[J]. 航空发动机, 2014, 40(3): 1-7.

[389] 安志强, 周正贵, 张益豪. 轴流压气机叶片准三维自动优化设计[J]. 推进技术, 2014, 35(4): 485-491.

[390] 何小龙, 白俊强, 夏露, 等. 基于 EFFD 方法的自然层流短舱优化设计[J]. 航空动力学报, 2014, 29(10): 2311-2320.

[391] 曹凡, 胡骁, 张美芳, 等. 高雷诺数下跨声速自然层流短舱优化设计[J]. 航空动力学报, 2021, 36(8): 1729-1739.

[392] Burley R. Effect of lip and centerbody geometry on aerodynamic performance of inlets for tilting-nacelle VTOL aircraft[C]. 17th Aerospace Sciences Meeting, New Orleans, LA: 1979:

381.

[393] Cao C, Wang S, Wang C, et al. Nacelle inlet optimization at high angles of attack based on the ensemble indicator method[J]. Journal of Aerospace Engineering, 2022, 35(2): 6022001.

[394] Nambiar V R, Pachidis V. Nacelle intake flow separation reduction at cruise condition using active flow control[J]. Propulsion and Power Research, 2022, 11(3): 337-352.

[395] Hodder B K. An investigation of engine influence on inlet performance[R]. Seattle, WA: NASA, 1981: 1-81.

[396] Motycka D L. Reynolds number and fan/inlet coupling effects on subsonic transportinlet distortion[J]. Journal of Propulsion and Power, 1985, 1(3): 229-234.

[397] Burlot A, Sartor F, Vergez M, et al. Method comparison for fan performance in short intake nacelle[C]. 2018 Applied Aerodynamics Conference, Atlanta, GE, 2018: 4204.

[398] Godard B, de Jaeghere E, Ben Nasr N, et al. A review of inlet-fan coupling methodologies[J]. Turbo Expo: Power for Land, Sea, and Air, 2017, 50794: V2B-V41B.

[399] Glauert H. The Elements of Aerofoil and Airscrew Theory[M]. Cambridge: Cambridge University Press, 1983.

[400] Barakos G N, Fitzgibbon T, Kusyumov A N, et al. CFD simulation of helicopter rotor flow based on unsteady actuator disk model[J]. Chinese Journal of Aeronautics, 2020, 33(9): 2313-2328.

[401] Martinez L, Leonardi S, Churchfield M, et al. A comparison of actuator disk and actuator line wind turbine models and best practices for their use[C]. 50th AIAA Aerospace Sciences Meeting including the New Horizons Forum and Aerospace Exposition, Nashville, TN, 2012: 900.

[402] Stevens R J, Martínez-Tossas L A, Meneveau C. Comparison of wind farm large eddy simulations using actuator disk and actuator line models with wind tunnel experiments[J]. Renewable Energy, 2018, 116: 470-478.

[403] Rosen A, Gur O. Novel approach to axisymmetric actuator disk modeling[J]. AIAA Journal, 2008, 46(11): 2914-2925.

[404] Gong Y. A computational model for rotating stall and inlet distortions in multistage compressors[D]. Boston: Massachusetts Institute of Technology, 1999.

[405] Mao Y, Dang T Q. A three-dimensional body-force model for nacelle-fan systems under inlet distortions[J]. Aerospace Science and Technology, 2020, 106: 106085.

[406] Loiodice S, Tucker P, Watson J. Modeling of coupled open rotor engine intakes[C]. 48th AIAA Aerospace Sciences Meeting Including the New Horizons Forum and Aerospace Exposition, Orlando, FL, 2010: 840.

[407] Thollet W, Dufour G, Carbonneau X, et al. Body-force modeling for aerodynamic analysis of air intake–fan interactions[J]. International Journal of Numerical Methods for Heat & Fluid Flow, 2016, 26(7): 2048-2065.

[408] Wang S, Cao C, Wang C, et al. A nacelle inlet design approach with more three-dimensional geometric consideration[J]. Aerospace Science and Technology, 2021, 112: 106624.

[409] Kennedy S, Robinson T, Spence S, et al. Computational investigation of inlet distortion at high angles of attack[J]. Journal of Aircraft, 2014, 51(2): 361-376.

[410] 傅文广, 郭重佳, 孙鹏, 等. 基于适航符合性的短舱风扇一体化迎角与侧风特性[J]. 航空动力学报, 2022, (10): 1-13.

[411] Gunn E J, Brandvik T, Wilson M J. Fan-intake coupling with conventional and short intakes[C]. Proceedings of ASME Turbo Expo 2021: Turbomachinery Technical Conference and Exposition, Virtual, Online, 2021: V1T.

[412] Yang X B, Cao C, Wang C, et al. Surrogate-based optimization of nacelle intake with fan-intake interaction: Mitigating flow separation under crosswind[J]. Aerospace Science and Technology, 2023, 142(PartA): 108641.